全国高等学校计算机教育研究会"十四五"规划教材

全国高等学校
计算机教育研究会
"十四五"
系列教材

丛书主编 郑 莉

大数据与数据科学基础

宋 晏 段世红 / 主编

清华大学出版社
北 京

内 容 简 介

本书旨在为人工智能通识教育奠定基础,采用 Python 语言展开数据科学的实践。全书共 9 章,主要内容包括大数据与数据科学导论、Python 语言基础、NumPy 科学计算、Pandas 数据处理与分析、数据可视化、机器学习基础、回归分析、分类分析、集成学习。本书聚焦结构化数据分析,利用机器学习作为核心研究方法,致力于在多个应用场景中实现通识教育的落地,旨在培养学生挖掘数据价值的能力,并且通过数据驱动的智能分析实现对其他学科的赋能,促进跨学科的整合与发展。

本书适合作为高等学校各专业人工智能通识教育相关课程的教材,也可供对大数据与数据科学感兴趣的读者参考。

图书在版编目(CIP)数据

大数据与数据科学基础/宋晏,段世红主编. -- 北京:清华大学出版社,2025.7.
(全国高等学校计算机教育研究会"十四五"系列教材). -- ISBN 978-7-302-69677-3

Ⅰ. TP274

中国国家版本馆 CIP 数据核字第 2025T7W070 号

责任编辑:谢 琛 战晓雷
封面设计:傅瑞学
责任校对:李建庄
责任印制:沈 露

出版发行:清华大学出版社

　　　　网　　　址:https://www.tup.com.cn,https://www.wqxuetang.com
　　　　地　　　址:北京清华大学学研大厦 A 座　　　　　　邮　　编:100084
　　　　社 总 机:010-83470000　　　　　　　　　　　　邮　　购:010-62786544
　　　　投稿与读者服务:010-62776969,c-service@tup.tsinghua.edu.cn
　　　　质量反馈:010-62772015,zhiliang@tup.tsinghua.edu.cn
　　　　课件下载:https://www.tup.com.cn,010-83470236
印 装 者:三河市龙大印装有限公司
经　　销:全国新华书店
开　　本:185mm×260mm　　　　　印　　张:20　　　　　字　　数:485 千字
版　　次:2025 年 7 月第 1 版　　　　　　　　　　　　　印　　次:2025 年 7 月第 1 次印刷
定　　价:59.00 元

产品编号:110077-01

FOREWORD

前言

人工智能技术正以惊人的速度发展,对人类的生活方式、工作方式和社会结构产生了深远影响。作为人工智能技术的重要支撑,数据科学不仅为从海量数据中提取有价值的信息提供了方法论,还为决策、创新和问题解决提供了重要的支持与指导。

本书旨在为人工智能的通识教育奠定基础,采用 Python 语言展开数据科学的实践。本书聚焦结构化数据分析,利用机器学习作为核心研究方法,致力于在多个应用场景中实现通识教育的落地,旨在培养学生挖掘数据价值的能力,并且通过数据驱动的智能分析实现对其他学科的赋能,促进跨学科的整合与发展。

本书共 9 章,主要内容包括大数据与数据科学导论、Python 语言基础、NumPy 科学计算、Pandas 数据处理与分析、数据可视化、机器学习基础、回归分析、分类分析、集成学习。其中,NumPy 科学计算、Pandas 数据处理与分析和数据可视化为探索性数据分析,机器学习基础、回归分析、分类分析和集成学习为智能数据分析。

本书的特色如下:

(1) 实施了课程思政建设。本书重视课程思政的融入,从强调数据科学的伦理与社会责任、国家战略与民生意义、创新精神的培养以及批判性思维的加强等多个方面构建课程的思政性,旨在发挥教学在育人过程中的重要作用,引导学生在学习数据科学的同时增强社会责任感和伦理意识。

(2) 内容新颖,精选案例。本书内容注重时代的前瞻性与实用性,精选具有代表性的案例,构建课程的高阶性和挑战度。通过结合时代需求,选取新颖的数据案例,用"新"数据引领经典算法,通过激活数据让学生体会到算法的现代价值。通过机器学习走近人工智能,为新型学科人才培养奠定坚实的基础,使学生能够灵活应对未来的挑战。

(3) 理论与实践紧密结合。本书强调理论与实践的紧密结合,力求在理论的难度上把握得当。机器学习算法的理论部分设置为适中难度,既不过于简单而失去理论根基,也不会因难度过大而令学生望而却步。通过丰富的实践案例和项目,使学生能够在真实的数据环境中应用所学理论,提升解决实际问题的能力。

期望本书不仅能够传授数据科学的基础知识和技能,更能够培养学生的创新思维与实践能力,在未来的学习和工作中,能够充分利用数据科学的工具和方法,创造更多的价值。

人工智能的兴起引发了全球范围内对其影响的广泛而深入的探讨。人工智能已成为现代社会和经济发展的共同基石,不再是某个特定领域的专有技术。有这样一句话:淘汰你的不是人工智能,而是那些掌握了人工智能的同伴。在这个由人工智能技术驱动的世界里,所有人都需要具备一定的人工智能素养,以更好地适应时代的变革,把握机遇,应对挑战。期待读者跟着本书,从数据科学走进人工智能的世界。

本书由宋晏、段世红、张子萍编著。书中疏漏和不足之处在所难免,恳请广大读者批评指正。

作者

2025 年 4 月

CONTENTS

目录

第1章

大数据与数据科学导论

随着信息技术的发展,特别是互联网和物联网技术的普及,大量的数据不断产生和积累,这些数据蕴含着巨大的价值和潜力,数据也被誉为新时代的石油,是现代社会中的重要资源和生产要素。从大数据中提取有价值的信息和知识尤为重要,以数据为核心的数据科学领域在决策支持、优化业务、洞察客户、预测未来、促进创新和改善社会等方面为个人、企业和社会带来了积极的影响。

2022年年底,美国OpenAI研究中心推出的基于人工智能技术的自然语言处理工具ChatGPT横空出世,迅速引爆了很多热点话题。ChatGPT是一种基于GPT模型的聊天机器人。GPT(Generative Pre-trained Transformer,生成式预训练变换器)是一种预先训练的深度学习模型,通过在大量文本数据上进行训练,学习语言模型和自然语言处理任务。

数据是人工智能三要素之一,是机器学习中至关重要的组成部分。好的数据质量、足够的数据量、多样化的数据以及准确的标注和标签都对机器学习模型的性能和泛化能力产生重要影响,数据的重要性不言而喻。

大数据的迅猛发展促使数据科学成为一门学科,而数据科学则承载着大数据发展的未来。无论在社会领域还是在专业领域,数据科学能力都是现代人才的必备能力之一。

◆ 1.1 数据科学的基本概念

数据科学是运用统计学、机器学习、数据挖掘等技术和方法从结构化和非结构化的大数据中提取、分析和解释有价值的信息和知识的跨学科领域。

1.1.1 数据科学的知识领域

总体来讲,数据科学的核心知识来自数学和统计学、计算机科学、领域知识。Shelly Palmer给出的数据科学的知识领域的韦恩图如图1-1所示。

数学和统计学是数据科学的基础,涉及概率论、线性代数、多变量统计、假设检验等方面的知识,用于数据建模、推断、预测和解释。

计算机科学提供了数据科学所需的计算和编程技能,涉及算法设计、数据结构、软件工程等方面,用于构建和实现数据分析、机器学习和大数据处理工具。

领域知识是指在特定领域(如金融、医疗、零售等)中的专业知识。数据科学

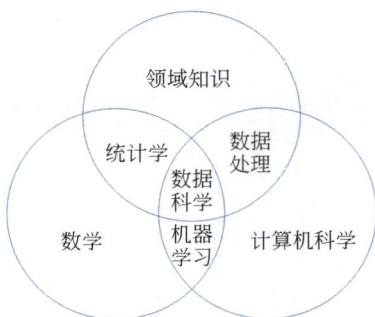

图 1-1　Shelly Palmer 给出的数据科学的知识领域的韦恩图

家需要与领域专家合作,了解领域中的数据和问题,并将数据科学技术应用于解决实际问题。

　　机器学习是数据科学的核心工具之一,涉及开发算法和模型,使计算机能够从数据中学习和做出预测或决策。机器学习使用统计学方法训练模型,并通过应用数学和计算机科学实现。

　　数据处理是数据科学中的关键环节,包括数据采集、数据清洗、数据转换等方面的技术,为建模工作奠定基础。

　　总之,数学和统计学为数据科学提供了理论基础,数据处理为机器学习构建可靠的数据,机器学习提供了数据分析和预测的工具,计算机科学提供了计算能力,而领域知识则与特定领域的应用相关联。这些知识领域的合作和交叉为数据科学的发展和应用提供了丰富的资源和技术支持。

1.1.2　数据科学的核心工作

　　数据分析是数据科学的核心工作,对数据进行采集、清洗、转换和统计,并应用数学和统计学方法揭示数据背后的模式、趋势和关联性,从大量的数据中提取有用的信息,以支持决策制定和问题解决。其关键步骤包括问题定义、数据处理、探索性数据分析、建模分析和成果应用,如图 1-2 所示。

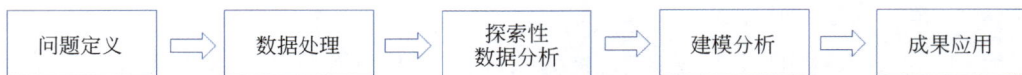

图 1-2　数据分析的关键步骤

1. 问题定义

　　问题定义是数据分析的起点,由要解决的问题牵引出数据分析的过程。该阶段需要与利益相关者合作,明确需要解决的问题或目标,确定业务需求和可量化的目标。

2. 数据处理

　　数据处理包括数据采集、数据清洗、数据转换等方面的技术,为探索性数据分析和建模分析奠定良好的数据基础。

　　常见的数据采集途径包括公开渠道的各种数据文件、网络爬虫、应用程序接口(如通过 API 获取天气预报、股票价格等)和传感器等。

采集得到的数据中往往存在缺失值、异常值、错误值、重复值、不一致性等不规范的数据,通过数据清洗的过程检查和纠正数据中的问题,从而得到高质量的可靠数据,为后续的数据分析提供准确可信的基础。

采集得到的某些类型的数据,如离散值、字符串等,可能需要按照建模的需求转换为连续型数据,对不同量纲的数据也可能需要进行归一化处理,这些属于数据转换的范畴。

3. 探索性数据分析

探索性数据分析(Exploratory Data Analysis,EDA)通过可视化和统计学方法探索数据之间的关系和数据中的趋势,以了解数据中存在的模式和结构。

以下是探索性数据分析的常见方法。

- 描述性统计。通过计算数据的均值、中位数、标准差、最值等指标了解数据的集中趋势、分布和离散程度。
- 数据可视化。使用直方图、散点图、箱形图等可视化工具呈现数据,发现数据中的规律、趋势、聚类情况。
- 相关性分析。通过计算变量之间的相关系数了解不同变量之间的关系。

通过探索性数据分析,可以更好地理解数据,发现数据中的趋势,为后续的数据分析和建模提供更准确、可靠和有意义的结果。

4. 建模分析

建模分析是指使用机器学习的方法构建模型,从数据中自动学习并生成预测或决策。

机器学习在建模前要根据领域知识和探索性数据分析的结果,从原始数据中提取有用的特征,完成特征选择、特征变换、特征构造等特征工程任务。然后根据问题的性质选择适当的模型,并利用数据对该模型进行训练。训练完成后,需要评估模型在测试数据上的性能,并进行调优,从而提高模型的准确性和泛化能力。

机器学习可以根据历史数据预测未来事件和趋势,发现数据中的隐藏规律和关系,帮助人们更快地做出决策,降低决策错误率,更好地理解复杂的数据。

5. 成果应用

数据分析的成果包括模型、分析结果等。模型通常被集成到现有的应用系统或工作流程中进行整合和应用,实现自动化、智能化的决策支持和业务优化。数据分析的结果以报表、图表等多种可视化的形式融合到分析报告中。

◇ 1.2　大数据计算框架

大数据是指规模庞大、多样化和高速增长的数据集合。它不仅包括传统的结构化数据(如二维表格数据),还包括非结构化数据(如文本、图像、音频、视频等)以及实时产生的数据(如传感器数据、社交媒体数据等)。

1.2.1　大数据技术

大数据属于数据科学的范畴,大数据分析遵循数据科学的工作流程,继承了数据分析的技术和方法,只是大数据的规模大、速度快、多样性高等特征对传统数据处理工具和方法提出了挑战,需要引入分布式、并行计算、云平台等其他技术实现大规模数据的存储、计算和传输。大数据分析的技术框架如表 1-1 所示。

表 1-1　大数据分析的技术框架

组　成	技术分类	实现方法
分布式计算框架	Hadoop、Spark 计算框架	高性能的计算架构、超级计算机、服务器集群、云平台
分布式数据存储	分布式文件系统 HDFS、分布式数据库 HBase、NoSQL 数据库	分布式存储、非结构化数据存储
大数据分析技术	数据整合、清洗、降维、深度学习、区块链等新技术	基于分布式框架的统计方法、机器学习、深度学习

1. 分布式计算框架

大数据的底层需要高性能的计算架构。分布式计算框架是大数据计算的核心之一,它能将计算任务分割成多个子任务,并在集群中的多个节点上并行执行这些子任务。常见的分布式计算框架包括 Apache Hadoop、Apache Spark 等。这些计算框架提供了灵活的数据处理和计算模型,多种算法支持以及容错机制,能够有效地处理大规模的数据。

超级计算机、服务器集群和云平台都是大数据的算力支撑和服务支撑。超级计算机采用定制化的硬件设备和专门的操作系统实现高性能。服务器集群由多个普通服务器组成计算集群,通过软件技术实现高性能计算,适用于分布式计算和负载均衡等场景。云平台是一种基于云计算技术构建的计算资源管理平台,它将计算、存储和网络等资源进行虚拟化和集中管理,提供了弹性的计算能力和丰富的服务,方便用户进行应用部署和管理。

2. 分布式数据存储

分布式数据存储是指将数据分散存储在多个节点上,以实现数据的高可靠性、高性能和可扩展性。

在传统的集中式数据存储系统中,所有数据都存储在单个中心服务器或存储设备上。这种方式存在单点故障的风险,并且无法有效应对大规模数据的处理需求。而分布式存储通过将数据划分为多个块或副本,并将它们存储在多个节点上,实现了数据的冗余备份和负载均衡。常见的分布式数据存储系统包括分布式文件系统 HDFS、分布式数据库系统 HBase 等。

NoSQL 数据库是一类非关系型数据库,适用于存储和处理非结构化数据。NoSQL 数据库没有固定的模式和表结构,可以灵活地存储各种类型的非结构化数据。常见的 NoSQL 数据库包括 MongoDB、Redis 等。

3. 大数据分析技术

传统的统计方法、机器学习等技术应用在大数据分析时,需要根据数据规模大、数据维度高、数据缺乏结构性等特征进行相应的数据整合、数据清洗和降维处理,并将深度学习等大数据分析技术应用于分布式框架。

1.2.2　Hadoop 计算框架

Hadoop 是主流的分布式计算框架之一,其核心是 HDFS 分布式文件系统、YARN 集群资源管理系统和 MapReduce 分布式计算模型。

Hadoop 通过 HDFS 存储数据。HDFS 将大文件切分成多个块,每个块默认大小为 128MB,并复制多份存储到不同的节点上,这样可以实现数据的备份和容错。

Hadoop 通过 YARN 管理和调度资源。YARN 负责将集群资源划分为多个容器,每个容器用于运行一个应用程序或一个任务,以实现资源的高效利用。

Hadoop 通过 MapReduce 处理数据。MapReduce 将任务分成 Map 和 Reduce 两个阶段,Map 阶段负责将输入数据按照一定规则转换成键-值对,Reduce 阶段负责对 Map 阶段的输出进行聚合和汇总。MapReduce 可以在多个节点上并行执行,以实现高性能和可扩展性。

Hadoop 还具有较好的容错性,可以在某些节点出现故障时继续运行,保持系统的稳定性。在发生故障时自动检测并重新分配任务,以保证任务的完成。

Hadoop 生态系统还包括很多其他工具和项目,如 Hive、Pig、HBase、Sqoop 等,用于数据的查询、分析、存储和导入导出等操作,扩展了 Hadoop 的功能和应用场景。

总之,Hadoop 通过将数据的存储和处理分布在多个节点上,实现了数据的分布式存储和处理,通过 MapReduce 和 YARN 机制,实现了任务的并行执行和资源的高效调度。同时,Hadoop 具有较好的容错性和丰富的生态系统,为大数据处理提供了一个可靠、高效、灵活的解决方案。

Hadoop 是一个成熟的分布式计算框架,适合对大规模静态数据进行批量操作,但也存在一些缺点和挑战。在 Hadoop 中,迭代计算任务需要进行多次 MapReduce 的循环,每次循环都需要写入和读取中间结果到磁盘,导致性能较低。Hadoop 的计算方法在处理实时数据时存在一定的延迟,由于 MapReduce 模型的特性以及数据的存储和读取过程,Hadoop 不适合对实时数据进行即时处理和响应。Hadoop 的 MapReduce 模型对于复杂的数据处理操作(例如图计算、机器学习算法)的表达能力相对有限,虽然可以通过多次 MapReduce 任务实现这些操作,但也增加了开发和调试的难度。

1.2.3　Spark 计算框架

Spark 是另一个主流的分布式计算框架,它从多方面克服了 Hadoop 的缺点,相较于 Hadoop 具有更快的计算速度、更强大的数据处理能力和更丰富的生态系统。

Hadoop 主要基于 MapReduce 编程模型,Spark 则引入了更为灵活和高效的弹性分布式数据集(Resilient Distributed Dataset,RDD)概念。RDD 是一个可并行操作的、容错的分布式数据集合,可以在内存中进行数据计算和共享,从而大大加快了数据处理速度。

由于 Spark 使用了内存计算,相比 Hadoop 的磁盘计算方式,Spark 的计算速度更快。尤其是对于迭代计算、交互式查询和实时数据处理等场景,Spark 表现更出色。因此,Spark 通常比 Hadoop 更适合需要快速响应和较低延迟的任务。

Spark 提供了丰富的数据处理操作和算法库,如 Spark SQL、Spark Streaming、MLlib(机器学习库)和 GraphX(图计算库),可以支持更广泛的数据处理需求。

Hadoop 和 Spark 都具备容错性,能够处理节点故障和数据丢失等情况。Spark 在容错性方面使用 RDD 的副本和基于日志的更新机制,可以更快地进行故障恢复。

Spark 生态系统在 Hadoop 生态系统之上构建,可以无缝集成 Hadoop 的组件和工具。使用 Spark 时可以充分利用 Hadoop 的存储和资源管理能力。

总的来说,Hadoop 和 Spark 有各自适用的场景,Hadoop 主要适用于大规模批处理任务和构建、应用数据仓库,而 Spark 则更适合实时数据处理、迭代计算和复杂数据分析等场景。根据具体需求和数据的特点,可以选择使用 Hadoop、Spark 或两者结合以满足不同的应用需求。

大数据技术与基础数据科学技术在数据规模、处理速度、存储和计算架构、算法和工具选择等方面存在差异。本书立足于基础数据科学介绍经典的数据分析和数据挖掘方法。在此基础上,利用 Spark 提供的 MLlib 可以快速构建和部署分布式机器学习应用。

◆ 1.3　Jupyter Notebook

Jupyter Notebook 是一个基于 Web 的支持多编程语言的交互式应用程序,允许用户创建和共享文档,文档中可以包括实时代码、文本、可视化结果、数学方程式、图片、图表等元素。

Jupyter Notebook 提供了一个交互式计算环境,用户可以在浏览器中编写和执行代码,并即时查看结果。这种交互性使数据分析和实验变得更加简单和直观。

Jupyter Notebook 以单元格为单位组织代码和文本,用户可以逐个执行,并在每个单元格后面查看结果。这种分步展示的方式使每段代码的执行过程和结果更为清晰。

Jupyter Notebook 不仅可以用于编写和运行代码,还可以用于创建文档和报告。用户可以编写 Markdown 文本,设置标题、段落、列表等格式,还可以插入公式、图像和链接等内容。

总之,Jupyter Notebook 是一个非常流行和强大的工具,在数据科学、机器学习、数据可视化等领域得到了广泛应用。它以交互的方式以及代码与说明性信息的混合编排使数据科学的工作过程更加直观、有效。

1.3.1　安装和启动

Jupyter Notebook 是 Anaconda 的常用工具,安装 Anaconda 的同时会安装 Jupyter Notebook,以利用 Anaconda 建立的完整的数据科学环境工作。

如果未安装 Anaconda,也可以独立安装 Jupyter Notebook,在操作系统的命令行窗口中输入如下命令:

```
pip install jupyter
```

安装 Jupyter 库的同时,也会生成启动 Jupyter Notebook 的相关命令。

注意:如果已经安装了 Anaconda,再使用 pip 命令安装 Jupyter Notebook,会导致与 Anaconda 版本的 Jupyter 冲突,因此在这种情况下不要重复安装 Jupyter Notebook。

为了便于将 Jupyter Notebook 文件存储于指定位置,或者更便捷地打开指定位置已存在的 Jupyter Notebook 文件,在启动 Jupyter Notebook 前,首先在 Anaconda 或者操作系统的命令行窗口中进入指定的路径(拟存储文件的路径或者要打开文件所在的路径),然后输入 jupyter notebook 并按回车键。

系统会使用默认浏览器启动 Jupyter Notebook,如图 1-3 所示,浏览器地址栏中默认地址为 http://localhost:8888/tree,其中 8888 为端口号。如果同时启动多个 Jupyter Notebook,则端口号将依次加 1,如 8889、8890 等。

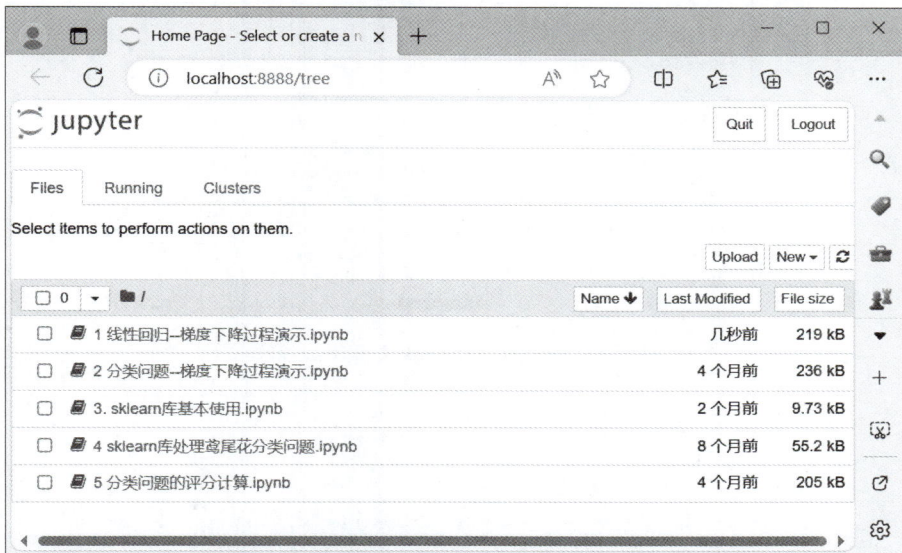

图 1-3　Jupyter Notebook 窗口

1.3.2　文件操作

Jupyter Notebook 的文件扩展名是 ipynb(IPython Notebook 的缩写)。如图 1-4 所示,在 Jupyter Notebook 窗口中选中某个文件后,可以对其进行复制、重命名、移动、下载、查看、编辑、删除等文件操作。

如图 1-5 所示,在文件列表右上角选择 New→Python 3(ipykernel)命令,可以创建新的 Jupyter Notebook 文件。

图 1-4　Jupyter Notebook 文件操作

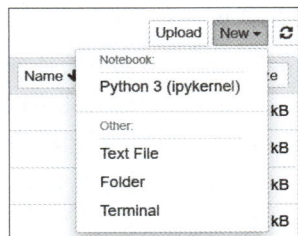

图 1-5　创建新文件

进入文件的编辑状态后,选择 File→Download as 命令可以将文件转换为不同的类型下载,如图 1-6 所示。

1.3.3　文件编辑操作

Jupyter Notebook 的编辑界面从上至下由标题栏、菜单栏、工具栏和单元格区域 4 部分组成,如图 1-7 所示。

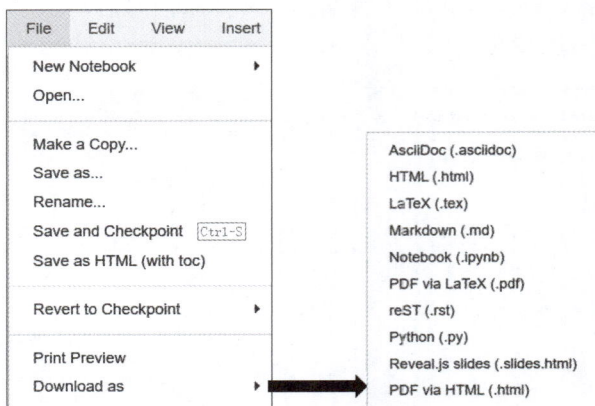

图 1-6　Jupyter Notebook 文件下载操作

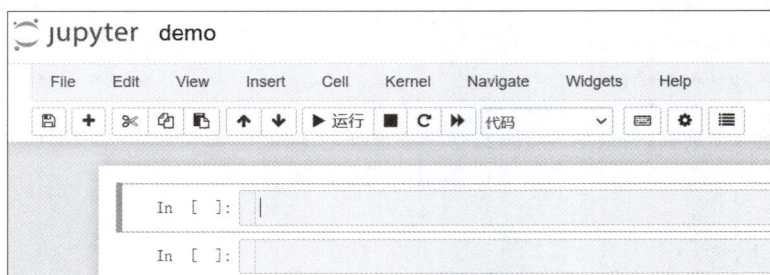

图 1-7　Jupyter Notebook 的编辑界面

Notebook 的内容由一个个单元格组成，每个单元格可以包含不同类型的内容，如代码、文本、图片、公式等。

1. 菜单

菜单为 Jupyter Notebook 提供了更丰富的操作功能。常用的菜单功能如下。

1）Edit 菜单

Edit 菜单包含了单元格的各种编辑操作。以下几个功能可以方便地合并、拆分单元格。

- Merge Cells Above：将当前单元格与上面的单元格合并。
- Merge Cells Below：将当前单元格与下面的单元格合并。
- Split Cells：将当前单元格中光标前后的内容拆分到两个单元格中。

2）Cell 菜单

Cell 菜单包含了与单元格的运行和输出管理等相关的功能。常用功能如下。

- Run All：运行所有单元格。
- Run All Above：运行当前单元格上面的所有单元格。
- Run All Below：运行当前单元格下面的所有单元格。
- Current Output→Clear：清空当前单元格的输出。
- All Output→Clear：清空所有单元格的输出。

3）Kernel 菜单

Kernel 菜单包含了管理 Jupyter Notebook 内核的功能，如重启、停止内核等。内核是运行代码的后台进程,当内核崩溃或挂起时,可对其进行重启。重启内核会清除内核中的所有变量和状态,并关闭所有打开的文件和流。因此,在进行内核重启之前,要先保存文件,并确认已经保存了所有数据和结果。

2. 工具栏

工具栏位于编辑界面上方,提供了一些常用的操作按钮,如保存 Notebook(💾)、插入新的单元格(➕)、剪切单元格(✂)、复制单元格(🗐)、粘贴单元格(📋)、调整单元格的顺序(⬆和⬇)、运行单元格(▶ Run)、停止运行单元格(■)等。

3. 单元格

每个单元格有代码(Code)和标记(Markdown)两种常用类型。代码单元格用于编写和执行 Python 代码,而标记单元格则用于撰写文字描述,插入公式、图片等内容。单元格类型可以使用工具栏上的单元格类型列表框进行选择。

每个单元格前有 In [ ]标记。[ ]中间无数字表示该代码尚未运行;有数字表示该代码已被运行,数字代表了运行的次序,如图 1-8 所示。

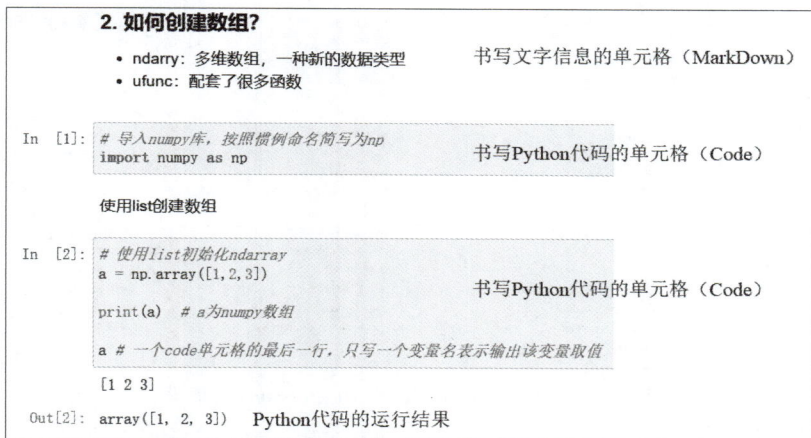

图 1-8　Jupyter Notebook 单元格的运行状态

选中单元格后,单元格左侧框线的颜色标识了单元格的模式状态。当框线是绿色时,表示该单元格处于编辑模式;当框线是蓝色时,表示该单元格处于命令模式,在命令模式下可以应用一些特殊的快捷键实现单元格的操作。

4. 快捷键

快捷键是提高软件使用效率的重要工具。通过 Help 菜单栏中的 Keyboard Shortcuts 命令可以查看所有可用的快捷键。下面给出最常用的快捷键。

单元格编辑状态下的常用快捷键如下。

- Shift＋Enter:运行当前单元格,并选中下一个单元格。
- Ctrl＋Enter:运行选中的单元格。
- Ctrl＋D:删除行。

单元格命令模式(按 Esc 键进入该模式)下的常用快捷键如下。

- Y:单元格转为代码类型。
- M:单元格转为标记类型。

5. 插件

Jupyter Notebook 有很多插件,能够为操作带来更多的便捷。向 Jupyter Notebook 中添加插件的步骤如下:

（1）安装 Jupyter 插件库:

```
pip install jupyter_contrib_nbextensions
```

（2）将插件功能添加至浏览器:

```
jupyter contrib nbextension install --user
```

（3）重启 Jupyter Notebook,选择 Nbextensions 选项卡,对要使用的插件进行勾选,如图 1-9 所示。

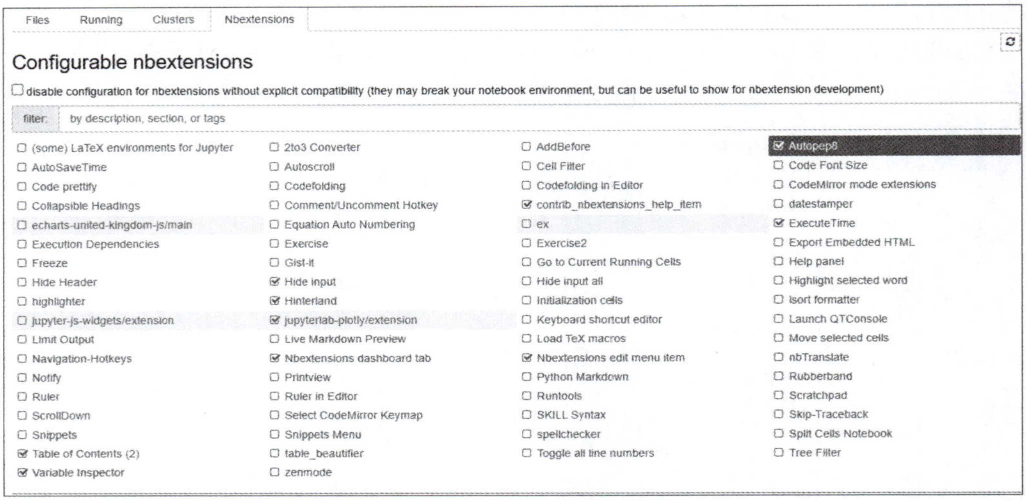

图 1-9　**Jupyter Notebook 的 Nbextensions 选项卡**

【说明】　在较高版本的 Jupyter Notebook 中会出现无法显示 Nbextensions 选项卡的情况,此时建议降低 Jupyter Notebook 的版本,如降至 6.5 以下版本,命令如下:

```
pip install --upgrade "notebook<6.5"
```

以下是常用插件,可根据需要进行勾选。

- 代码自动格式化工具 Autopep8。
- 代码自动补全工具 Hinterland。
- 显示单元格运行时间工具 ExecuteTime。
- 文档标题管理工具 Table of Contents(2)。
- 查看变量工具 Variable Inspector。
- 隐藏输入工具 Hide input 和 Hide input all。

工欲善其事,必先利其器。合理设置和应用 Jupyter Notebook,将为高效的数据科学工作奠定坚实基础。

◆ 1.4 本章小结

本章是关于数据科学和大数据技术的导论性知识,旨在使读者明确数据科学的概念、领域范畴和数据科学的工作过程,了解大数据分析需要的分布式基础架构、分布式数据存储和大数据分析技术。

数据被誉为新时代的石油,是现代社会中至关重要的资源和生产要素,从大数据中提取有价值的信息和知识显得尤为重要。而数据科学作为一个跨学科领域,正是应对这一挑战的关键。

◆ 1.5 习 题

1. 探索性数据分析(EDA)的主要目的是( )。

    A. 构建机器学习模型

    B. 定义数据分析的问题

    C. 将模型集成到现有的应用系统中

    D. 通过可视化和统计方法探索数据之间的关系和趋势

2. Jupyter Notebook 是一种用于交互式编程和数据分析的开源工具,其主要特点包括( )。(多选)

    A. 只支持 Python 编程语言

    B. 提供强大的可视化功能,能够直接展示图表和图像

    C. 只能在本地环境中使用,无法通过互联网或者云服务访问

    D. 具备协作和共享功能,可以方便地与他人分享代码和分析结果

第2章

Python 语言基础

Python 以其简洁而优雅的语法而闻名,拥有丰富的标准库和众多第三方库,使开发者能够快速构建各种应用程序。在数据科学和机器学习领域,Python 得到了广泛应用,已成为该领域的主要编程语言之一。本章将重点介绍学习 Python 编程所需的基础知识。

◆ 2.1 格式化输出

输出设计在软件开发中至关重要,直接影响用户体验,好的输出设计可以提升结果的可理解性。在 Python 3.x 中,主要的格式化输出方法包括 format()方法和 f-string。

2.1.1 format()方法

format()方法是 Python 字符串对象的一个内置方法,用于对字符串进行格式化操作。它的基本语法如下:

```
"格式化字符串".format(数据)
```

在格式化字符串中,可以使用"{}"作为占位符。在输出时,这些占位符会被 format()方法中提供的数据替换,并返回格式化后的字符串。占位符的数量可以根据输出需求设定,format()方法中传入的数据个数应与占位符的数量保持一致,以确保从左到右一一对应。例如:

```
In [1]    a, b = 1234.56, 1024
          "数字{}和数字{}的乘积是{}".format(a, b, a * b)
```

对应的输出结果为

```
'数字 1234.56 和数字 1024 的乘积是 1264189.44'
```

在占位符中可以使用控制字段对齐方式、宽度和精度等的格式控制标记,格式控制标记书写在引导符(:)的后面,如表 2-1 所示。

表 2-1 中的所有格式控制标记均为可选,不要求全部出现,但如果出现则必须按照表 2-1 列出的次序。

在占位符中,冒号前的部分用于指定在 format()方法中传入参数的序号,序号从 0 开始递增。为了简化格式化字符串,可以省略这个序号。

表 2-1　格式控制标记

:	填 充 字 符	对 齐 方 式	宽　度	逗　号	精　度	类　型
引导符	单个字符, 默认为空格	<：左对齐 (默认) >：右对齐 ^：居中对齐	输出总宽度	整数的 千位分隔符	浮点数的小数位数, 字符串的最大长度	整数类型：d、b、o、x、X、c; 浮点数类型：f、e、E、%

【例 2-1】　字符串的格式化控制。

In [1]	s = "Python 程序设计" "{:>20}".format(s)　　　　　#右对齐,总宽度为 20

对应的输出结果为

```
'        Python 程序设计'
```

In [2]	"{:^20}".format(s)　　　　　#居中对齐,总宽度为 20

对应的输出结果为

```
'    Python 程序设计    '
```

In [3]	"{:*^20}".format(s)　　　　　#以 * 填充空白,居中对齐,总宽度为 20

对应的输出结果为

```
'** ** *Python 程序设计** ** *'
```

【例 2-2】　浮点数的格式化控制。

In [1]	"{:.2f}".format(3.1415926535)　　　　　#小数点后保留两位的浮点数

对应的输出结果为

```
'3.14'
```

In [2]	"{:%}".format(0.5915926)　　　　　#百分比格式的浮点数

对应的输出结果为

```
'59.15926%'
```

In [3]	"{:.2%}".format(0.5915926)　　　　　#小数点后保留两位、百分比格式的浮点数

对应的输出结果为

```
'59.16%'
```

格式化的结果可以用于 print() 的输出等。

2.1.2　f-string

f-string 是在 Python 3.6 版本中引入的语法。它是一种方便且易读的字符串格式化方法,可以在字符串前添加字母 f,字符串内含有占位符,在占位符内使用变量名、表达式等引用变量或计算的结果,并将其嵌入字符串中。例如:

```
In [1]   name = "Alice"
         age = 18
         f"My name is {name} and I am {age} years old."
```

对应的输出结果为

```
'My name is Alice and I am 18 years old.'
```

在 f-string 中,仍然可以使用表 2-1 所示的格式控制标记格式化输出数据。这些标记通常放在占位符的冒号后面,用于指定如何显示相应的值。

例如,计算某人的 BMI 指数,输出时使用 f-string。

```
In [2]   height = 1.67
         weight = 65.8
         bmi = weight/(height ** 2)
         print(f"BMI = {bmi: .2f}")        #冒号引导的格式控制标记书写在变量名的后面
```

对应的输出结果为

```
BMI = 23.59
```

f-string 的语法简单明了,易于理解和使用,是 Python 中常用的字符串格式化方法。

◆ 2.2 数 据 结 构

在传统程序设计中,有一个著名的公式:程序=数据结构+算法。

在程序设计中,为数据的存储选择不同的数据结构,则相应算法的时间、空间性能也有所不同。程序设计的起点是将数据合理、有效地存放在正确的数据结构中。

本节介绍 Python 中的 3 种数据结构:序列、集合和字典。

2.2.1 序列

在 Python 中,字符串、列表和元组统称为序列。

序列具有一些通用的运算。

(1) 索引、切片式的访问。索引用于从序列中获取一个数据,切片则可以从序列中获取一个或多个数据。Python 提供了反向索引,最后一个元素的索引为−1,向前依次递减,更便于标识序列中的尾部元素。

(2) in、not in 的成员判定。判定的结果为 True 或 False,用于判断某个数据是否存在于序列中。通过将 in 运算符与 for 循环结合,可以实现对序列数据的遍历。在遍历过程中,程序会依次获取每个元素,即所有序列都具备可迭代性。

(3) +、* 运算。+运算实现序列的连接,将两个序列拼接在一起,常用于字符串、列表的拼接。+运算要求两个序列的数据类型一致。当 * 运算的两个操作数分别是序列和整数时,表示对序列的复制,也就是将该序列扩展为原来的整数倍。这种用法在字符串的复制中最为常见,可以通过复制使得相同的字符串重复出现。

(4) len()、min()、max()函数。它们是 Python 中的内置函数,len()求序列中元素的个数,min()、max()分别求序列中的最小值、最大值。

（5）count()、index()方法。它们是序列对象的内置方法,按照"主谓宾"的结构调用,序列对象是主语。count()用于统计某个值出现的次数;index()用于查找某个值出现的位置,如果未找到该值,会引发 ValueError 错误。

【例 2-3】　假设某机器学习模型每轮学习的得分存储在列表 test_scores 中,输出得分最高的轮次的序号及其得分。

该问题的目标是找到列表中最大的数据及其索引位置,使用 max()和 index()完成计算。

```
test_scores =[0.6666666666666666, 0.670995670995671, 0.6666666666666666,
              0.683982683982684, 0.7186147186147186, 0.6883116883116883,
              0.7056277056277056, 0.7402597402597403, 0.7272727272727273,
              0.7142857142857143, 0.7229437229437229, 0.7316017316017316,
              0.7489177489177489, 0.7359307359307359]
max_test_score = max(test_scores)                    #调用 max()函数求最大值
max_index = test_scores.index(max_test_score)        #调用 index()方法查找其位置
print('Max_test_score {:.5f} and index = {}'.format(max_value, max_index+1))
```

输出结果为

```
Max_test_score 0.74892 and index = 13
```

2.2.2　集合

集合与序列相似,可以存放多个类型任意的数据,但是集合中不允许有重复元素,这与数学中对集合的定义一致。由于集合不允许出现相同的元素,因此它非常适用于去重操作。利用集合的这一特性,可以轻松地过滤重复的数据,确保每个元素在集合中只出现一次。

【例 2-4】　统计一段英文中每个单词出现的次数。

统计可以按照如下过程进行。

（1）数据清洗。对英文文本中影响分词的各种符号进行清洗,包括去除标点符号、特殊字符和多余的空格,以确保单词的准确性。

（2）字符串切分。清洗后的文本将被切分为单个单词。可以使用空格作为分隔符,生成一个包含所有单词的列表。

（3）生成单词集合。利用集合的特性,创建一个包含文本中所有单词的集合。这一步可以有效地去重,以便后续统计每个单词的出现次数。

（4）计数统计。使用 count()方法遍历集合中的每个单词,并计算其在原始单词列表中出现的次数。

代码如下：

```
#三引号字符串,可以包含换行符等特殊字符
txt = """
Sure! Here's a sample English paragraph with some repeated words:
"The cat jumped on the table and knocked over a glass of water. It quickly ran away
before anyone could catch it. The sound of the broken glass startled everyone in
the room. They all turned their heads towards the noise and saw the cat hiding
behind the curtains."""
for ch in ".'!:":                                    #依次清洗影响分词的各种字符
```

```
        txt = txt.replace(ch, " ")              #替换为空格
    words = txt.split()                          #按空格切分字符串,得到单词列表
    words_set = set(words)                       #生成单词集合
    for word in words_set:                       #对集合进行遍历
        #用 count()方法统计单词列表中每个单词出现的次数
        print("{}出现的次数:{}".format(word, words.count(word)))
```

2.2.3 字典

字典与序列、集合的不同之处在于,它不仅存储数据的取值,更强调数据之间的映射关系。字典以键-值对的形式存储数据,其中,键提供了对数据取值的说明性信息。

例如,[9.6, 9.3, 9.7, 9.4, 9.5, 9.7]这样一个列表,只能看到一些数字,并不很清楚这些数字的含义;但是使用字典{"长津湖之水门桥":9.6, "战狼":9.3, "我和我的祖国":9.7, "万里归途":9.4, "奇迹·笨小孩":9.5, "我不是药神":9.7},就很清晰地标识了每个数据的含义。

字典的核心部分依然是值,但值的含义更加清晰。获取值的方法是通过键进行检索。这种设计使字典能够快速查找和访问与每个键相关联的值,实现高效的数据管理和检索。获取字典中元素取值常用以下两种方法。

(1) 字典[键]。

获取字典中元素取值的一种方法是"字典[键]"。例如:

```
In [1]    scores = {"长津湖之水门桥":9.6, "战狼":9.3, "我和我的祖国":9.7,
                    "万里归途":9.4, "中国机长":9.5, "我不是药神":9.7}
          scores["我和我的祖国"]
```

对应的输出结果为

```
9.7
```

但是,如果指定的键不存在,这种语法将引发 KeyError 错误。例如:

```
In [2]    scores["红海行动"]
```

运行单元格时出现

```
KeyError: '红海行动'
```

编程时,应有效避免因访问不存在的键而引发的 KeyError 错误。

(2) get()方法。

获取字典中元素取值的另一种方法是"字典.get(key, default)"。其中,key 是要查找的键;default 用于指定键不存在时返回的默认值,为可选项,不提供 default 参数时返回值为 None。

使用 get()方法可以使代码更健壮,尤其是在处理可能缺失的键时。这种方法特别适用于需要频繁访问字典中可能不存在的元素的场景。

◆ 2.3 推 导 式

Python 支持多种类型的推导式,包括列表推导式、集合推导式和字典推导式。这些推导式为创建和处理数据结构提供了一种简洁而高效的方式,使得代码更加清晰和可读。通

过使用推导式,可以轻松地从可迭代对象生成新的列表、集合和字典,并且可以在生成的过程中应用条件筛选和变换操作。

列表推导式的基本语法形式如下:

[生成规则表达式 for 循环变量 in 可迭代对象]

例如,创建由 100 个随机整数组成的列表的代码一般是这样的:

```
import random
li =[]
for i in range(10):
    li.append(random.randint(1,100))
```

使用列表推导式可以表示为

```
li =[random.randint(1,100) for i in range(100)]
```

在列表推导式中,省去了列表的初始化和使用 append()方法添加元素的过程,同时将循环和生成规则的表达式组合在同一行中。这种设计充分体现了 Python 代码简洁和扁平化的理念。

在列表推导式中,循环的逻辑部分可以嵌套使用,可以在一个列表推导式中处理多层次的可迭代对象。

【例 2-5】　使用列表推导式,由二维列表[[1,2,3],[4,5,6],[7,8,9]]创建一维列表[1, 2, 3, 4, 5, 6, 7, 8, 9]。

如果不使用列表推导式,代码如下:

```
li =[]
for elem in vec:
    for num in elem:
        li.append(num)
```

按照列表推导式的原理,省去初始化和 append()部分,采用两层循环的 for 结构,按照从外层循环到内层循环的方式从左至右依次书写,表达如下:

[num for elem in vec for num in elem]

列表推导式可以嵌套使用,即生成规则表达式部分还可以是列表推导式。通过这种嵌套方式能够创建高维的列表结构,便于处理和生成复杂的数据集合。

【例 2-6】　求二维列表 matrix 的转置。

matrix =[[1, 2, 3, 4], [5, 6, 7, 8], [9, 10, 11, 12]]

显然,matrix 转置的结果仍为二维列表,列表的每个元素由原 matrix 中的 0~3 列的 3 个元素组成,使用嵌套的列表推导式表达如下:

[[row[i] for row in matrix] for i in range(4)]

创建的列表为

[[1, 5, 9], [2, 6, 10], [3, 7, 11], [4, 8, 12]]

在列表推导式中,可以添加条件语句,以便根据筛选条件生成新的列表。当同时使用 if 和 else 语句时,这两个条件应写在 for 循环逻辑的前面;而如果只使用 if 语句,则应将其放在 for 循环逻辑的后面。

例如，[x ** 2 if x ％ 2 ＝＝ 0 else x ＋ 3 for x in range(9)]生成的列表为[0，4，4，6，16，8，36，10，64]，[x ** 2 for x in range(9) if x％2＝＝0]生成的列表为[0，4，16，36，64]。

【例 2-7】 使用列表推导式创建电影名列表，列表仅包含评分高于 9.5 的电影名。设电影名及其评分在字典 scores 中。

```
scores = {"长津湖之水门桥":9.6, "战狼":9.3, "我和我的祖国":9.7, "万里归途":9.4, "中国机长":9.5, "我不是药神":9.7}
```

生成列表的过程既涉及键（电影名），也涉及值（评分），因此使用字典的 items()方法获取字典的键-值对，并对其进行遍历。列表推导式如下：

```
[name for name, score in scores.items() if score>9.5]
```

集合推导式与列表推导式规则相同，不同之处在于将[]改为{}。字典推导式与列表推导式规则相同，不同之处在于将[]改为{}，且生成规则表达式为键-值对形式。

◆ 2.4　函　　数

Python 中的函数分为 3 类：内置函数、标准库函数和第三方库函数。

内置函数无须导入，可以直接在 Python 程序中使用，如 print()、len()和 type()等。

标准库函数随 Python 解释器一同安装。在代码中通过 import 语句导入相应的标准库后即可使用其中的函数。常用的标准库包括数学库（math）、随机库（random）、日期时间库（datetime）、操作系统库（os）、JSON 库（json）、正则表达式库（re）等，这些标准库提供的丰富功能和工具可以帮助开发者高效地完成各种任务。

第三方库是 Python 强大计算生态的重要组成部分，通常由社区或个人开发。使用第三方库需要先进行安装，然后才能通过 import 语句导入并使用。这些库扩展了 Python 的功能，涵盖了数据分析、机器学习、网络编程等多个领域。

2.4.1　常用内置函数

Python 常用内置函数如表 2-2 所示。

表 2-2　Python 常用内置函数

分　　类	函　　数
类型转换函数	str()，int()，float()，list()，tuple()，set()，dict()
数学函数	abs()，round()，sum()，min()，max()，pow()
输入输出类函数	input()，print()，format()
序列操作函数	len()，zip()，enumerate()，sorted()
文件操作函数	open()，read()，write()，close()
面向对象函数	isinstance()

续表

分　　类	函　　数
进制转换函数	bin()、oct()、hex()
其他常用函数	range()、type()、dir()、help()

　　Python 还提供了许多其他的内置函数，可以查阅官方文档（https://docs.python.org）了解更多信息。

　　下面重点介绍两个常用的序列操作函数：zip() 和 enumerate()。

1. zip() 函数

　　zip() 是 Python 的内置函数，用于将两个或多个可迭代对象打包在一起，形成一个由元组组成的迭代器。每个元组包含了来自各可迭代对象中相同位置的元素。zip() 函数常用于同时遍历多个序列，便于并行处理多个数据集合。

　　zip() 函数的 API 如下：

```
zip(*iterables)
```

其中，*iterables 表示可接收可变数量的可迭代对象，这些可迭代对象可以是列表、元组、集合等。当使用 zip() 函数将多个可迭代对象打包在一起时，如果它们的长度（即元素个数）不同，zip() 函数会以最短的可迭代对象为准，忽略其他可迭代对象中多出来的元素。

　　zip() 函数的返回值是一个迭代器对象，它会在迭代时动态生成对应的元组。如果需要多次使用这些元组，或者想以列表形式查看结果，需要将迭代器转换为列表。例如：

```
In [1]   m1 = [1, 2, 3, 4]
         m2 = [5, 6, 7, 8]
         m3 = [9,10,11,12]
         zip(m1, m2, m3)
```

对应的输出结果为

```
<zip object at 0x000002262024C408>
```

又如：

```
In [2]   list(zip(m1,m2,m3))              #包装为列表
```

对应的输出结果为

```
[(1, 5, 9), (2, 6, 10), (3, 7, 11), (4, 8, 12)]
```

　　【例 2-8】　在机器学习中，经常使用鸢尾花数据集研究植物的特征。假设数据集的一些特征的名称保存在 feature_names 列表中，经过计算后，各特征的重要性值保存在 importances 列表中。

```
feature_names = ['sepal length (cm)', 'sepal width (cm)', 'petal length (cm)',
'petal width (cm)']
importances = [0.09117508, 0.03355124, 0.42948906, 0.44578462]
```

输出每个特征及其对应的重要性值。

　　由于特征名称与其对应的重要性值在两个列表中是一一对应的，因此可以使用 zip() 函

数将这两个列表组合在一起。然后通过遍历生成的可迭代对象输出每个特征及其对应的重要性值。代码如下：

```
for name, score in zip(feature_names, importances):
    print("{:<20}: {:.2%}".format(name, score))
```

输出的结果如下：

```
sepal length (cm)    : 9.12%
sepal width (cm)     : 3.36%
petal length (cm)    : 42.95%
petal width (cm)     : 44.58%
```

2. enumerate()函数

enumerate()是 Python 的内置函数，用于将可迭代对象转换为一个包含索引和对应元素的序列。它常用于循环中，以便在遍历时同时获取元素及其索引。在处理列表或其他可迭代对象时，该函数能够更方便地访问元素的位置信息。

enumerate()函数的 API 如下：

```
enumerate(iterable, start = 0)
```

enumerate()函数的参数如表 2-3 所示。

表 2-3　enumerate()函数的参数

参　　数	说　　明
iterable	可迭代对象，可以是列表、元组、字符串等
start	可选参数，表示起始的索引值，默认为 0

enumerate()函数的返回值为迭代器，每次迭代都会返回一个包含索引和对应元素的元组。与 zip()函数相同，如果需要多次使用 enumerate()函数迭代时动态生成的元组，或者想以列表形式查看结果，需要将迭代器转换为列表。例如：

```
In[1]    seasons =['Spring', 'Summer', 'Fall', 'Winter']
         list(enumerate(seasons))
```

对应的输出结果为

```
[(0, 'Spring'), (1, 'Summer'), (2, 'Fall'), (3, 'Winter')]
```

【例 2-9】　构建如图 2-1 所示的可视化效果所需的字典。

在数据可视化中，不同的标记(marker)用于以不同形状表示数据点，同时，图形也可以采用多种颜色。

现将图 2-1 的 3 个子图的标记和颜色分别存储在以下两个列表中：

```
markers =['o', 's', '^']
colors =['royalblue', 'crimson', 'limegreen']
```

基于这两个列表，为可视化创建绘图样式的字典：{1：('o', 'royalblue')，2：('s', 'crimson')，3：('^', 'limegreen')}。

为了得到这个字典，可以使用字典推导式。通过 zip()函数得到标记和颜色的组合，并

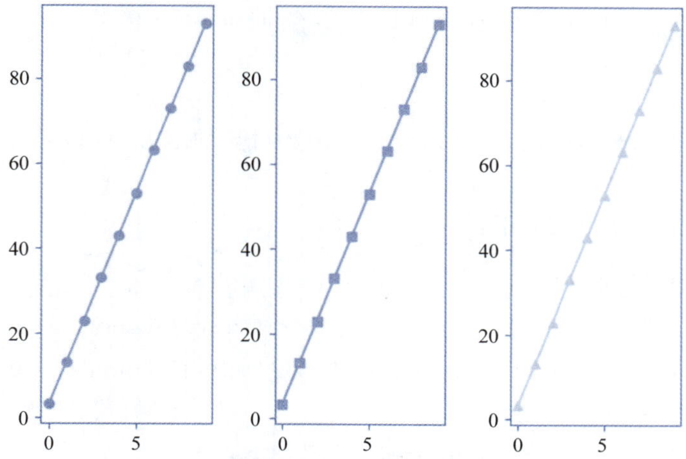

图 2-1　某可视化效果

使用 enumerate() 函数为每个组合分配索引值。代码如下：

```
{i+1 : (marker,color) for i, (marker,color) in enumerate(zip(markers, colors))}
```

2.4.2　内置高阶函数

高阶函数是指能够接收函数作为参数或返回函数作为结果的函数。

在 Python 中，由于万物皆为对象，函数也可以像其他数据类型一样作为参数传递。这使得函数可以灵活地被用于功能的传递和扩展，从而实现更加抽象和高效的编程模式。例如：

```
In [1]   def fib(n):                        #输出斐波那契数列
             a, b = 1, 1
             while a < n:
                 print(a, end = ' ')
                 a, b = b, a+b
             print()
         fib                                 #函数是对象
```

对应的输出结果为

```
<function fib at 0x00000212D755B840>
```

Python 中的函数名实际上是指向函数对象的变量。可以将函数名赋值给其他变量，然后通过这些新变量调用相应的函数。

```
In [2]   f = fib                             #函数赋值,得到新函数对象名
         f(100)                              #调用函数
```

对应的输出结果为

```
1 1 2 3 5 8 13 21 34 55 89
```

同理，函数名可以作为参数传递给其他函数。这种灵活性使得 Python 在处理函数时功能非常强大，支持更高效的代码组织和复用。

下面介绍 Python 中经常作为高阶函数参数的 lambda 函数以及几个常用的高阶函数。

1. lambda 函数

lambda 函数也称匿名函数,它可以在需要函数对象的地方使用,通常用于表达简单函数的场景。

lambda 函数的语法形式如下:

```
lambda arguments: expression
```

其中,arguments 是参数列表,可以包含零个或多个参数;expression 是函数体,对应一个单一的表达式,该表达式的结果即为 lambda 函数的返回值,在 lambda 函数中省略了 return 关键字,使得函数的定义更加简洁。

例如,求圆半径的命名函数 circle_area() 定义如下:

```
import math
def circle_area(r):
    return math.pi * r * r
```

用 lambda 函数的形式,则可以写为

```
circle_area = lambda r: math.pi * r * r
```

其中,r 为参数,表达式 math.pi * r * r 为函数的返回值。

lambda 函数通常用于需要简单函数且不希望单独定义一个完整函数的场合。它在高阶函数、函数式编程等场景中经常被使用,提供了一种实现功能的简洁方式。

例如,fun_add() 是一个自定义的高阶函数,它的第一个参数 f 为函数对象。该函数的功能是计算分别以 x 和 y 为参数的 f() 函数返回值的和。

```
def fun_add(f, x, y):
    return f(x)+f(y)
```

接下来,可以使用两个简短的 lambda 函数作为 fun_add() 的第一个参数:

- fun_add(lambda x: x ** 2, -3, 10) 的功能是计算 $(-3)^2 + (10)^2$。
- fun_add(lambda x: x ** 3, 3, 5) 的功能是计算 $(3)^3 + (5)^3$。

通过这种方式,可以快速传递不同的函数逻辑,而无须定义多个单独的函数。

虽然 lambda 函数非常灵活且方便,但过于复杂的 lambda 表达式可能会降低代码的可读性。因此,在需要实现复杂逻辑的情况下,仍然建议使用常规的命名函数,以提高代码的可读性和可维护性。

2. sorted() 函数

sorted() 函数是 Python 的内置函数,用于对可迭代对象进行排序操作。它可以对列表、元组、字符串等各种可迭代对象进行排序,并返回一个新的已排序列表。

sorted() 函数的 API 如下:

```
sorted(iterable, key = None, reverse = False)
```

sorted() 函数的参数如表 2-4 所示。

表 2-4 sorted( )函数的参数

参　数	说　　　明
iterable	要排序的可迭代对象,如列表、元组或字符串
key	可选参数,默认为 None,表示按照元素本身进行排序。也可以指定一个函数,它的参数是可迭代对象的每个元素,返回值是根据参数定义的排序依据,通常使用 lambda 函数
reverse	可选参数,表示是否按照降序进行排序。默认为 False,表示按照升序进行排序

例如,有一个动物的名字和其平均寿命组成的元组列表,现分别按名字和寿命排序。

```
In [1]    lifetime =[('elephant',80),('dog',15),('human',85),('penguin',10)]
          sorted(lifetime, key = lambda x : x[0])      #按名字排序
```

对应的输出结果为

```
[('dog', 15), ('elephant', 80), ('human', 85), ('penguin', 10)]
```

```
In [2]    sorted(lifetime, key = lambda x : x[1])      #按寿命排序
```

对应的输出结果为

```
[('penguin', 10), ('dog', 15), ('elephant', 80), ('human', 85)]
```

【例 2-10】 对成绩字典按照姓名升序和总成绩降序分别排序。

```
scores = {"Lucy":[100,91,92], "Mike":[80,84,70], "Anny":[89,88,90]}
```

字典本身是不可迭代的,可以使用 items( )方法获取其键-值对组成的可迭代视图,然后对这个视图进行排序。按照姓名排序的方法如下:

```
sorted(scores.items(), key = lambda x : x[0])
```

排序结果为

```
[('Anny', [89, 88, 90]), ('Lucy', [100, 91, 92]), ('Mike', [80, 84, 70])]
```

以 scores.items( )的第一个元素("Lucy",[100,91,92])为例,该元组是 lambda 函数的参数 x,姓名是元组的第一个元素,因此 lambda 函数的返回值(排序依据)为 x[0]。

按照总成绩降序排序的方法如下:

```
sorted(scores.items(), key = lambda x : sum(x[1]), reverse = True)
```

排序结果为

```
[('Lucy', [100, 91, 92]), ('Anny', [89, 88, 90]), ('Mike', [80, 84, 70])]
```

排序的依据是元组中第 2 个元素的累加和,reverse＝True 指定降序排列。

【例 2-11】 统计一段英文中出现频率最高的前 10 个单词。

统计过程包括数据清洗、分词、词频统计、排序和输出结果 5 个步骤。为了对每个单词的词频进行排序,将结果以＜word, times＞键-值对的形式存储在字典中,并对字典中的信息按照词频进行排序。

进行词频统计时,使用 get( )方法获取键-值对,如果键-值对不存在,返回默认值 0,然后在此基础上进行计数加 1,从而构建遍历过程中记录词频的统一表达。这种方法简洁明了,

能够有效地处理单词出现的次数,同时避免了在字典中查找不存在的键时可能出现的错误,提高了统计效率。

在排序过程中,使用 lambda 函数对字典中的值进行降序排序,从而更方便地获取词频最高的前 10 个单词。

代码如下:

```
for ch in ", * .();!?:'":
    txt = txt.replace(ch," ")
word_list = txt.lower().split()
#词频统计
word_count = {}
for word in word_list:
    word_count[word] = word_count.get(word,0) +1
#对字典按照词频降序排序
sorted_count = sorted(word_count.items(), key = lambda x : x[1], reverse = True)
#输出排序结果的前 10 个
for i in range(10):
    word, times = sorted_count[i]
    print("{:<10}{}".format(word, times))
```

3. map()函数

map()函数是 Python 的内置高阶函数,用于对可迭代对象中的每个元素应用指定的函数,然后返回一个包含所有函数返回值的迭代器。

map()函数的 API 如下:

```
map(function, * iterables)
```

map()函数的参数如表 2-5 所示。

表 2-5   map()函数的参数

参　　数	说　　明
function	应用在可迭代对象每个元素的函数
iterables	一个或多个可迭代对象,如列表、元组等

map()函数将指定的 function 应用于可迭代对象中的每个元素,并返回一个迭代器,该迭代器包含了对每个元素应用 function 后的结果。由于 map()函数返回的是一个迭代器,如果需要查看结果,可以使用 list()将其转换为列表,以便访问和操作。

map()函数的核心思想是对可迭代对象中的每个元素应用一个定义好的运算函数,从而将该函数扩展到所有元素。这种方式消除了显式的循环迭代,使得代码更加简洁和扁平化,提高了代码的可读性和效率。

【例 2-12】　设有二维列表:

```
numbers = [[34,63,88,71,29],
           [90,78,51,27,45],
           [63,37,85,46,22],
           [51,22,34,11,18]]
```

求每个元素的平均值,传统的表达如下:

```
averages =[]
for row in numbers:
    averages.append(sum(row)/len(row))
```

使用 map()函数的思想是,将对每个元素(row)的运算封装为函数:

```
def mean(row):
    return sum(row)/len(row)
```

然后用 map()将函数应用在 numbers 上,对其每个元素进行求平均值(mean)运算。

```
averages = list(map(mean, numbers))
```

map()函数能够简洁地实现对可迭代对象中所有元素的批量操作,是函数式编程中的常用工具之一。其基本思想是:进行顶层抽象,将焦点放在可迭代对象中单个元素的处理逻辑上,将这一逻辑封装为一个函数,然后通过 map()函数将封装好的函数应用于整个可迭代对象。这种方式不仅提高了代码的可读性和简洁性,也使得数据处理更加高效。

4. filter()函数

filter()函数是 Python 的内置函数,用于过滤可迭代对象中的元素。

filter()函数的 API 如下:

```
filter(function, iterable)
```

filter()函数的参数如表 2-6 所示。

表 2-6　filter()函数的参数

参　　数	说　　明
function	用于筛选元素的函数,它的参数是可迭代对象的一个元素,返回值为 True 或 False
iterable	可迭代对象,如列表、元组等

filter()函数会对可迭代对象中的每个元素应用指定的 function 函数。它会保留所有返回值为 True 的元素,同时丢弃返回值为 False 的元素,最终返回一个只包含被保留元素的迭代器。

【例 2-13】　获取列表中字符数多于 10 的人名。

```
names =["Rick Jones","Morty Brown", "Summer Lee", "Jerry Davis","Beth Wilson"]
```

显然,这是对原列表进行筛选的过程。首先用函数定义好筛选的依据,即对每个名字进行筛选的规则:

```
def is_short(name):
    return len(name)>10
```

然后利用 filter()函数将上面定义的函数应用于整个列表,并将迭代器结果用 list()函数转换为列表查看。

```
short_names = list(filter(is_short, names))
print(short_names)
```

筛选的结果为

```
['Morty Brown', 'Jerry Davis', 'Beth Wilson']
```

2.4.3 参数的意义

函数是编程中非常重要的概念，它们提供了代码组织、重用和抽象的能力，有助于提高代码的质量、可读性和可维护性。使用函数可以使代码更加结构化和模块化，增强可测试性，从而提高开发效率和代码的可靠性。

在函数中，参数是向函数传递数据并控制其行为的重要机制。通过参数，函数可以对不同的数据进行相同的处理。如果一段代码在程序中重复书写多次，就应该考虑将其封装为函数。在封装时，相似但不同的部分应作为函数的参数，而相同的处理逻辑则放在函数体内。这样可以提高代码的复用性和可维护性。

【例 2-14】 函数的参数设计。

"北京.csv"文件中存储了 2011—2021 年北京商品房的销售均价和销售额数据，如图 2-2 所示。

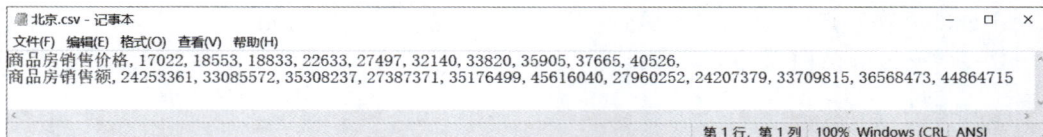

图 2-2 "北京.csv"文件

读取该文件，并将数据用字典保存，且每项数据的取值存储在列表中，形式如下：

```
{
'商品房销售价格': [16852, 17022, 18553, 18833, 22633, 27497, 32140, 33820, 35905, 37665, 40526],
'商品房销售额': [24253361, 33085572, 35308237, 27387371, 35176499, 45616040, 27960252, 24207379, 33709815, 36568473, 44864715]
}
```

下面的代码用于读取"北京.csv"文件，并计算 2011—2021 年北京商品房销售价格的均值：

```
def avg(numbers):                                    #求列表均值
    return sum(numbers)/len(numbers)
data = {}
with open("./data/北京.csv") as file:
    for line in file:
    cells = line.split(",")
    numbers = [int(cells[i]) for i in range(1, len(cells))]   #存储数值部分
    data[cells[0]] = numbers                         #创建键-值对
price_list = data["商品房销售价格"]                    #从字典获取商品房销售价格列表
print(avg(price_list))                               #调用自定义函数求均值
```

现扩大问题的规模。假设同时还有结构相同的其他省市的数据文件（"广州.csv""上海.csv""湖北.csv"等）。文件中的信息增加 2011—2021 年的竣工房屋造价、竣工房屋价值等数

据。除了统计均价外，还可以统计最高价和最低价。

显然，此时应将统计过程封装为一个函数，以实现代码的重用。在上述代码中，需要变化的数据包括文件名、统计关键字和统计函数名称，因此将这些数据作为函数的参数。通过这种方式，可以提高代码的灵活性和可维护性。

```python
def search(fun, city, keyword):    #利用 fun 函数统计 city 城市的 keyword 指标
    data = {}
    with open("./data/"+city+".csv") as file:
        for line in file:
            cells = line.split(",")
            numbers = [int(cells[i]) for i in range(1, len(cells))]
            data[cells[0]] = numbers
    price_list = data[keyword]        #利用参数 keyword 获取不同指标数据
    return eval(fun)(price_list)     #利用参数 fun 执行不同函数
command = input("统计的项目(均价、最高价或最低价):")
fun_map = {'均价':'avg','最高价':'max', '最低价':'min'}
fun = fun_map[command]              #函数名
city = input("城市:")
keyword = input("关键字:")
print("该指标为:".format(search(fun, city, keyword)))
```

运行过程中的输入如下：

```
统计的项目(均价、最高价或最低价):最低价
城市:北京
关键字:商品房销售额
```

输出结果如下：

```
该指标为:24207379
```

【说明】　eval()是 Python 的内置函数，它可以将字符串作为表达式执行，此处相当于发起函数的调用。

例如，有以下代码：

```python
if command == "均价":
    print(avg(price_list))
elif command == "最高价":
    print(max(price_list))
elif command == "最低价":
    print(min(price_list))
```

可以利用 eval()函数简化代码，省去多分支 if 的依次比较：

```python
fun_map = {'均价':'avg', '最高价':'max', '最低价':'min'}
fun = fun_map[command]
eval(fun)(price_list)
```

2.4.4　参数的定义和传递

在 Python 中，定义参数时可以为参数设置默认值，也可以使用不定长参数。传递参数

时,可以使用位置参数(不带名字但必须传递)以及关键字参数(带名字的参数)。这种灵活性使得函数调用更加方便,可读性更好。

1. 位置参数

位置参数是指在函数调用中按照定义顺序传递的参数。在定义一个函数时,可以指定一些必需的位置参数,这些参数在函数被调用时必须提供,并且需要按照定义的顺序进行传递。

位置参数的顺序非常重要,调用函数时必须确保按照正确的顺序提供这些参数。

2. 带默认值的参数

带默认值的参数是在函数定义时指定了默认值的参数。当函数被调用时,如果没有为该参数传递值,则使用默认值。这种设计使得带默认值的参数变得可选,允许用户在一般情况下使用默认值,同时在特定需求下传递自定义的值。

例如,print()函数的 API 如下:

```
print( * args, sep = ' ', end = '\n', file = None, flush = False)
```

print()函数的常用参数如表 2-7 所示。

表 2-7　　print()函数的常用参数

参　　数	说　　明
args	不定长参数,可以接收不限定数量的要输出的对象
sep	输出多个对象时的分隔符,默认是一个空格
end	每个 print()函数结束后输出的字符,默认为换行符

sep 和 end 参数的默认值共同构成了 print()函数的标准输出效果。在调用 print()函数时,可以通过修改这些参数实现所需的输出格式。

【例 2-15】 输出九九乘法表。

在输出九九乘法表时,可以将数据之间紧密连接并上下对齐。此时,可以将 sep 设置为空字符串"",以去掉默认的空格;同时,将 end 修改为制表符"\t",以去掉默认的换行,并将光标跳到下一个制表位。代码如下:

```
for i in range(1, 10):
    for j in range(1, i+1):
        print(f"{j} * {i} = {i * j}", sep = "", end = "\t")
    print()
```

输出结果如图 2-3 所示。

3. 关键字参数

关键字参数是在函数调用中按照参数名称传递的参数。与位置参数不同,关键字参数不需要遵循特定的顺序,只需将参数名与对应的值一并传递即可。虽然按位置传递参数表达简洁,但可能导致参数意义不明确,可读性不强。使用关键字参数可以提高函数调用的可读性,使其更易于理解。

【例 2-16】 调用自定义的打印正多边形函数。

假设有一个名为 draw_polygon()的自定义函数,用于绘制正多边形。该函数有 3 个参

```
1*1=1
1*2=2    2*2=4
1*3=3    2*3=6    3*3=9
1*4=4    2*4=8    3*4=12   4*4=16
1*5=5    2*5=10   3*5=15   4*5=20   5*5=25
1*6=6    2*6=12   3*6=18   4*6=24   5*6=30   6*6=36
1*7=7    2*7=14   3*7=21   4*7=28   5*7=35   6*7=42   7*7=49
1*8=8    2*8=16   3*8=24   4*8=32   5*8=40   6*8=48   7*8=56   8*8=64
1*9=9    2*9=18   3*9=27   4*9=36   5*9=45   6*9=54   7*9=63   8*9=72   9*9=81
```

图 2-3　九九乘法表

数：边数、边长和绘制颜色。

```
import turtle as t
def draw_polygon(n, side_length, ploygon_color):
    t.color(ploygon_color)                          #填充颜色
    t.begin_fill()
    for i in range(n):
        t.forward(side_length)                      #边长
        t.left(360/n)                               #角度
    t.end_fill()
```

以下是合法的调用示例。

（1）使用位置参数调用：

```
draw_polygon(8, 60, "red")
```

（2）混合使用位置参数和关键字参数：

```
draw_polygon(8, 60, polygon_color = "red")
```

（3）仅使用关键字参数，不再限制参数的顺序：

```
draw_polygon(polygon_color = "red", side_length = 60, n = 8)
```

需要注意的是，关键字参数后面不能再出现位置参数。这意味着所有位置参数必须位于关键字参数之前。

过度使用关键字参数可能会增加函数调用的负担，并降低可读性，使得调用者难以分辨哪些参数是必需的，哪些是可选的。因此，在实际应用中，建议将稳定的强制参数使用位置参数，而将可选参数使用关键字参数。

从 Python 3.8 开始，函数的 API 中引入了/和 ∗ 两个符号，以对位置参数和关键字参数进行强制规定。其中，/符号之前的参数必须作为位置参数传递，而 ∗ 符号之后的参数则必须作为关键字参数传递。

例如，math 库中求最大公约数的 gcd() 函数的 API 规定如下：

```
gcd(x, y, /)
```

这意味着 x 和 y 两个参数只能使用位置参数传递。因此，math.gcd(12，18)是正确的调用，而 math.gcd(x＝12，y＝18)则是错误的调用。

再如，sorted()函数的 API 如下：

```
sorted(iterable, /, *, key = None, reverse = False)
```

可以看出,第一个参数 iterable 必须作为位置参数传递,而 key 和 reverse 参数则必须使用关键字参数。这一规定与 2.4.2 节中对 sorted() 函数的调用形式完全一致。

在自定义函数时,可以使用/和 * 符号在 API 中对位置参数和关键字参数进行明确限定。

4. 不定长参数

不定长参数是指在函数定义中可以接收任意数量的参数。Python 提供了两种类型的不定长参数: * args 和 ** kwargs。其中, * args 用于接收任意数量的位置参数,而 ** kwargs 则用于接收任意数量的关键字参数。

1) * args 参数

在函数定义中,可以使用 * args 接收不确定数量的位置参数。这些参数会被组合成一个元组,并可以在函数体内使用。

【例 2-17】 定义一个函数求任意数量对象的和。

加法运算至少需要两个运算对象,因此可以将函数定义为有两个位置参数,其余的参数由 * args 接收。在计算时,可以遍历 args 元组,从而实现所有数据的相加。代码如下:

```
def add(a, b, * args):
    total = a+b
    for x in args:
        total += x
    return total
print(add(1, 2))
print(add(1, 2, 3, 4))
```

一般来说,不定长参数应出现在形参列表的末尾。如果不在末尾,则后面的参数必须具有默认值。

2) ** kwargs 参数

在函数定义中,可以使用 ** kwargs 接收不确定数量的关键字参数。这些参数会被组合成一个字典,并可以在函数体内使用。

例如,定义一个使用 ** kwargs 接收不定数量关键字参数的函数 print_info()。这个函数遍历所有传入的关键字参数,并将每个参数的键和值打印出来。代码如下:

```
def print_info( ** kwargs):
    for key, value in kwargs.items():
        print(f"{key}: {value}")
print_info(name = "YanYuan", age = 18, university = "Tsinghua University")
print_info(name = "Anna", age = 24, city = "Pittsburgh", university = "Carnegie
Mellon University")
```

5. 拆分容器型实参

如果一个函数所需的实参已经存储在列表、元组或字典等容器中,可以将这些数据拆分出来,将其作为函数的参数传递。可以使用 * 解包列表或元组,使用 ** 解包字典。

1) 解包列表或元组

如果要将一个列表或元组中的元素作为函数的多个实参,可以使用 * 解包列表或元组,将其拆分为位置参数。

例如,下面的 calculate_total() 函数,如果实参是列表,则可以在传递时加上 *,以解包列表并将其作为位置参数传递。

```
def calculate_total( * args):
    total = sum(args)
    return total
grades =[85, 90, 92, 88]
print(calculate_total( * grades))          #在 grades 列表前加 * 解包,传递 4 个参数
```

2) 解包字典

如果要将字典中的键-值对作为函数的关键字参数传递,可以使用 ** 将字典解包,将其拆分为关键字参数。

例如,调用例 2-16 中的 draw_polygon() 函数时,如果实参已经存储在字典中,可以对其进行解包后传递。

```
def draw_polygon(n, side_length, ploygon_color):
    pass
paras = {"n":8, "side_length":60, "ploygon_color":"red"}
draw_polygon( ** paras)              #在 paras 字典前加 **,传递 3 个关键字参数
```

通过拆分容器型实参,可以使函数的调用更加灵活和便利。

◆ 2.5　模块和第三方库

模块(module)是 Python 语言中组织代码的基本单元,它使代码更加灵活、可重用和可扩展,是 Python 丰富生态系统的重要组成部分。

2.5.1　模块和主模块

在 Python 中,模块是代码的组织单元,以 .py 文件形式存在,用于实现代码复用。主模块是程序入口,特殊变量 __name__ 为 __main__,使得测试代码在导入时不被执行。

1. 模块

在 Python 中,模块是一个包含 Python 定义和语句的文件,每个源文件都可以视为一个模块,其扩展名为.py。

为什么要使用模块呢?

- 便于代码组织与维护。在编写大型程序时,使用模块可以将代码分成多个文件,便于管理和维护。多个开发人员可以在不同模块中协作,减少代码冲突。
- 便于代码复用。如果某个程序员设计了一个常用的函数,使用模块可以让其他程序直接导入该函数,而无须复制粘贴,从而提高代码的复用性和一致性。

总之,通过模块,开发者能够更高效地管理代码,促进团队协作,提升软件的可维护性。

在 Python 中,一个模块可以包含函数、类、变量以及其他代码。要使用模块中的对象,需要将其导入当前命名空间。如果模块是 Python 标准库文件或通过 pip 包管理器安装的第三方模块,它们会位于 Python 解释器安装路径下的固定位置,可以直接导入。

Python 提供了多种导入模块的方法。

（1）将整个模块添加到当前命名空间，可以通过 module.name 的方式访问模块中的对象。

```
import module
```

（2）将模块中的所有名称（不包括以 _ 开头的名称）直接添加到当前命名空间，便于直接访问。

```
from module import *
```

（3）将模块中指定的名称（如 fun1 和 fun2）直接导入当前命名空间，方便直接调用。

```
from module import fun1, fun2
```

如果模块的名称很长且频繁使用，可以为其指定一个简短的别名。例如：

```
import matplotlib.pyplot as plt
```

这样，在后续代码中可以使用 plt 代替 matplotlib.pyplot，使代码更加简洁和易读。

2. 主模块

模块中可以包含可执行的代码，这些代码在导入时会自动执行。为了避免在模块导入时执行某些代码，可以将这些可执行代码放在 if __name__ == "__main__"：条件语句下。这确保了该部分代码只有在模块作为主程序运行时才会被执行，而在导入模块时则不会执行。

__name__ 是 Python 中一个特殊的变量，用于表示当前模块的名称。当模块直接运行时，__name__ 的值为 "__main__"；而当模块被导入其他文件时，__name__ 的值则为该模块的名称。这意味着，如果一个模块被导入，__name__ 的值一定不会是 "__main__"。因此，通过"if __name__ == "__main__"："能够区分模块是被直接运行还是被导入，从而控制哪些代码在何时执行。

例如，在模块 useful_function.py 中有如下代码，可执行部分被放在 if 条件语句中。

```
#useful_function.py
def mean(num_list):
    return sum(num_list)/len(num_list)
if __name__ == "__main__":          #仅当直接运行 useful_function.py 时成立
    print("test mean function...")
    n_list = [10, 5, 26, 20, 19, 38]
    print(mean(n_list))
```

在另一个脚本文件 test.py 中导入并使用 useful_function.py。

```
#test.py
import userful_function as uf

my_list = [1, 2, 3, 4, 5, 6, 7, 8]
average = uf.mean(my_list)
print(average)
```

运行 test.py 时，useful_function.py 中 if 条件语句下的代码不会被执行。

这种方式使得自定义的 Python 脚本既可以作为模块导入其他程序中使用，也可以独立使用，增强了代码的重用性和灵活性。

2.5.2　包

包(package)是 Python 用于将模块组织成层次结构的一种方式。通过包,可以将多个关系密切的模块集中在一起,从而方便管理和使用各脚本文件。这种组织结构不仅提高了代码的可读性,还使得大型项目的模块管理变得更加清晰和高效。

一个包实际上是一个目录,其中包含一个特殊且必须存在的 __init__.py 文件以及一些其他的模块文件。这些模块文件可以进一步包含其他模块,从而形成一个层次结构,如图 2-4 所示。

当导入包时,__init__.py 文件会被自动执行。通常情况下,__init__.py 文件可以为空,或者包含一些初始化代码。通过在这个文件中编写代码,可以设置包的初始化逻辑,定义包级别的变量或导入模块,从而为包的使用做必要的准备工作。

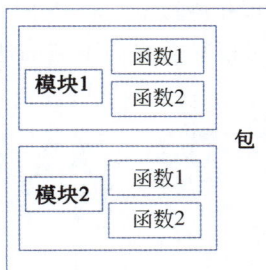

图 2-4　包和模块的关系

要使用包中的模块,需要使用点号操作符指定路径。Python 模块的命名空间通过"包名.模块名"构造。例如,模块名 A.B 表示 A 包中的子模块 B。通过在模块名前加上包名,可以有效避免不同模块之间的命名冲突问题,确保代码的清晰性和可维护性。

假设有如下包结构:

```
package1/
    |--__init__.py
    |--package2/
        |--__init__.py
        |--fib.py
```

导入和调用 fib.py 中 fib_list()函数的方法如下:

In [1]	`import package1.package2.fib` `package1.package2.fib.fib_list(10)`	#import 完整包名.模块名 #完整包名.模块名.函数()

In [2]	`from package1.package2 import fib` `fib.fib_list(10)`	#from 完整包名 import 模块名 #模块名.函数()

二者的输出结果均为

```
[0, 1, 1, 2, 3, 5, 8]
```

2.5.3　第三方库的下载和安装

Python 拥有丰富的第三方库资源,涵盖机器学习、数据处理、图像处理、自然语言处理、Web 开发等多个领域。近年来 Python 发展迅速,而这些第三方库在这一进程中发挥了至关重要的作用。它们不仅极大地扩展了 Python 的功能,还为开发者提供了高效、便捷的解决方案,推动了技术的不断进步。

安装第三方库通常可以通过包管理器完成。在 Python 中,最常用的包管理器是 pip,它用于安装、升级和管理 Python 的包和库。

以下是使用 pip 安装第三方库的步骤。

（1）打开命令行终端窗口。

（2）确认 Python 解释器是否已安装。可以在命令行中输入 python --version 检查当前解释器的版本。

（3）使用"pip install 库名"命令安装所需的第三方库。

pip 机制的基本思想是将 Python 库发布到 PyPI(Python Package Index, Python 包索引)，并通过 pip 从 PyPI 下载和安装这些库。直接访问 PyPI 的速度较慢，使用国内的镜像源可以显著提高下载的速度和稳定性。表 2-8 是常用的 PyPI 国内镜像地址。

表 2-8　常用的 PyPI 国内镜像地址

来　　源	镜 像 地 址
清华大学	https://pypi.tuna.tsinghua.edu.cn/simple
阿里云	https://mirrors.aliyun.com/pypi/simple
网易	https://mirrors.163.com/pypi/simple

将这些镜像源作为 -i 参数的值传递给 pip install 命令，就可以从对应的镜像源下载、安装 Python 的第三方库。例如，安装 NumPy 库的命令为

```
pip install numpy -i https://pypi.tuna.tsinghua.edu.cn/simple
```

下载好的第三方库会根据 Python 的包管理方式统一存储在"Python 解释器安装路径\lib\site-packages"目录下。在这个目录中，库会按照包的结构进行组织，并通过 Python 的导入机制供程序使用。

pip 的其他功能如表 2-9 所示。

表 2-9　pip 的其他功能

命　　令	功　　能
pip install 库名==版本号	安装指定版本的库
pip install --upgrade/-U 库名	升级已安装的库到最新版本
pip uninstall==库名	卸载指定的库
pip list	列出当前环境中已安装的所有库
pip show==库名	显示指定包的详细信息，包括版本号等
pip search 关键词	按关键词搜索 PyPI 上的库

◆ 2.6　本章小结

本章简要介绍了 Python 编程的重要基础知识，涵盖了程序输出设计、数据结构选择、Python 内置函数及推导式的有效应用、函数的熟练定义与调用等内容。此外，通过模块和包的概念，加深了对第三方库下载与安装的理解。

从第 3 章开始，将以这些知识为基础，围绕探索性数据分析和智能数据分析两个主题，

利用多个第三方库深入学习数据科学领域的相关知识。

◈ 2.7　习　　　题

1. 使用除留余数法将十进制整数转换为十六进制数。

2. 编写程序,输入某身份证号的前 17 位,输出其完整身份证号。

我国身份证号共 18 位,最后一位为校验码,为 0～9 和 X,这个校验码按照如下规则计算:

(1) 身份证号前 17 位依次乘以以下 17 个系数:7、9、10、5、8、4、2、1、6、3、7、9、10、5、8、4、2,并求得这些乘积的总和。

(2) 用总和除以 11,余数为 0～10,这 11 个数字分别对应身份证号的最后一位 1、0、X(表示 10)、9、8、7、6、5、4、3、2。例如,如果余数为 3,则校验码为 9。

假设某人的身份证号前 17 位为 53010219200508011,按上述规则计算其身份证的最后一位。

首先,将身份证号前 17 位逐位与 17 个系数相乘,并计算总和。

$$5\times7+3\times9+0\times10+1\times5+0\times8+2\times4+1\times2+9\times1+2\times9+0\times3+$$
$$0\times7+5\times9+0\times10+8\times5+0\times8+1\times4+1\times2$$

这些数字的和为 189,189 对 11 求余为 2,所以校验码为 X,这个人完整的身份证号为 53010219200508011X。

3. 文件 Phone_Sales.txt 存放着某些品牌手机的销量数据,每行为各品牌 2022 第 3 季度(22Q3)、2023 第 2 季度(23Q2)和 2023 第 3 季度(23Q3)的销量(单位:百万部),数据间由制表位分隔。

品牌	22Q3	23Q2	23Q3
Samsung	64.1	53.3	58.8
Apple	52.2	43.2	53.4
Xiaomi	40.5	33.2	41.5
OPPO	29.1	25.0	26.6
Transsion	17.7	24.5	26.3
Vivo	25.3	22.3	22.6
Honor	14.2	14.1	15.8
Motorola	11.4	10.4	11.2
Huawei	8.6	7.4	10.7
Realme	13.6	10.1	10.6

读取文件中的数据,编写函数 is_fast_growth(data_list, rate)判断是否销售量为快速增长,参数 data_list 为含有数值型数据的列表(某品牌各季度的销量),rate 为年增长率。如果环比(相邻季度)和同比(相邻年份)增长率都超过给定的 rate,返回 True;否则返回 False。

4. 现有 1.csv～10.csv 共 10 个文件,记录了 10 次课的出勤情况,样例如图 2-5 所示。

读取所有文件中的数据,统计每个学生的出勤情况,并按照出勤次数从高到低进行展

```
📄 1.csv - 记事本
文件(F)  编辑(E)  格式(O)  查看(V)  帮助(H)
姓名,机器名,班级名称,学生 ID,注册时间
陈恒杰, 11212-19, 物联网1171, 1171325710, 2018/3/8  16:33
张冲, 11212-20, NIIT, 1171325701, 2018/3/8  16:33
蔡冯顺, 11212-73, 计算机1163, 1161308312, 2018/3/8  16:33
蔡叶开, 11212-64, 制药1172, 1172502420, 2018/3/8  16:33
曹昊昊, 11212-28, 自动化1171, 1171212344, 2018/3/8  16:33
曹仁杰, 11212-24, 机自1173, 1171517210, 2018/3/8  16:33
```

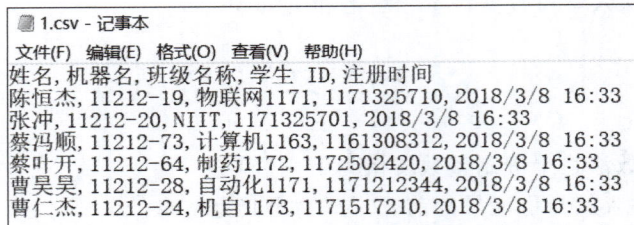

图 2-5　数据文件样例

示;使用 filter()函数统计全勤学生的人数。

5. 使用 map()函数将一个字符串列表中的各字符串中的数字部分提取出来,并转换为数字后存放在一个列表中。例如,["a1b2c3d456e7fg","abc1234","123","abc"]列表转换的结果为[1234567,1234,123]。

第3章

NumPy 科学计算

NumPy，全称为 Numerical Python，是一个用于科学计算的 Python 库。它提供了强大的多维数组对象以及用于处理这些数组的丰富函数。

NumPy 是 Python 科学计算生态系统中的核心库之一，许多其他科学计算库，如 SciPy、Pandas 和 Matplotlib，都基于它构建。使用 NumPy，用户可以高效地进行各种数值计算、数据分析和科学计算任务。

◆ 3.1　NumPy 数组

NumPy 的核心是 ndarray(n-dimensional Array，多维数组)对象，它是一个多维、同构的数据容器，只能存储相同类型的元素，使 NumPy 非常适合处理数值运算和大规模数据。它的特性和优势如下：

（1）支持多维数据存储。ndarray 对象可以存储多维数据，因此 NumPy 非常适合处理图像、音频、视频等需要高效存储和处理的数据。

（2）性能高效。NumPy 底层使用 C 语言编写，利用了向量化计算和优化的算法，具有出色的计算效率和性能，它可以快速执行数组操作，如数值计算和统计分析等。

（3）支持语义计算。NumPy 提供了简单易用的接口，使得数组操作更加直观和方便。例如，可以对整个数组进行数学运算和逻辑运算等操作，而无须使用循环。

例如，将 Python 列表[1, 2, 3]和[4, 5, 6]分别包装为 ndarray 数组后，可以直接对其进行加法运算。

```
In [1]    import numpy as np
          a = np.array([1, 2, 3])
          b = np.array([4, 5, 6])
          a + b
```

对应的输出结果为

```
array([5, 7, 9])
```

（4）支持广播机制。通过广播机制，NumPy 可以对形状不同的数组进行操作，使数组之间的计算更加灵活和方便。

（5）高度优化的线性代数运算。NumPy 应用了并行化指令集和高度优化的算法,提供了丰富的线性代数运算功能。例如,可以进行矩阵乘法、求逆、特征值分解、奇异值分解等操作。

（6）作为其他库的基础。NumPy 是许多数据处理和科学计算库的核心,例如 SciPy、Pandas 和 Scikit-learn 等。这些库都建立在 NumPy 之上,利用其高效的数组性能和灵活的接口执行数据分析、机器学习等任务。

NumPy 是 Python 的第三方库,使用前先通过 pip 包管理器完成安装。

在导入 NumPy 库时,通常按照惯例将其命名为 np,这是一个广泛使用的别名。

```
import numpy as np
```

https://numpy.org 是 NumPy 库的官网,包括 NumPy 的文档、教程、指南和示例等资源。官网是学习和使用 NumPy 的重要途径之一,可以帮助用户更全面地了解和掌握其强大的功能。

◆ 3.2　创建数组

NumPy 提供了多种创建数组的方法,以下是一些常见的方式。

3.2.1　array()函数

在 NumPy 中,创建 ndarray 对象使用 array()函数,它可以接收列表、元组等容器创建数组,将已有的数据转换为 NumPy 数组进行进一步的科学计算和数据处理。例如:

```
In [1]    my_list =[[1, 2, 3], [4, 5, 6], [7, 8, 9]]
          arr = np.array(my_list)
          print(arr)
          print(type(arr))
```

对应的输出结果为

```
[[1 2 3]
 [4 5 6]
 [7 8 9]]
<class 'numpy.ndarray'>
```

ndarray 对象有许多属性,用于描述数组各方面的信息,主要属性如表 3-1 所示。

表 3-1　ndarray 对象的主要属性

属　　性	说　　明
shape	数组的维度,返回一个元组,元组的每个元素代表对应维度的大小
dtype	元素的数据类型,例如整数、浮点数等
ndim	数组的维度数量,即轴的个数
size	数组中的元素总数
itemsize	数组中每个元素占用的字节数

例如,查看数组 arr 的属性。

```
In [2]    arr = np.array([[1, 2, 3], [4, 5, 6]])
          print("Shape:", arr.shape)
          print("Data type:", arr.dtype)
          print("Number of dimensions:", arr.ndim)
          print("Number of elements:", arr.size)
          print("Size of each element (in bytes):", arr.itemsize)
```

对应的输出结果为

```
Shape: (2, 3)
Data type: int32
Number of dimensions: 2
Number of elements: 6
Size of each element (in bytes): 4
```

dtype 代表数组对象的数据类型,数据类型定义了数组中元素的存储方式、占用的内存空间以及可以进行的操作。NumPy 的 ndarray 对象支持很多种数据类型,如表 3-2 所示。

表 3-2　ndarray 对象支持的数据类型

属　　性	说　　明
int	整数类型,可以是不同位数的有符号或无符号整数(如 int8、int16、uint32 等)
float	浮点数类型,包括单精度浮点数(float32)和双精度浮点数(float64)等
bool	布尔类型,表示 True 或 False
complex	复数类型,包括单精度复数(complex64)和双精度复数(complex128)
str	字符串类型,表示文本数据
object	Python 对象类型,可以包含任意类型的 Python 对象
datetime	日期和时间类型

NumPy 支持多种数据类型,主要目的是在不同的应用场景中提高计算速度并节省内存空间。例如,在进行简单的数学运算时,使用整数类型通常比浮点数类型更快、更高效;而在涉及大量小数运算时,浮点数类型则更为适用。

在创建数组时,如果没有显式指定数据类型,NumPy 会根据提供的数据自动推断出一个合适的数据类型。推断时遵循"就高不就低"的原则,例如,当数组中同时包含整数和浮点数元素时,NumPy 会选择一种能容纳所有元素的浮点数类型,以避免精度损失。如果希望避免 NumPy 意外选择错误的数据类型,或为了节省内存仅需达到特定的计算精度,可以显式指定 ndarray 的数据类型。例如:

```
In [3]    x = np.array([1, 2, 3], dtype = "int16")        #指定 dtype
          y = np.array([[4.0, 5, 6], [1.1, 2, 3]])         #未指定,由 NumPy 推断
          print("dtype: {}".format(x.dtype))
          print("dtype: {}".format(y.dtype))
```

对应的输出结果为

```
dtype: int16
dtype: float64
```

ndim 和 shape 是描述数组维度信息的重要属性,它们都与轴(axis)的概念密切相关。ndim 表示数组的轴数,shape 表示每个轴方向上元素的数量。每个维度的数组对轴都有统一的编号。在数组运算中,轴是常用的参数,用于指定沿着哪个维度进行各种计算,如图 3-1 所示。

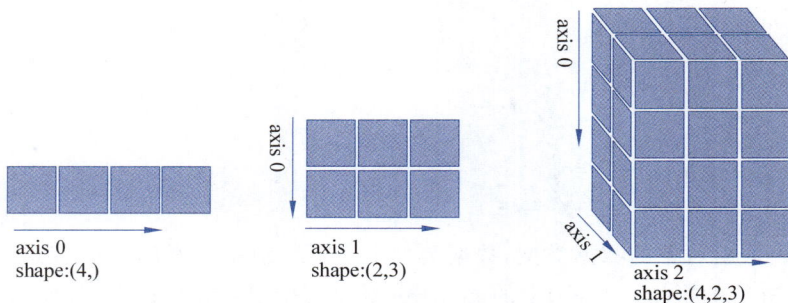

图 3-1　数组维度信息

3.2.2　数组维度变换

数组的维度是可以改变的,维度变换是数组非常重要的一个操作。通过 reshape()和 resize()方法改变数组的形状,通过 flatten()和 ravel()方法降维展开数组,通过 transpose()方法和 T 对数组进行转置,这些变换是数据处理、图像处理等领域的常见操作。

1. reshape()和 resize()方法

reshape()方法返回一个新数组,该数组是原数组按照指定形状变换后的结果,原数组保持不变。例如:

```
In [1]    arr = np.array([1, 2, 3, 4, 5, 6])
          new_arr = arr.reshape((2, 3))          #将一维数组变换为二维数组
          print(new_arr)
          print(arr)                             #原数组不变
```

对应的输出结果为

```
[[1 2 3]
 [4 5 6]]
[1 2 3 4 5 6]
```

当指定某个维度的大小为 −1 时,NumPy 会根据其他维度的大小自动计算该维度的大小,以确保数组的总元素个数保持不变。例如:

```
In [2]    a.reshape((2,-1))
```

对应的输出结果为

```
array([[1, 2, 3],
       [4, 5, 6]])
```

resize()方法与 reshape()方法功能相似,但它直接修改原数组,并返回 None。reshape()

方法要求新形状的总元素数量与原数组相同，否则会引发错误。而 resize() 方法则有不同的处理方式：如果新形状比原始形状大，它会用 0 填充额外的空间；如果新形状比原始形状小，则会截断数组。

总的来说，resize() 方法更加灵活，因为它可以就地修改数组并处理形状不匹配的情况。而 reshape() 方法则更为安全，它不会修改原数组，而是返回一个新的数组。

【说明】　在 NumPy 中，大多数功能既可以通过模块级调用（函数）实现，也可以通过对象级调用（方法）实现。模块级调用是直接使用 NumPy 中的函数对数组进行操作，而对象级调用则是通过 ndarray 数组对象调用其相关方法进行操作。

reshape() 方法的模块级调用写法如下：

```
a = np.array([1, 2, 3, 4, 5, 6])
np.reshape(a, (3,2))
```

无论是模块级调用还是对象级调用，它们的功能都是相同的，都可以实现相应的数组操作。选择使用哪种方式主要取决于个人的编程习惯和具体需求。

2. flatten() 和 ravel() 方法

flatten() 方法将多维数组变换为一维数组。例如：

```
In [1]   arr = np.array([[1, 2, 3], [4, 5, 6]])
         new_arr = arr.flatten()          #将二维数组变换为一维数组
         new_arr
```

对应的输出结果为

```
[1 2 3 4 5 6]
```

flatten() 方法返回的数组是原数组的一个副本，二者相互独立。因此，对返回的数组所做的任何修改都不会影响原数组。

ravel() 方法与 flatten() 方法类似，都是将多维数组变换为一维数组。与 flatten() 方法不同的是，ravel() 方法返回的是原数组的一个视图（view），这意味着视图与原数组共享数据存储。因此，对返回的数组所做的修改会影响原数组。例如：

```
In [2]   arr = np.array([[1, 2, 3], [4, 5, 6]])
         new_arr = arr.ravel()            #返回一个视图,将二维数组变换为一维数组
         print(new_arr)
         new_arr[0] = 100                 #修改新数组元素
         print(new_arr)
         print(arr)                       #原数组同步变化
```

对应的输出结果为

```
[1 2 3 4 5 6]
[100  2  3  4  5  6]
[[100  2  3]
 [4  5  6]]
```

3. transpose() 方法和 T

transpose() 方法和 T 都可以用来对数组进行转置操作。它们的作用是相同的，都可以

将数组的行和列交换。例如：

```
In [1]    arr = np.array([[1, 2, 3], [4, 5, 6]])
          new_arr = arr.transpose()              #或者 arr.T
```

对应的输出结果为

```
array([[1, 4],
       [2, 5],
       [3, 6]])
```

4. np.newaxis 增加维度

np.newaxis 是 NumPy 中的一个特殊常量,用于增加数组的维度。当需要在特定位置插入一个新的维度时,可以使用 np.newaxis 在指定位置插入一个新的轴,从而将原数组变换为更高维度的数组。例如：

```
In [1]    arr = np.arange(6)                     #array([0, 1, 2, 3, 4, 5])
          arr.shape
```

对应的输出结果为

```
(6, )
```

```
In [2]    arr_new = arr[:, np.newaxis]           #在第二个位置(列方向)增加一个新的维度
          arr_new
```

对应的输出结果为

```
array([[0],
       [1],
       [2],
       [3],
       [4],
       [5]])
```

```
In [3]    arr_new.shape
```

对应的输出结果为

```
(6, 1)
```

3.2.3 NumPy 内置函数

在 NumPy 中,可以使用各种函数创建特殊的数组,常用函数如表 3-3 所示。

表 3-3 创建数组的常用函数

函　　数	说　　明
ones(shape)	根据 shape 创建一个全 1 数组,shape 为元组类型,dtype 默认为 float64
zeros(shape)	根据 shape 创建一个全 0 数组,shape 为元组类型,dtype 默认为 float64
eye(n)	创建一个 n 维单位数组,对角线为 1,其余为 0,dtype 默认为 float64
full(shape, val)	根据 shape 创建一个数组,每个元素值都是 val,shape 为元组类型

函　　数	说　　明
arange（[start,] stop [, step]）	创建一个等差数列,类似 Python 的 range()函数,返回 ndarray 类型。元素默认从 0 到 stop−1,可以指定 start 和 step,用于整数情况
linspace(start, stop, num=50, endpoint=True)	创建一个等差数列,根据起止数据(默认含右侧端点 stop)等间距形成等差数组,用于浮点数情况

ones()、zeros()和 eye()函数创建全 1 数组、全 0 数组和单位数组。例如:

```
In [1]  np.ones((3, 3))
```

对应的输出结果为

```
array([[1., 1., 1.],
       [1., 1., 1.],
       [1., 1., 1.]])
```

```
In [2]  np.zeros((2, 3))
```

对应的输出结果为

```
array([[0., 0., 0.],
       [0., 0., 0.]])
```

```
In [3]  np.eye(3)
```

对应的输出结果为

```
array([[1., 0., 0.],
       [0., 1., 0.],
       [0., 0., 1.]])
```

full()函数用于将数组中的所有元素初始化为指定的值。

```
In [1]  np.full(3, 0)            #创建形状为 (3,) 的全 0 数组
```

对应的输出结果为

```
array([0, 0, 0])
```

```
In [2]  np.full((2, 3), 1)       #创建形状为 (2,3) 的全 1 数组
```

对应的输出结果为

```
array([[1, 1, 1],
       [1, 1, 1]])
```

arange()函数与 Python 的 range()函数功能相似,用于产生整数序列。例如:

```
In [1]  np.arange(10)
```

对应的输出结果为

```
array([0, 1, 2, 3, 4, 5, 6, 7, 8, 9])
```

```
In [2]  np.arange(2, 10)
```

对应的输出结果为

```
array([2, 3, 4, 5, 6, 7, 8, 9])
```

| In [3] | np.arange(1, 10, 3) |

对应的输出结果为

```
array([1, 4, 7])
```

linspace()函数用于产生浮点数序列,默认包含终止值,所有数字之间的间隔相等。例如:

| In [1] | np.linspace(1, 10, 7) |

对应的输出结果为

```
array([1. , 2.5, 4. , 6.5, 7. , 8.5, 10. ])
```

| In [2] | np.linspace(1, 10, 7, endpoint = False) |

对应的输出结果为

```
array([1. , 2.28571429, 3.57142857, 4.85714286, 6.14285714, 7.42857143,
8.71428571])
```

在 linspace()函数中,将 retstep 参数设置为 True 可以返回数列的步长。

| In [3] | arr, step = np.linspace(2, 6, num = 5, retstep = True)
print(arr)
print(step) |

对应的输出结果为

```
[2. 3. 4. 5. 6.]
1.0
```

linspace()函数是一个常用的数值计算工具,快速生成等间距样例点数组,并进行各种数值计算和科学计算。其主要应用场景如下:

(1)生成等间距的样例点。例如,使用 linspace()函数在一定范围内生成若干等间距的样例点,用于曲线拟合、插值等数值计算问题。

(2)生成网格点。在二维或三维空间中,使用 linspace()函数生成两个或 3 个等间距样例点组成的数组,并将它们作为坐标轴上的点,用于可视化、计算网格数据等领域。

(3)计算采样步长。当需要在一定时间或空间范围内对某个函数进行采样时,可以使用 linspace()函数计算出样例点之间的距离,从而确定采样间隔。

linspace()是 NumPy 中必不可少的基础函数。

3.2.4 random 模块函数

在 NumPy 库中,numpy.random 模块提供了多种生成随机数的函数,以及与随机数相关的其他操作功能。random 模块中的常用函数如表 3-4 所示。

numpy.random 模块与 Python 标准库中的 random 模块的主要区别如下:

(1)操作对象不同。numpy.random 模块针对 ndarray 数组进行随机数操作,Python 的 random 模块主要针对单个数值或列表进行操作。

表 3-4　random 模块中的常用函数

函　　　数	说　　　明
rand(d_0, d_1, ⋯, d_n)	返回给定维度的随机样本,取值范围为[0,1)
randn(d_0, d_1, ⋯, d_n)	返回给定维度的标准正态分布样本
normal(loc=0.0, scale=1.0, size=None)	返回指定均值和标准差的正态分布样本
randint(low, high=None, size=None, dtype=int)	返回指定范围内的随机整数
uniform(low=0.0, high=1.0, size=None)	返回指定范围内的均匀分布的随机浮点数
permutation(x)	对给定的数组或者整数序列进行随机排列
shuffle(x)	随机打乱数组中的元素顺序
choice(a, size=None, replace=True, p=None)	从给定序列中随机选择元素
seed(seed=None)	初始化随机数生成器的种子

（2）增加维度信息。numpy.random 模块可以方便地生成高维随机数,Python 的 random 模块则无法直接生成高维随机数。

（3）效率更高。由于 NumPy 基于 C 语言实现,因此 numpy.random 模块在处理大量数据时通常比 Python 的 random 模块更高效。

（4）分布函数更丰富。numpy.random 模块提供了更多的分布函数选项,例如均匀分布、正态分布、指数分布、泊松分布等;Python 的 random 模块仅提供了一些基本的分布函数,如均匀分布和正态分布。

如果需要处理大量数据或进行多维数组的随机数操作,优先选择 numpy.random 模块。

1. rand()、randn()和 normal()函数

rand(d_0, d_1, ⋯, d_n) 用于生成给定维度的、取值范围在 [0,1) 随机样本数组。

其中,d_0, d_1, ⋯, d_n 是生成随机样本数组的维度,不指定维度则生成一个随机浮点数,可以指定一个或多个维度参数。例如:

```
In [1]    np.random.rand()              #一个随机浮点数,无维度
```

对应的输出结果为

```
0.666018692030193
```

```
In [2]    np.random.rand(3)             #3个随机浮点数,shape = (3,)
```

对应的输出结果为

```
array([0.87655575, 0.61631995, 0.76611553])
```

```
In [3]    np.random.rand(3, 2)          #3行2列随机浮点数,shape = (3,2)
```

对应的输出结果为

```
array([[0.99353118, 0.22584602],
       [0.1657952, 0.77387099],
       [0.24827181, 0.1565485]])
```

randn()函数与 rand()函数相似,但生成的样本满足正态分布。方差和均值是正态分布的两个重要参数。均值决定了分布的中心位置。方差决定了分布的形状:方差越大,分布越分散;方差越小,分布越集中。例如:

```
In [4]    np.random.randn(3, 2)            #正态分布抽样浮点数
```

对应的输出结果为

```
array([[-0.07865957,  0.50727013],
       [ 0.05368669,  0.6232558 ],
       [-0.62553655, -0.81609455]])
```

如果希望指定正态分布的随机数的均值和标准差(方差的平方根),则可以使用 normal(loc=0.0,scale=1.0,size=None)函数,其中,参数 loc 为正态分布的均值,scale 为正态分布的标准差。例如:

```
In [5]    #在均值为 2、标准差为 0.5 的正态分布的随机数数组中抽样
          np.random.normal(2, 0.5, size = (3, 3))
```

对应的输出结果为

```
array([[2.27561314, 2.0997858 , 2.47596742],
       [2.05368129, 1.46345549, 2.44633882],
       [1.57363747, 1.22854528, 2.00142761]])
```

2. randint()和 uniform()函数

randint()和 uniform()函数都用于生成指定范围内的随机数。

randint(low,high=None,size=None,dtype=int)用于生成指定范围内的随机整数,上限为开区间,不指定 size 参数时生成一个随机整数。例如:

```
In [1]    np.random.randint(0, 10)        #生成一个 [0,10)区间内的随机整数
```

对应的输出结果为

```
8
```

```
In [2]    #生成取值在[0,10)区间内、形状为(3,3)的随机整数数组
          np.random.randint(0, 10, (3,3))
```

对应的输出结果为

```
array([[8, 1, 2],
       [7, 3, 0],
       [8, 9, 3]])
```

uniform(low=0.0,high=1.0,size=None)用于生成指定范围内均匀分布的随机浮点数,默认范围为 [0,1]。例如:

```
In [3]    #生成取值在[20,30)区间内、形状为(3,2)的随机浮点数数组
          np.random.uniform(20, 30, (3,2))
```

对应的输出结果为

```
array([[22.21429951, 24.12252375],
```

```
          [24.96982382, 29.73791851],
          [24.75725006, 26.68149557]])
```

3. permutation()、shuffle()和 choice()函数

permutation()、shuffle()和 choice()函数都是 NumPy 库中用于生成随机序列或对序列进行随机操作的函数。

permutation()函数用于对给定的序列进行随机排列,并返回一个新的排列后的数组。它不会修改原数组,而是返回一个新的数组。可以接收一个序列数据作为参数;也可以接收一个整数 n 作为参数,n 表示要进行排列的范围,即 $0,1,2,\cdots,n-1$。例如:

```
In [1]    np.random.permutation(6)              #对[0, 6)区间内的整数进行随机排列
```

对应的输出结果为

```
array([1, 4, 2, 5, 3, 0])
```

```
In [2]    x = [8, 5, 7, 6, 20, 13, 16, 19]
          x = np.random.permutation(x)          #对给定的序列进行随机排列,产生新数组
          print(x)
```

对应的输出结果为

```
[ 5 13 7 20 6 19 8 16]
```

shuffle()函数用于对给定的序列进行原地随机排列,直接修改原数组。它会打乱数组中元素的顺序,而不返回一个新的数组。例如:

```
In [3]    x = [8, 5, 7, 6, 20, 13, 16, 19]
          np.random.shuffle(x)                  #无返回值
          print(x)                              #原数组被打乱
```

对应的输出结果为

```
[7, 6, 5, 19, 13, 16, 8, 20]
```

choice()函数用于从给定的序列中随机选择元素。可以接收一个数组、列表或整数 n 作为参数,还可以使用参数 replace=False 确保所选择的元素不重复。例如:

```
In [4]    x = np.arange(6)                      #array([0, 1, 2, 3, 4, 5])
          #从 x 数组中随机选择 3 个不重复的元素
          np.random.choice(x, size = 3, replace = False)
```

对应的输出结果为

```
array([2, 3, 1])
```

```
In [5]    #从[0,10)区间内随机选择 5 个元素,允许重复
          np.random.choice(10, size = 5)
```

对应的输出结果为

```
array([2, 8, 2, 4, 9])
```

3.2.5　数组拼接

数组拼接是指将多个数组沿着指定的轴方向合并成一个新的数组。数组拼接在数据处理和分析中非常常见,可用于以下应用场景:

(1) 数据整合。将多个数据集合并为一个更大的数据集,以便进行整体分析和处理。

(2) 特征工程。在机器学习中,将不同特征组合到一起形成新的特征向量,以提高模型的表现。

(3) 数据处理。对不同部分的数据进行合并,以便进行更有效的数据清洗、转换和分析。

(4) 图像处理。可以将多个图像数组按照需要的方式拼接在一起,实现图像合成或图像增广。

(5) 时间序列处理。在时间序列分析中,可以将不同时间段的数据进行拼接,以获得全面的信息,构建趋势。

(6) 模型输入准备。在深度学习中,将训练数据按照批次拼接成合适的输入形式,以供神经网络模型训练使用。

concatenate$((a_1, a_2, a_3, \cdots)$, axis$=0)$函数将多个数组沿指定轴拼接在一起,它接收一个由要拼接的数组组成的元组作为参数,默认沿着第一个维度进行拼接,并返回拼接后的新数组。关于轴的概念见图 3-1。例如:

| In [1] | ```
arr1 = np.array([[1, 2], [3, 4]])
arr2 = np.array([[5, 6], [7, 8]])
np.concatenate((arr1, arr2), axis = 0)          #沿着纵轴合并
``` |
|---|---|

对应的输出结果为

```
array([[1, 2],
       [3, 4],
       [5, 6],
       [7, 8]])
```

In [2]	np.concatenate((arr1, arr2), axis = 1) #沿着横轴合并

对应的输出结果为

```
array([[1, 2, 5, 6],
       [3, 4, 7, 8]])
```

除此之外,vstack()和 hstack()函数专用于垂直(沿第一个维度)和水平(沿第二个维度)堆叠数组,它们不能沿其他轴拼接数组。例如:

In [3]	np.vstack((arr1, arr2))

对应的输出结果为

```
array([[1, 2],
       [3, 4],
```
```

```
          [5, 6],
          [7, 8]])
```

| In [4] | np.hstack((arr1, arr2)) |

对应的输出结果为

```
array([[1, 2, 5, 6],
       [3, 4, 7, 8]])
```

◈ 3.3　选取数组元素

在 NumPy 中,可以通过索引和切片访问和操作数组中的元素。

3.3.1　基本索引

基本索引用于从数组中获取单个元素,返回一个标量(单个数据)。

一维数组索引通过指定数组的索引位置访问元素,格式为"数组[索引]"。例如:

| In [1] | a = np.arange(9)
a |

对应的输出结果为

```
array([0, 1, 2, 3, 4, 5, 6, 7, 8])
```

| In [2] | a[0] |

对应的输出结果为

```
0
```

多维数组索引使用由逗号分隔的索引访问元素,格式为"数组[第一维索引,第二维索引,…]"。例如:

| In [3] | b = np.array([[0,1,2],[3,4,5]])
b |

对应的输出结果为

```
[[0 1 2]
 [3 4 5]]
```

| In [4] | b[0, 1]　　　　　　　#二维数组,逗号分隔两个索引 |

对应的输出结果为

```
1
```

3.3.2　切片

切片操作通过原数组得到一个新的数组,且为原数组的视图。

一维数组的切片格式为"数组[起始索引:结束索引:步长]",与 Python 列表的切片操作相同。例如：

```
In [1]    a = np.arange(9)        #array([0, 1, 2, 3, 4, 5, 6, 7, 8])
          a[:3]
```

对应的输出结果为

```
array([0, 1, 2])
```

```
In [2]    a[3:]
```

对应的输出结果为

```
array([3, 4, 5, 6, 7, 8])
```

```
In [3]    a[1:7:2]
```

对应的输出结果为

```
array([1, 3, 5])
```

```
In [4]    a[::-1]
```

对应的输出结果为

```
array([8, 7, 6, 5, 4, 3, 2, 1, 0])
```

```
In [5]    a[:5] = 10          #视图操作
          a                   #原数组改变
```

对应的输出结果为

```
array([10, 10, 10, 10, 10, 5, 6, 7, 8])
```

多维数组的切片格式为："数组[起始索引：结束索引：步长，起始索引：结束索引：步长，…]"，即将各维度的切片用逗号分隔。例如：

```
In [1]    b = np.array([[0,1,2],[3,4,5]])
```

对应的输出结果为

```
[[0 1 2]
 [3 4 5]]
```

```
In [2]    b[1, :]
```

对应的输出结果为

```
array([3, 4, 5])
```

```
In [3]    b[:, 2]
```

对应的输出结果为

```
array([2, 5])
```

```
In [4]    b[:, 1:3]
```

对应的输出结果为

```
array([[1, 2],
       [4, 5]])
```

【例 3-1】　利用切片访问图像数组。

Matplotlib 库是一个用于绘制二维图像的第三方库,将在第 5 章详细介绍。imread()是 Matplotlib 中用于读取图像文件并返回图像数组的函数,它返回一个表示图像的 NumPy数组。下面通过图像演示切片操作的效果。

```
In [1]  import matplotlib.pyplot as plt
        img = plt.imread('./img/dog.jpg')          #读取./img/dog.jpg 文件
        print(type(img))
```

对应的输出结果为

```
<class 'numpy.ndarray'>
```

```
In [2]  plt.imshow(img)                    #如图 3-2(a)所示
        plt.imshow(img[300:, :])           #行维度切片,如图 3-2(b)所示
        plt.imshow(img[ :, 300:])          #列维度切片,如图 3-2(c)所示
        img_rotate = img[::-1]             #行维度逆置
        plt.imshow(img_rotate)             #如图 3-2(d)所示
        img_rotate = img[ :, ::-1]         #列维度逆置
        plt.imshow(img_rotate)             #如图 3-2(e)所示
        t = img.copy()                     #复制数组(图像)
        s = np.hstack((t,t))               #拼接数组,沿 X 轴拼接图像
        u = np.vstack((s,s,s))             #拼接数组,沿 Y 轴拼接图像
        plt.imshow(u)                      #如图 3-2(f)所示
```

3.3.3　整数列表索引

在 NumPy 中,可以使用整数列表对数组进行选取操作。这种方式适用于同时选择多个不相邻的元素或根据特定位置选择元素。

整数列表可以出现在任意维度,用于指定要获取数据的位置。通过逐个提取列表中每个整数索引对应的元素,可以获得该元素的数组副本。例如:

```
In [1]  arr = np.array([0, 10, 20, 30, 40, 50, 60, 70, 80, 90])
        arr[[1, 3, 5, 6]]
```

对应的输出结果为

```
array([10, 30, 50, 60])
```

```
In [2]  arr = np.array([[1, 2, 3, 4], [5, 6, 7, 8],
                        [9, 10, 11, 12], [13, 14, 15, 16]])
        arr[[1, 2]]              #行维度应用整数列表索引,列维度是切片
```

对应的输出结果为

```
array([[ 5, 6, 7, 8],
       [ 9, 10, 11, 12]])
```

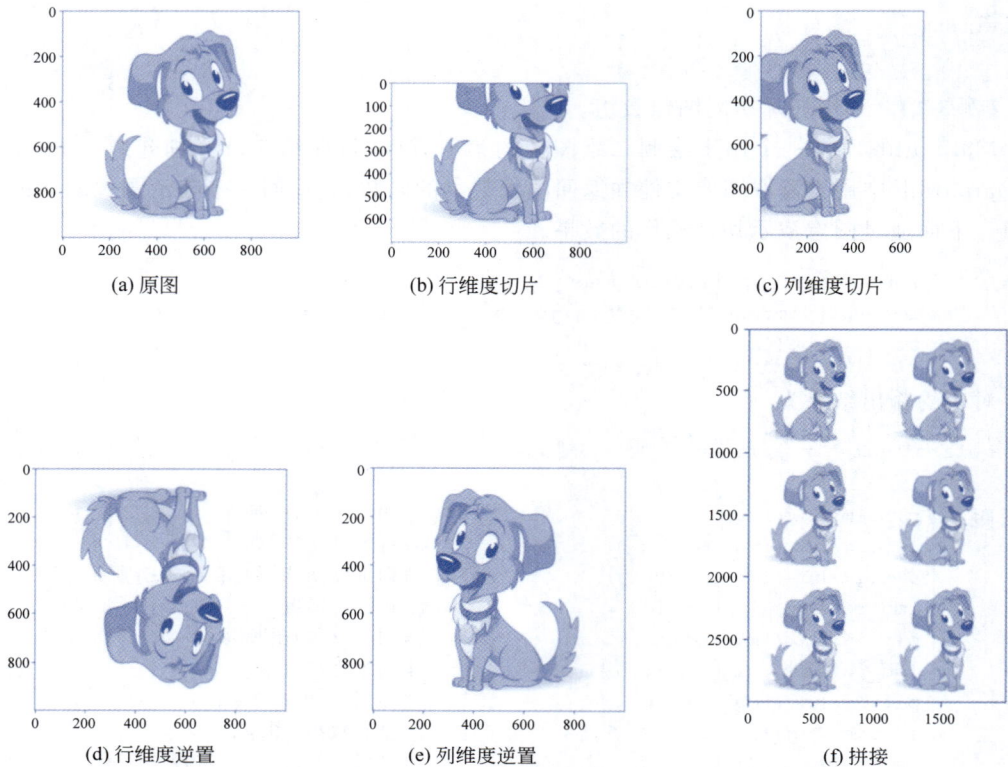

(a) 原图　　　　　　　　(b) 行维度切片　　　　　　　(c) 列维度切片

(d) 行维度逆置　　　　　　(e) 列维度逆置　　　　　　　(f) 拼接

图 3-2　图像数组的切片操作

In [3]	arr[:, [0, 2]]　　　　　　　#列维度应用整数列表索引,行维度是切片

对应的输出结果为

```
array([[ 1,  3],
       [ 5,  7],
       [ 9, 11],
       [13, 15]])
```

In [4]	#不要全部都是整数列表索引,至少保证一个维度是切片 arr[[1, 2]][:, [0, 2]]

对应的输出结果为

```
array([[ 5,  7],
       [ 9, 11]])
```

【例 3-2】　使用整数列表索引筛选成绩。

设 grades 数组保存了几个学生的成绩,使用整数列表索引将不及格的成绩保存至另一个数组。

```
import numpy as np

#创建学生成绩数组
grades = np.array([75, 80, 45, 60, 90, 30, 55])
```

```
#找出不及格学生成绩的索引
pass_indices =[i for i in range(len(grades)) if grades[i] <60]
#使用整数列表索引获取不及格学生成绩
passing_grades = grades[pass_indices]
print(passing_grades) #[45 30 55]
```

3.3.4　布尔数组索引

如果确切知道要选择的元素的索引,使用索引和切片的方法非常有效。然而,在许多情况下,可能并不知道要选择的元素的确切索引。例如,有一个形状为 10 000 × 10 000 的数组,取值为 [1, 15 000] 区间的随机整数,现只想选择其中取值小于 20 的元素。在这种情况下,整数索引显然不再适用。

布尔数组索引是一种通过布尔数组(而非确切的索引值)选择数组元素的方法。布尔数组的每个元素与要索引的数组对应,每个位置的布尔值会匹配相应的元素(两者形状相同)。仅当布尔数组对应位置为 True 时,才会选择该元素。使用布尔数组索引得到的是数组的副本。

设有如下数组:

```
In [1]    arr = np.arange(25).reshape(5, 5)
```

对应的输出结果为

```
array([[ 0, 1, 2, 3, 4],
       [ 5, 6, 7, 8, 9],
       [10, 11, 12, 13, 14],
       [15, 16, 17, 18, 19],
       [20, 21, 22, 23, 24]])
```

现在希望将数组中取值大于 10 的元素修改为 −1。首先,需要生成一个满足条件“取值>10”的布尔数组。NumPy 数组支持广播机制(详见 3.6 节),这意味着数组可以与标量直接进行运算,其结果是每个元素与该标量值进行运算后生成的新数组。例如:

```
In [2]    arr >10          #数组每个元素与 10 比较,得到 True 或 False
```

对应的输出结果为

```
array([[False, False, False, False, False],
       [False, False, False, False, False],
       [False, True, True, True, True],
       [ True, True, True, True, True],
       [ True, True, True, True, True]])
```

显然,这个布尔数组可以作为索引筛选数组元素。在筛选出满足条件的元素后,可以对这些元素进行赋值。例如:

```
In [3]    arr[arr >10] = −1
          arr
```

对应的输出结果为

```
array([[ 0, 1, 2, 3, 4],
```

```
          [ 5,  6,  7,  8,  9],
          [10, -1, -1, -1, -1],
          [-1, -1, -1, -1, -1],
          [-1, -1, -1, -1, -1]])
```

如果筛选条件由多个关系组成,就需要使用逻辑与、或、非运算。NumPy 对布尔值的逻辑与、或、非运算可以分别使用 &、| 和 ~ 运算符,它们会对数组中的每个布尔值进行相应的逻辑运算。需要注意的是,为了确保正确的计算顺序,使用 &、| 和 ~ 的布尔表达式中的每个关系运算都应分别用括号括起来。例如:

```
In[4]    (arr >10) & (arr <20)
```

对应的输出结果为

```
array([[False, False, False, False, False],
       [False, False, False, False, False],
       [False,  True,  True,  True,  True],
       [ True,  True,  True,  True,  True],
       [False, False, False, False, False]])
```

【例 3-3】 使用布尔数组索引进行数据清洗。

假设正在分析一组销售数据,其中包含了一些异常值和缺失值。

```
sales = np.array([100, 200, 300, 400, -999, np.nan, 500, 600, 700, 800])
```

其中,np.nan 是 NumPy 中表示缺失值或不可用值的特殊常量。NumPy 中还有一些常用的常量,如 np.pi(圆周率)、np.e(自然对数的底 e)、np.inf(正无穷大)等。

现使用布尔数组索引筛选这些异常值和缺失值,确保数据的质量和准确性。

np.isnan() 函数用于判断取值是否为 np.nan,如果是返回 True,否则返回 False。这里的数据清洗希望筛选出非 np.nan 数据,所以在其前进行~运算。具体的数据清洗操作如下:

```
condition = (sales >0) & (~np.isnan(sales))
filtered_sales = sales[condition]
print(filtered_sales)
```

输出结果为

```
[100. 200. 300. 400. 500. 600. 700. 800.]
```

【例 3-4】 筛选鸢尾花数据。

鸢尾花数据集是 Scikit-learn 机器学习库中的经典数据集。该数据集包含 150 条鸢尾花样本数据。其中,特征值存储在名为 data 的 ndarray 数组中,形状为(150,4),即每个样本包含 4 个特征;目标值则存储在名为 target 的 ndarray 数组中,形状为(150,),其取值为 0、1 和 2,分别对应 3 种鸢尾花:setosa、versicolor 和 virginica,如图 3-3 所示。

导入、获取数据的代码如下:

```
from sklearn.datasets import load_iris

iris = load_iris()            #导入数据集
data = iris.data              #特征值数据,ndarray 数组,形状为(150, 4)
target = iris.target          #目标值数据,ndarray 数组,形状为(150, )
```

setosa(山鸢尾)　　versicolor(杂色鸢尾)　　virginica(维吉尼亚鸢尾)

图 3-3　鸢尾花数据集中的 3 种鸢尾花

设要根据目标值筛选出 3 种鸢尾花的数据,则可以使用布尔数组作为行索引实现,代码如下:

```
setosa = data[target == 0]
versicolor = data[target == 1]
virginica = data[target == 2]
```

◆ 3.4　NumPy 数组运算

NumPy 提供了大量的数组运算,使各种科学计算变得更加简单和高效。

3.4.1　基本运算

基本运算包括数组的标量运算和两个数组进行的双目运算。

数组的标量运算是指将一个标量与数组中的每个元素进行相同的运算,如加、减、乘、除、求余、求幂、取整、比较等。数组的标量运算对每个元素都执行相同的操作,使代码更加简洁高效,避免了循环操作每个数组元素的烦琐过程。

数组的双目运算指的是对两个数组进行逐元素操作的运算,它要求参与运算的两个数组具有相同的形状,以便能够按元素进行操作,返回值为相同形状的多维数组。常见的双目运算包括算术运算、比较运算和逻辑运算。例如:

```
In [1]   arr1 = np.random.randint(1, 10, (2,3))
         arr1
```

对应的输出结果为

```
array([[7, 3, 8],
       [7, 5, 1]])
```

```
In [2]   arr2 = np.random.rand(2,3)
         arr2
```

对应的输出结果为

```
array([[0.61908918, 0.77194627, 0.21670458],
       [0.08428996, 0.73259487, 0.8974566 ]])
```

```
In [3]   arr1 + arr2
```

对应的输出结果为

```
array([[7.61908918, 3.77194627, 8.21670458],
       [7.08428996, 6.73259487, 1.8974566 ]])
```

3.4.2 通用函数运算

通用函数(universal function,ufunc)对数组中的元素进行逐元素操作,并返回一个新的数组作为结果。NumPy 提供了许多内置的 ufunc 函数,包括常见的数学函数(如加法、减法、乘法、除法、幂运算、指数函数、对数函数等)、三角函数等。这些 ufunc 函数可以直接应用于数组,无须显式编写循环。NumPy 的常用通用函数如表 3-5 所示。

表 3-5 NumPy 的常用通用函数

函　　　数	说　　　明
数学函数	add()、subtract()、multiply()、divide()、power()、 abs()、fabs()、sqrt()、square()、exp()、log()、log10()、log2()、 ceil()、floor()、rint()、round()、 maximum(x, y)、minimum(x, y)、mod(x, y)
三角函数	sin()、cos()、tan()、sinh()、cosh()、tanh()
逻辑判定函数	any()、all()

这些 ufunc 函数的计算结果均为新的 ndarray 数组。例如:

```
In [1]   amounts = np.array([19.99, 35.55, 42.22, 99.98])
         np.rint(amounts)          #将数组每个元素四舍五入为整数,返回新数组
```

对应的输出结果为

```
array([ 20., 36., 42., 100.])
```

```
In [2]   np.round(amounts, 2)      #将数组每个元素四舍五入到小数点后两位,返回新数组
```

对应的输出结果为

```
array([19.99, 35.55, 42.22, 99.98])
```

```
In [3]   arr1 = np.random.rand(2, 3)
         arr1
```

对应的输出结果为

```
array([[0.61908918, 0.77194627, 0.21670458],
       [0.08428996, 0.73259487, 0.8974566 ]])
```

```
In [4]   arr1 + arr2
```

对应的输出结果为

```
array([[0.6226222, 0.24758995, 0.07884157],
       [0.89670508, 0.51587071, 0.99272352]])
```

```
In [5]   np.maximum(arr1, arr2)    #求两个数组每个位置上的最大值,返回新数组
```

对应的输出结果为

```
array([[0.6226222, 0.77194627, 0.21670458],
       [0.89670508, 0.73259487, 0.99272352]])
```

any(a，axis＝None)和 all(a，axis＝None)两个函数对数组元素做逻辑判断，运算时可以指定轴。any()函数判断是否至少有一个元素为 True，存在则返回 True；all()函数判断是否所有元素均为 True，全部为 True 则返回 True。例如：

| In [1] | arr = np.array([-1, 0, 2, -3, 4]) |
| | np.any(arr > 0)　　　　　　　　　#判断数组是否存在正数 |

对应的输出结果为

```
True
```

| In [2] | matrix = np.array([[2, 4, 6], [1, 3, 5]]) |
| | np.all(matrix % 2 == 0, axis = 1)　　#判断矩阵行方向上是否全为偶数 |

对应的输出结果为

```
array([True, False])
```

3.4.3　统计函数

NumPy 库提供了一些用于统计的函数，可以对数组中的元素进行数值分析和计算。统计函数提供了模块级调用和对象级调用两种形式，且计算时可以指定轴信息。以 sum()函数为例，其 API 如下：

```
sum(a, axis = None)
```

sum()函数用于计算数组元素的总和。其中，a 为要计算总和的数组；axis 为可选参数，用于指定沿哪个轴计算总和，默认计算整个数组的总和。

设有图 3-4(a)所示的二维数组和图 3-4(b)所示的三维数组，统计计算示例如下。

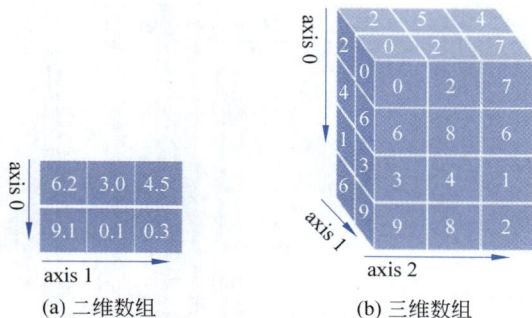

(a) 二维数组　　(b) 三维数组

图 3-4　数组及其轴信息

| In [1] | a = np.array([[6.2, 3.0, 4.5], [9.1, 0.1, 0.3]]) |
| | np.sum(a)　　　　　　　　　　　#所有数的和 |

对应的输出结果为

```
22.2
```

| In [2] | np.sum(a, axis = 0) | #每列和 |

对应的输出结果为

```
array([14.3, 3.1, 4.8])
```

| In [3] | np.sum(a, axis = 1) | #每行和 |

对应的输出结果为

```
array([12.7, 9.5])
```

| In [4] | b = np.array([[[2, 5, 4], #三维数组
| | [0, 2, 7]],
| | [[4, 8, 7],
| | [6, 8, 6]],
| | [[1, 3, 8],
| | [3, 4, 1]],
| | [[6, 9, 5],
| | [9, 8, 2]]])
| | b.sum() |

对应的输出结果为

```
118
```

| In [5] | b.sum(axis = 0) | #shape = (2, 3) |

对应的输出结果为

```
array([[13, 25, 24],
       [18, 22, 16]])
```

| In [6] | b.sum(axis = 1) | #shape = (4, 3) |

对应的输出结果为

```
array([[ 2, 7, 11],
       [10, 16, 13],
       [ 4, 7, 9],
       [15, 17, 7]])
```

| In [7] | b.sum(axis = 2) | #shape = (2, 4) |

对应的输出结果为

```
array([[11, 9],
       [19, 20],
       [12, 8],
       [20, 19]])
```

NumPy 的常用统计函数/方法如表 3-6 所示。

表 3-6　NumPy 的常用统计函数/方法

函　　数	说　　明
sum(a，axis＝None)	计算数组相关元素的和
prod(a，axis＝None)	计算数组相关元素的积
mean(a，axis＝None)	计算数组相关元素的平均值
average(a，axis＝None，weights＝None)	根据指定的权值计算数组相关元素的加权平均值
max(a，axis＝None)	计算数组相关元素的最大值
argmax(a，axis＝None)	计算数组中相关元素最大值所在位置
unravel_index(index，shape)	根据数组形状将一维索引转换成多维索引
ptp(a，axis＝None)	计算数组中元素最大值与最小值的差
var(a，axis＝None)	计算数组相关元素的方差
std(a，axis＝None)	计算数组相关元素的标准差
percentile(a，q，axis＝None)	根据指定的百分位数 q 计算数组相应位置的分位值

【例 3-5】　编写 softmax 函数。

softmax 函数是机器学习多分类问题中对评分进行概率归一化的方法。

设 $z_1, z_2, \cdots, z_n$ 代表分类器对样本的分类评分,即样本属于每一类的概率,但因为这些概率的和不为 1,所以需要进行归一化处理。softmax 函数按照如下公式进行归一化处理,其中 i 表示类别为 i。它保持了概率高低与归一化结果取值的一致性,并使所有类别的概率和为 1。

$$P(i) = \frac{e^{z_i}}{e^{z_1} + e^{z_2} + \cdots + e^{z_n}}$$

利用 NumPy 函数完成计算,代码如下:

```
import numpy as np
def softmax(ls):
    exp_z = np.exp(ls)              #ufunc 函数计算数组每个元素的指数幂(数组)
    sum_exp_z = np.sum(exp_z)       #统计函数计算数组的和(标量)
    softmax_output = exp_z / sum_exp_z   #数组标量运算
    return softmax_output
print(softmax([2, 1, 0]))
```

计算结果为

```
[0.66524096 0.24472847 0.09003057]
```

3.4.4　np.where()函数

np.where(condition[，x，y])是一个用于根据条件对数组元素进行筛选和赋值的函数。其中,condition 是筛选条件。如果仅提供 condition,则该函数会返回满足条件的元素的索引;如果同时提供了 x 和 y,则该函数会返回一个新的数组,其中满足条件的元素取自 x,而不满足条件的元素则取自 y。例如:

```
In [1]   c = np.array([[1, 2, 3], [4, 5, 6], [7, 8, 9]])
         np.where(c>5)                    #返回取值大于 5 的元素的索引
```

对应的输出结果为

```
(array([1, 2, 2, 2], dtype = int64), array([2, 0, 1, 2], dtype = int64))
```

返回值为一个索引元组,其中包含两个元素。通过使用 zip()函数组合这两个元素,可以得到具体的索引位置:(1,2)、(2,0)、(2,1)和(2,2)。

通常使用 np.where()函数时带有 x 和 y 两个参数,实现条件赋值。

下面随机生成一个正态分布的数组,利用 np.where()函数将正数替换为 0,负数不变。

```
In [2]   arr = np.random.randn(4, 4)
         arr
```

对应的输出结果为

```
array([[-1.07784383, -0.61916485, -0.57100657, 0.89396105],
       [ 0.09545686, -1.6666486 , -0.11656214, -0.70576425],
       [-0.8866062, 0.79032793, -1.62929702, -1.08563547],
       [ 2.40218686, -0.16638336, -1.09277125, -1.15949764]])
```

```
In [3]   np.where(arr>0, 0, arr)
```

对应的输出结果为

```
array([[-1.07784383, -0.61916485, -0.57100657, 0.],
       [ 0. , -1.6666486, -0.11656214, -0.70576425],
       [-0.8866062, 0., -1.62929702, -1.08563547],
       [ 0. , -0.16638336, -1.09277125, -1.15949764]])
```

◆ 3.5 NumPy 文件处理

NumPy 提供了 ndarray 数组持久化保存的方法,即将数组数据以文件的形式存储在磁盘上,以便后续读取和使用。

常见的持久化方法包括 np.save()和 np.savez()函数,这两种方法使用二进制格式存储数据,提供了更快的存储和加载速度。

np.save(file,arr)函数用于将一个 ndarray 数组 arr 保存到一个扩展名为.npy 的二进制文件 file 中,该文件中包含了数组的数据、形状、dtype 等信息。

np.savez(file, * args, * * kwds)函数用于将多个 ndarray 数组的二进制表示压缩保存至扩展名为.npz 的文件中,该文件中包含了每个数组的数据、名称、形状和 dtype 等信息。savez()函数的常用参数如表 3-7 所示。

表 3-7 savez()函数的常用参数

参　数	说　　　明
file	要保存的文件名(字符串形式)或者某个文件对象
args	可变长参数,对应要保存的多个数组
kwds	关键字参数,用于指定文件中的数组信息,键是数组在文件中的名称,值是要保存的数组。如果没有 kwds 参数,数组在文件中的默认名称为 arr_0,arr_1,arr_2,…。一般使用时会省略 args 参数,通过 kwds 参数以关键字参数指定数组在文件中的名称和与其对应的数组对象

np.load(file)函数加载文件并返回数组。如果是 npy 文件,返回一个数组对象;如果是 npz 文件,则返回字典形式的对象,字典的键是数组名称,通过键获取相应的数组数据。

【例 3-6】　持久化保存鸢尾花数据集。

为了便于后续的加载和使用,使用 np.savez()函数将鸢尾花数据集的特征值数组和目标值数组一并压缩存储至文件中,代码如下:

```
import numpy as np
from sklearn.datasets import load_iris
#加载鸢尾花数据集
iris = load_iris()
data = iris.data
target = iris.target
#将两个数组保存至 npz 文件
np.savez('iris_dataset.npz', data = data, target = target)
```

savez()函数使用关键字参数,指定 data 数组在文件中的名字为 data,target 数组在文件中的名字为 target。

当需要使用数据时,使用 load()函数将它们从文件加载进来,代码如下:

```
#加载 npz 文件
iris = np.load('iris_dataset.npz')      #得到字典形式的返回值
data = iris['data']                     #获取键为 data 的数组
target = iris['target']                 #获取键为 target 的数组
print(data.shape)                       #形状为 (150, 4)
print(target.shape)                     #形状为 (150, )
```

◆ 3.6　数组广播机制

广播(broadcasting)指的是在不同形状的数组之间进行逐元素操作的规则。当进行逐元素操作时,如果数组的形状不匹配,NumPy 会自动执行广播机制使操作能够顺利进行。

广播在下列情况之一成立时可以执行。

情况 1:具有相同的维度,shape 每个维度的取值或者相同,或者有一个数组为 1。

如图 3-5 所示,np.ones((3,3))的 shape 为 (3,3),np.arange(3).reshape(3,1)的维度为 (3,1),二者具有相同的维度,第一个维度取值相同,第二个维度后者为 1,因此对维度是 (3,1)的第二个数组进行扩展,使它的 shape 变为 (3,3)后进行逐元素操作。

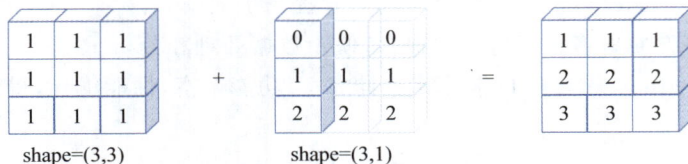

图 3-5　广播情况 1

情况 2:具有不同的维度,但是维数少的在前面补齐 1 后符合上述条件。

如图 3-6 所示,np.arange(3).reshape(3,1)的维度为 (3,1),np.arange(3)的维度为 (3,),后者的维数少,在其前面补 1,使其维度变为 (1,3),由此符合情况 2,各自进行扩展后进行逐元素操作。

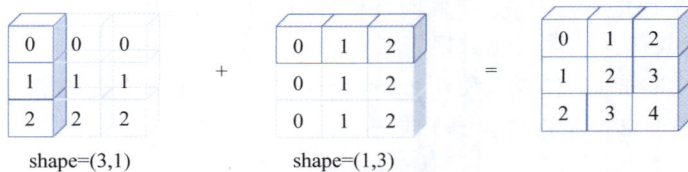

图 3-6　广播情况 2

情况 3：数组与标量运算时，标量被扩展为与数组具有相同形状的数组，进行逐元素操作，如图 3-7 所示。

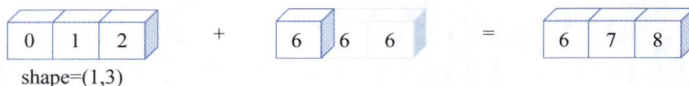

图 3-7　广播情况 3

如果对于任意维度，两个数组的大小不一致，且没有任何一个维度的大小为 1，则引发错误，无法进行广播，如图 3-8 所示。

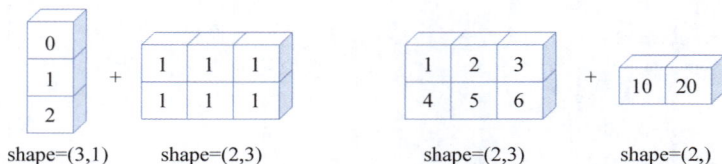

图 3-8　无法广播的情况

使用广播，可以方便地执行不同形状和大小的数组间的操作，实现向量化计算，代码更加简洁、高效。

◆ 3.7　本章小结

NumPy 的核心是 ndarray 对象，可以用来表示向量、矩阵以及更高维度的数组，ndarray 对象具有灵活的数据结构和强大的运算能力。

NumPy 提供了丰富的数学函数，包括各种三角函数、指数函数、对数函数、统计函数等，可以满足各种科学计算需求。NumPy 支持对不同形状的数组进行运算，通过广播机制实现对数组的逐元素操作，极大地简化了代码并提高了效率。

NumPy 能够方便地将数组持久化保存，便于数据处理和分析。

NumPy 是 Python 重要的科学计算工具之一，功能丰富，性能优异，得到了广泛应用。

◆ 3.8　习　　题

1. 创建一个包含 100 万个随机数的列表，将其包装为 ndarray 数组。利用 time 库记录时间，对比列表求和、ndarray 数组求和的性能。

2. 创建一个长度为 10 的零向量，并将前 5 个元素赋值为 1。

3. 生成元素取值在 1~100(含)的 10 个随机整数组成的一维向量,将其逆序输出。

4. 用列表生成式创建如下列表,并将其封装为 ndarray 数组。

$$
\begin{bmatrix}
[0 & 1 & 2 & 3 & 4 & 5] \\
[10 & 11 & 12 & 13 & 14 & 15] \\
[20 & 21 & 22 & 23 & 24 & 25] \\
[30 & 31 & 32 & 33 & 34 & 35] \\
[40 & 41 & 42 & 43 & 44 & 45] \\
[50 & 51 & 52 & 53 & 54 & 55]
\end{bmatrix}
$$

完成以下操作:

(1) 将左下角的 3×3 元素赋值为 100。

(2) 将第 2 行的前 3 个元素赋值为 200。

(3) 将倒数第 2 行的后 3 个元素赋值为 300。

5. 创建一个 8×8 的零矩阵,然后将其改装为如图 3-9 所示的国际象棋棋盘矩阵(黑块为 0,白块为 1)。

图 3-9　国际象棋棋盘

6. 创建一个 10×10 的随机整数(1~100)数组。

(1) 求该数组中的最大值。

(2) 求数组中最大值的位置(行列索引)。

(3) 求数组每行的平均值。

(4) 将小于平均值的元素都置为 −1,大于平均值的元素置为 1。

7. 创建一个 5×5 的零矩阵,将其每行的元素值都改为 0、1、2、3、4。

8. 余弦相似度计算。余弦相似度是一种计算两个向量相似度的方法,常用于文本相似度、推荐系统等领域。余弦相似度的计算公式如下:

$$
\cos\theta = \frac{A \cdot B}{\|A\| \, \|B\|}
$$

其中,A 和 B 是两个 n 维向量,$A \cdot B$ 表示 A 和 B 的点积,$\|A\|$ 和 $\|B\|$ 表示 A 和 B 的模(即向量长度)。对于一个 n 维向量 $x=(x_1,x_2,\cdots,x_n)$,它的模计算公式如下:

$$
\|x\| = \sqrt{x_1^2 + x_2^2 + \cdots + x_n^2}
$$

计算向量 $x=(3,2,0,5,0,0,0,2,0,0)$ 和向量 $y=(1,0,0,0,0,0,0,1,0,2)$ 的余弦相似度。

提示:NumPy 的点积计算函数为 np.dot()。

第 4 章

Pandas 数据处理与分析

Pandas(Panel data analysis)是 Python 中一个重要的数据处理和分析库。它构建在 NumPy 之上,提供了更高级的数据结构和数据分析工具。Pandas 在内部使用 NumPy 数组存储数据,因此许多功能基于 NumPy 数组和函数,可以与 NumPy 实现无缝交互。

Pandas 提供了 Series 和 DataFrame 两个核心的数据结构,支持读取和写入多种数据格式,以及各种数据操作方法,包括数据清洗、数据合并、数据分组、数据统计和可视化等功能。

基于这些功能,Pandas 在机器学习中成为连接数据准备、特征工程、数据分析和可视化等环节的重要桥梁。借助于 Pandas 提供的丰富功能和灵活性,用户可以更高效地处理数据,构建特征集,并为机器学习模型的训练和评估提供有力支持。

◆ 4.1 Series 对象

作为 Python 的第三方库,Pandas 需要下载、安装并导入后才能使用。常用的导入方式如下:

```
import pandas as pd
```

在 Pandas 中,Series 是一维的带标签的数组结构,可以存储不同数据类型的元素,每个元素由索引和值两个相关联的数据组成。DataFrame 结构是二维的带标签的数组结构,它的每一列就是一个 Series,Series 的操作经常作为 DataFrame 运算的一部分存在。

4.1.1 创建 Series 结构

Series 中每个元素都有一个对应的索引,可以是数字、字符串等,用于快速访问和操作数据。Series 对象允许存储不同类型的数据,图 4-1 所示均为 Series 结构。

Series 可以看作 Python 字典的扩展版本,但它通过索引访问元素的方式更加灵活。

创建 Series 结构的方法如下:

```
pandas.Series(data = None, index = None, dtype = None, name = None, copy
= False, fastpath = False)
```

0	Matplotlib
1	Seaborn
2	Pyecharts
3	Pandas
4	Bokeh

红海行动	9.4
长津湖之水门桥	9.6
我和我的祖国	9.7
万里归途	9.5
中国机长	9.4

Name	Alice
Age	25
Gender	Female
Department	Sales
Salary	5000

(a) 数字索引Series　　　　(b) 字符串索引Series　　　(c) 数据类型不同的Series

图 4-1　Series 结构示例

Series 的常用参数如表 4-1 所示。

表 4-1　Series 的常用参数

参　　数	说　　明
data	Series 结构的数据部分,可以是列表、数组、字典等
index	Series 结构的索引,用于标识每个数据,字符串或数字等类型均可;若省略则自动生成从 0 开始的数字索引
dtype	数据部分的数据类型,如 int、float、str 等
name	Series 的名称
copy	是否复制数据,默认为 False;设置为 True 时参数 data 对应的数据会产生新的副本传入 Series。Series 数据与原始数据隔绝,互不影响
fastpath	是否使用快速路径,即是否检查 Series 对象的数据类型以确保数据的完整性和正确性,默认为 False;设置为 True 时跳过类型检查,可提高性能,在确认数据类型无误时使用

Series 的常用属性如表 4-2 所示。

表 4-2　Series 的常用属性

属　　性	含　　义	属　　性	含　　义
.index	Series 对象的索引	.shape	Series 对象的形状
.values	Series 对象的值(数据)	.size	Series 对象中元素的数量
.dtype	Series 对象数据的类型	.name	Series 对象的名称

【例 4-1】　创建和查看 Series 结构。

创建图 4-1(b)所示的 Series,代码如下:

```
In [1]    import pandas as pd
          data = [9.4, 9.6, 9.7, 9.5, 9.4]
          index = ['红海行动', '长津湖之水门桥', '我和我的祖国', '万里归途', '中国机长']
          movie_rating = pd.Series(data, index)  #创建 Series
          print(movie_rating.index)
          print(movie_rating.values)
          print(movie_rating.dtype)
          print(movie_rating.shape)
```

对应的输出结果为

```
Index(['红海行动','长津湖之水门桥','我和我的祖国','万里归途','中国机长'], dtype
='object')
[9.4 9.6 9.7 9.5 9.4]
float64
(5,)
```

Series 对象的数据通过索引获取，索引可以是整数、字符串、日期等类型，并且允许使用自定义索引。常用的索引方式包括名称索引、切片索引、布尔索引和位置索引等。其中，切片索引允许使用名称索引的切片访问 Series 对象中的部分元素，布尔索引可以根据条件筛选出满足条件的元素，位置索引则通过"iloc[位序]"按位置访问 Series 对象中的元素。

【例 4-2】 Series 结构的索引访问示例。

在例 4-1 创建的 Series 结构基础之上，进行以下索引操作：

In [1]	movie_rating['我和我的祖国']　　　　　　　　　#名称索引

对应的输出结果为

```
9.7
```

In [2]	movie_rating['红海行动':'万里归途']　　　　　　#切片索引

对应的输出结果为

```
红海行动          9.4
长津湖之水门桥      9.6
我和我的祖国        9.7
万里归途          9.5
dtype: float64
```

In [3]	movie_rating[movie_rating>9.5]　　　　　　#布尔索引

对应的输出结果为

```
长津湖之水门桥      9.6
我和我的祖国        9.7
dtype: float64
```

In [4]	movie_rating.iloc[1]　　　　　　　　　　　#位置索引

对应的输出结果为

```
9.6
```

4.1.2　Series 向量化的字符串函数

在 Pandas 中，Series 对象提供了许多向量化字符串函数，这些函数可以直接应用于 Series 中的字符串数据，无须显式循环或迭代，从而提高了代码的效率。同时，这些函数会自动跳过空缺值，对空缺值不进行操作，并将结果也设置为空缺值，从而避免应用失败的情况。这些函数可以通过 Series 的 str 属性进行调用。

表 4-3 为 Series 的常用向量化字符串函数。

【例 4-3】 Series 向量化字符串函数示例。

表 4-3　**Series** 的常用向量化字符串函数

函　　数	说　　明
str.replace(old, new)	将每个字符串中的 old 子串替换为 new 子串
str.contains(pattern)	检查每个字符串是否包含指定的正则表达式模式
str.index()	查找特定字符串在原字符串中出现的索引
str.findall()	查找所有符合正则表达式的字符串,返回 Series
str.startswith() / str.endswith()	检查字符串是否以指定前缀/后缀开头
str.split(separator)	将每个字符串元素按指定分隔符分割成列表
str.join()	连接 Series 内的字符串
str.strip()	去除每个字符串两侧的空格
str.isdigit()	检查字符串是否只包含阿拉伯数字
str.isnumeric()	检查字符串是否只包含数值(阿拉伯数字、罗马数字、中文数字等)
str.lower() / str.upper()	将每个字符串转换为小写/大写形式
str.title()	将字符串中每个单词的首字母大写
str.slice()	提取切片字符串(子串)

首先,构建一个 Series 结构。

```
In [1]    import numpy as np
          data = ['dave@126.com', 'alice@sina.com','example@sina.com', None,
          np.nan]
          emails = pd.Series(data)
```

在 emails 对象中,None 是 Python 中特殊的字面量,表示空对象;np.nan 是 NumPy 中的空值。可以使用向量化字符串函数 contains()查询 emails 中包含@字符的数据元素。

```
In [2]    emails.str.contains('@')
```

对应的输出结果为

```
0    True
1    True
2    True
3    None
4    NaN
```

Series 的字符串函数对于空对象和空值都能予以处理,分别返回 None 和 NaN 数据。

如果使用 Python 原生的字符串运算,则无法处理空对象和空值。例如:

```
for email in data:
    print("@" in email)
```

如果遇到 None 对象,会抛出"TypeError：argument of type 'NoneType' is not iterable";如果遇到 np.nan,会抛出"TypeError：argument of type 'float' is not iterable"。显然,Series 提供的字符串计算更为安全。

将 contains()函数的计算结果作为条件索引可以筛选 Series 中的数据。例如:

```
In [3]    emails_True = emails[emails.str.contains('@') == True]
          emails_True
```

对应的输出结果为

```
0  dave@126.com
1  alice@sina.com
2  example@sina.com
dtype: object
```

Series 的字符串函数可以使用正则表达式,例如,可以利用正则表达式提取从上一步筛选得到的合法 Email 地址中的各组成部分:

```
In [4]    import re
          pattern = "([\w-]+)@(\w+)\.([A-Z]{2,3})"
          emails_True.str.findall(pattern, flags = re.IGNORECASE)
```

对应的输出结果为

```
0  [(dave, 126, com)]
1  [(alice, sina, com)]
2  [(example, sina, com)]
dtype: object
```

Series 向量化字符串函数能够满足大部分字符串处理的需求。更全面和详细的字符串函数可参考官方文档 https://pandas.pydata.org/docs/user_guide/text.html#method-summary。

4.1.3　Series 统计计数排序

Series 对象的 value_counts()方法用于统计 Series 中每个数据出现的次数。该方法返回一个新的 Series,其中不同的数据作为索引,对应的出现次数(计数)作为值,默认按计数降序排列。

value_counts()方法的 API 如下:

```
Series.value_counts(normalize = False, sort = True, ascending = False, bins =
None, dropna = True)
```

value_counts()方法的参数如表 4-4 所示。

表 4-4　value_counts()方法的参数

参　　数	说　　明
normalize	布尔型,默认为 False;如果为 True,则统计结果不是绝对计数,而是占比
sort	布尔型,默认为 True,统计结果会进行排序
ascending	布尔型,默认为 False,统计结果按计数降序排序
bins	整数,默认为 None。这个参数通常在处理数值型数据时使用,可以将连续的数值分成参数指定的若干区间,然后统计落入每个区间的数值的个数
dropna	布尔型,默认为 True,不包括 NaN 数据的计数

【例 4-4】　使用 value_counts()方法进行词频统计。

设有几个字符串,统计它们中每个单词出现的次数。

将这几个字符串用空格合并,然后使用空格进行整体分词,并将结果封装为 Series 结构,最后使用 value_counts()方法统计每个单词出现的次数。代码如下:

```
import pandas as pd
data =['I love python', 'Python is great', 'Python is easy to learn', 'Python is
versatile']
text = pd.Series(" ".join(data).split())      #合并→分词→封装为 Series
word_count = text.value_counts()              #统计计数
print("单词频数统计: ")
print(word_count)
```

程序输出如下,统计结果按计数的降序自动排列。

```
单词频数统计:
Python      3
is          3
I           1
love        1
python      1
great       1
easy        1
to          1
learn       1
versatile 1
Name: cont, dtype: int64
```

通过 value_counts()方法可以快速统计 Series 中每个数据出现的次数,从而了解数据的整体分布情况,识别数据中的异常值、重复值、缺失值。value_counts()是一个方便实用的方法,在数据分析和机器学习领域有着广泛的应用。

◈ 4.2　DataFrame 对象

DataFrame 是 Pandas 库中最常用的数据结构,它由多个按列排列的 Series 组成。可以将 DataFrame 看作一个二维表格,其中每一列对应一个 Series,每一行则由多个数据列构成,能够存储多种数据类型。

4.2.1　创建 DataFrame 结构

DataFrame 结构如图 4-2 所示,由行标签、列标签和数据 3 个主体部分组成。

	name	years_experience	salary	is_married	birth_date
0001	Alice	1	10000.0	False	1997-05-21
0002	Bob	5	20000.5	True	1992-12-15
0003	Charlie	2	15000.2	False	1995-08-04

图 4-2　DataFrame 结构示例

创建 DataFrame 结构的方法如下:

```
pandas.DataFrame(data = None, index = None, columns = None, dtype = None, copy =
None)
```

DataFrame 的常用参数如表 4-5 所示。

表 4-5　DataFrame 的常用参数

参　　数	说　　明
data	要传入 DataFrame 的数据，可以是列表、字典、Series、NumPy 数组等
index	DataFrame 的行标签，通常为列表
columns	DataFrame 的列标签，通常为列表
dtype	指定数据列的数据类型，可以是字典或 Series

【例 4-5】　创建 DataFrame 示例。

下面使用不同方式创建如图 4-2 所示的 DataFrame 对象。

方式一：使用列表创建 DataFrame。

将图 4-2 中的二维数据组织在列表中传递给 DataFrame()方法。其中，生日信息使用 Pandas 的 to_datetime()方法将字符串转换为时间序列类型(datetime64)。代码如下：

```
In [1]    import pandas as pd
          index = ['0001', '0002', '0003']          #行标签
          columns = ['name','years_experience','salary',
                  'is_married', 'birth_date']        #列标签
          data = [['Alice', 1, 10000.0, False, pd.to_datetime('1997-05-21')],
                    ['Bob', 5, 20000.5, True, pd.to_datetime('1992-12-15')],
                    ['Charlie', 2, 15000.2, False, pd.to_datetime('1995-08-04')]]
          df = pd.DataFrame(data, index = index, columns = columns)
```

方式二：使用字典创建 DataFrame。

将图 4-2 中的每列以字典形式存储，字典的键为列标签，字典的值为该列的数据，行标签根据需要单独指定。代码如下：

```
In [2]    data = {
                  'name': ['Alice', 'Bob', 'Charlie'],
                  'years_experience': [1, 5, 2],
                  'salary': [10000.0, 20000.5, 15000.2],
                  'is_married': [False, True, False],
                  'birth_date': pd.to_datetime(['1997-05-21', '1992-12-15',
                                                '1995-08-04'])
          }
          index = ['0001', '0002', '0003']          #行标签
          df = pd.DataFrame(data, index)
```

DataFrame 的常用属性如表 4-6 所示。

表 4-6　DataFrame 的常用属性

属　　性	含　　义
.index	DataFrame 对象的行标签信息
.columns	DataFrame 对象的列标签信息

续表

属　　性	含　　义
.values	DataFrame 对象的值(数据)
.shape	DataFrame 对象的形状
.dtypes	DataFrame 对象每列的数据类型

【例 4-6】　查看 DataFrame 的属性。

查看例 4-5 创建的 DataFrame 对象的属性,过程如下:

```
In[1]    df.shape
```

对应的输出结果为

```
(3, 5)
```

```
In[2]    df.index
```

对应的输出结果为

```
Index(['0001', '0002', '0003'], dtype ='object')
```

```
In[3]    df.columns
```

对应的输出结果为

```
Index(['name', 'years_experience', 'salary', 'is_married', 'birth_date'], dtype
='object')
```

```
In[4]    df.values
```

对应的输出结果为

```
array([['Alice', 1, 10000.0, False, Timestamp('1997-05-21 00:00:00')],
       ['Bob', 5, 20000.5, True, Timestamp('1992-12-15 00:00:00')],
       ['Charlie', 2, 15000.2, False, Timestamp('1995-08-04 00:00:00')]],
       dtype = object)
```

```
In[5]    df.dtypes
```

对应的输出结果为

```
name                      object
years_experience           int64
salary                   float64
is_married                  bool
birth_date        datetime64[ns]
dtype: object
```

4.2.2　查看 DataFrame

在数据分析和处理过程中,经常需要查看 DataFrame 中的数据,常用的方法如表 4-7 所示。

表 4-7　查看 DataFrame 的常用方法

方　法	含　义
head()	查看 DataFrame 的前几行数据，默认显示前 5 行，可以使用参数指定行数
tail()	查看 DataFrame 的最后几行数据，默认显示后 5 行，可以使用参数指定行数
T	转置查看 DataFrame 数据
info()	查看 DataFrame 的信息摘要，包括行索引、列索引、数据类型、内存占用情况等
describe()	查看 DataFrame 数据的描述性统计结果

head()和 tail()方法可以用来查看 DataFrame 对象的行和列标签以及部分行数据。head()方法默认返回前 5 行数据，而 tail()方法默认返回最后 5 行数据，方便快速了解数据的基本结构和内容。

查看例 4-5 中 DataFrame 对象的示例如下：

```
In [1]   df.head(2)          #指定查看前 2 行
```

对应的输出结果为

```
        name  years_experience  salary  is_married  birth_date
0001   Alice                 1  10000.0       False  1997-05-21
0002     Bob                 5  20000.5        True  1992-12-15
```

当数据列非常多，导致一行过长甚至显示不下时，可以利用 T 对 DataFrame 进行转置，将数据列转换到行上查看。例如：

```
In [2]   df.head(2).T          #将前 2 行数据转置查看
```

对应的输出结果为

```
                                    0001                 0002
name                               Alice                  Bob
years_experience                       1                    5
salary                           10000.0              20000.5
is_married                         False                 True
birth date           1997-05-21 00:00:00  1992-12-15 00:00:00
```

info()方法用于提供关于 DataFrame 的信息摘要，能够快速了解 DataFrame 对象的结构和内容概况。其中，通过信息摘要中的 non-null 可以查看各列的空值情况，从而为数据清洗确定目标。例如：

```
In [3]   df.info()
```

对应的输出结果如图 4-3 所示。

describe()方法用于生成关于 DataFrame 中数值列的统计摘要，包括以下信息：

（1）count。非空值的数量。

（2）mean。平均值。

（3）min。最小值。

（4）25%、50%、75%。数据的四分位数。

```
<class 'pandas.core.frame.DataFrame'>
Index: 3 entries, 0001 to 0003                  ──────▶ 行索引信息
Data columns (total 5 columns):                 ──────▶ 列信息
 #    Column            Non-Null Count   Dtype
---   ------            --------------   -----
 0    name              3 non-null       object      ──────▶ 每列数据的名称、非空值数、数据类型
 1    years_experience  3 non-null       int64
 2    salary            3 non-null       float64
 3    is_married        3 non-null       bool
 4    birth_date        3 non-null       datetime64[ns]
dtypes: bool(1), datetime64[ns](1), float64(1), int64(1), object(1) ──────▶ 各列数据类型汇总
memory usage: 231.0+ bytes                       ──────▶ 内存占用情况
```

图 4-3　DataFrame 的信息摘要

（5）max。最大值。

（6）std。标准差，用于衡量一组数据的离散程度或波动程度。

通过这些统计信息可以快速了解数值型数据的分布情况，包括中心趋势、离散程度和异常值等。例如：

In [4]	df.describe()

输出结果如下：

	years_experience	salary	birth_date
count	3.000000	3.000000	3
mean	2.666667	15000.233333	1995-04-24 00:00:00
min	1.000000	10000.000000	1992-12-15 00:00:00
25%	1.500000	12500.100000	1994-04-10 00:00:00
50%	2.000000	15000.200000	1995-08-04 00:00:00
75%	3.500000	17500.350000	1996-06-27 00:00:00
max	5.000000	20000.500000	1997-05-21 00:00:00
std	2.081666	5000.250000	NaN

其中，birth_date 是 Pandas 的 datetime64 数据类型，在 Pandas 中它被视为一种数值类型，因为时间是通过存储自 1970 年 1 月 1 日 0 时以来的纳秒数表示的，本质上为整数。

如果需要查 DataFram 中非数值型数据的统计摘要，通常可以先使用 select_dtypes() 方法按数据类型筛选出相应的数据列，然后再调用 describe() 方法。对于非数值型数据，describe() 方法生成的统计摘要包括以下信息：

（1）count。非空值的数量。

（2）unique。唯一值的数量。

（3）top。出现频率最高的值。

（4）freq。出现频率最高的值的频数。

例如：

In [5]	df.select_dtypes(['object', 'bool']).describe()

对应的输出结果为

```
        name  is_married
count      3           3
unique     3           2
top    Alice       False
freq       1           2
```

通过以上方法可以快速了解 DataFrame 对象。

4.2.3 DataFrame 数据的选取方法

在 Pandas 中，可以使用多种方法选取 DataFrame 中的数据。以下以图 4-4 所示的 df 数据集为例进行说明。

	name	years_experience	salary	is_married	birth_date
0001	Alice	1	10000.0	False	1997-05-21
0002	Bob	5	20000.5	True	1992-12-15
0003	Charlie	2	15000.2	False	1995-08-04

图 4-4 df 数据集

1. 单列数据的选取

DataFrame 的单列数据即为一个 Series 对象，常用的选取方法包含如下几种。

（1）通过列标签选取单列数据。例如：

In [1]	df['name']

对应的输出结果为

```
0001      Alice
0002        Bob
0003  Charlie
 Name: name, dtype: object
```

（2）使用点表示法选取单列数据。这种方法在列标签为有效的 Python 标识符时使用。例如：

In [2]	df.name

对应的输出结果为

```
0001      Alice
0002        Bob
0003  Charlie
 Name: name, dtype: object
```

2. 多列数据的选取

通过列标签列表可以选取 DataFrame 中的多列数据。例如：

In [3]	df[['name','salary']]

对应的输出结果为

```
      name  salary
```

```
0001    Alice  10000.0
0002      Bob  20000.5
0003  Charlie  15000.2
```

3. loc[]和 iloc[]精确选取

loc[]和 iloc[]是 Pandas 中用于选取 DataFrame 数据的重要方法。

loc[]通过标签或布尔数组选择数据,既可以使用行标签,也可以使用列标签。其语法格式如下:

```
df.loc[row_label, column_label]
```

其中,row_label 和 column_label 可以是单个标签、标签列表、标签切片或布尔数组等。如果只传入行标签,则表示选取整行数据;如果同时传入行标签和列标签,则表示选取特定的行和列交叉位置的数据。例如:

In [4]	df.loc['0001']　　　　#行标签,获取指定行数据

对应的输出结果为

```
name                          Alice
years_experience                  1
salary                      10000.0
is_married                    False
birth_date        1997-05-21 00:00:00
Name: 0001, dtype: object
```

In [5]	df.loc[['0001', '0002']]　　　#行标签列表,获取多个指定行数据

对应的输出结果为

```
       name years_experience   salary  is_married birth_date
0001  Alice                1  10000.0       False 1997-05-21
0002    Bob                5  20000.5        True 1992-12-15
```

In [6]	df.loc['0001':'0003']　　　#行标签切片,获取切片对应的行数据

对应的输出结果为

```
         name years_experience   salary  is_married birth_date
0001    Alice                1  10000.0       False 1997-05-21
0002      Bob                5  20000.5        True 1992-12-15
0003  Charlie                2  15000.2       False 1995-08-04
```

In [7]	df.loc['0001', 'name']　　　#行、列标签均指定,获取交叉位置的数据

对应的输出结果为

```
'Alice'
```

In [8]	df.loc['0001',['name','salary']]　　　#一行多列数据

对应的输出结果为

```
name        Alice
salary    10000.0
Name: 0001, dtype: object
```

iloc[]通过整数索引选择数据,其语法格式如下:

```
In [ ]   df.iloc[row_index, column_index]
```

其中,row_index 和 column_index 可以是单个整数索引、索引列表、索引切片或布尔数组
等。例如:

```
In [9]   df.iloc[0]                                #单个整数索引
```

对应的输出结果为

```
name                        Alice
years_experience                1
salary                    10000.0
is_married                  False
birth_date     1997-05-21 00:00:00
Name: 0001, dtype: object
```

```
In [10]   df.iloc[[0, 1]]                          #整数索引列表
```

对应的输出结果为

```
       name  years_experience   salary   is_married birth_date
0001  Alice                 1  10000.0       False 1997-05-21
0002    Bob                 5  20000.5        True 1992-12-15
```

```
In [11]   df.iloc[0:3]      #整数索引切片
```

对应的输出结果为

```
        name  years_experience   salary   is_married birth_date
0001   Alice                 1  10000.0       False 1997-05-21
0002     Bob                 5  20000.5        True 1992-12-15
0003 Charlie                 2  15000.2       False 1995-08-04
```

```
In [12]   df.iloc[0, 0]                 #整数行、列索引,获取交叉位置的数据
```

对应的输出结果为

```
    'Alice'
```

```
In [13]   df.iloc[0, [0,2]]                     #单个整数作为行索引,整数列表作为列索引
```

对应的输出结果为

```
name         Alice
salary     10000.0
Name: 0001, dtype: object
```

　　通过对比可见,loc[]使用行和列的标签,使代码更易于阅读和理解;而 iloc[]使用整数
索引,虽然可读性较低,但适用于不考虑标签、直接利用位置进行选择的情况。在处理大型
数据集时,iloc[]通常会比 loc[]更快。

4. 条件索引和 query()方法

　　条件索引是 Pandas 中一种非常实用的数据选取方式,能够根据指定条件提取匹配的
数据子集。在 Pandas 中,可以使用布尔条件进行条件索引,且布尔条件的书写规则与
NumPy 相同。例如:

```
In [14]   df[~df['is_married']]                   #布尔数组作为行索引
```

对应的输出结果为

```
        name  years_experience   salary  is_married birth_date
0001   Alice                 1  10000.0       False 1997-05-21
0003 Charlie                 2  15000.2       False 1995-08-04
```

In [15]	#工资高于 10000 且未婚者 df[(df['salary']>10000) & (~df['is_married'])]

对应的输出结果为

```
        name  years_experience   salary  is_married birth_date
0003 Charlie                 2  15000.2       False 1995-08-04
```

使用条件索引时,需要先获取某列的数据,这使表达显得比较烦琐。为此,Pandas 提供了 query()方法,可以通过类似 SQL 语句的表达式对 DataFrame 进行条件查询,从而简化筛选过程。其语法格式如下:

```
DataFrame.query(expr, inplace = False)
```

query()方法的参数如表 4-8 所示。

表 4-8　query()方法的参数

参　　数	说　　　明
expr	查询表达式,是一个字符串,表示要执行的条件查询。表达式中可以使用 DataFrame 的列标签表示列,使用运算符和逻辑操作符构建条件
inplace	可选参数,表示是否在原始 DataFrame 上进行就地修改。默认情况下,不会修改原始 DataFrame,而是返回一个新的筛选后的 DataFrame

In [16]	df.query("salary>10000 and is_married == False")　　　#与运算为 and

对应的输出结果为

```
        name  years_experience   salary  is_married birth_date
0003 Charlie                 2  15000.2       False 1995-08-04
```

显然,query()方法查询条件的表达更加直观和易于理解,且它在内部使用了一种编译技术,可以将查询表达式转换为高效的底层代码,查询的执行效率更高,适用于大型数据集。

由于 query()方法使用字符串表达式进行查询,因此它可以更方便地与其他代码结合使用。例如,可以根据需要动态生成查询表达式,从而提高代码的可维护性。

In [17]	medium = df.salary.mean()　　　　　　　　　　#平均工资 df.query("salary>{}".format(medium)) #查询工资高于平均工资的数据

对应的输出结果为

```
      name  years_experience   salary  is_married birth_date
0002   Bob                 5  20000.5        True 1992-12-15
```

4.2.4　DataFrame 数据的增改

基于对 DataFrame 数据的选取,可以向 DataFrame 中添加数据,或者修改已有数据。

如果选取的 DataFrame 行或列不存在,则可以直接通过赋值的方式将新行或新列添加到 DataFrame 中,从而实现数据的扩展。

基于图 4-4 所示的 df 数据集进行如下操作：

```
In [1]    df.loc['0005'] =
              ['Anna', 3, 18000.6, False, pd.to_datetime('1993-5-16')]
          df
```

对应的输出结果为

```
           name  years_experience   salary  is_married  birth_date
0001      Alice                 1  10000.0       False  1997-05-21
0002        Bob                 5  20000.5        True  1992-12-15
0003    Charlie                 2  15000.2       False  1995-08-04
0005       Anna                 3  18000.6       False  1993-05-16
```

```
In [2]    df['gender'] = ['female', 'male', 'female', 'female']      #新增列
          df
```

对应的输出结果为

```
           name  years_experience   salary  is_married  birth_date  gender
0001      Alice                 1  10000.0       False  1997-05-21  female
0002        Bob                 5  20000.5        True  1992-12-15    male
0003    Charlie                 2  15000.2       False  1995-08-04  female
0005       Anna                 3  18000.6       False  1993-05-16  female
```

如果选取的 DataFrame 数据已经存在，对其进行赋值将会导致数据的修改。例如：

```
In [3]    #为行标签为 0001、列标签为 salary 的人涨工资
          df.loc['0001', 'salary'] += 1500
          df.loc['0001']                                  #查询修改结果
```

对应的输出结果为

```
name                            Alice
years_experience                    1
salary                        11500.0
is_married                      False
birth_date        1997-05-21 00:00:00
gender                         female
Name: 0001, dtype: object
```

```
In [4]    #修改 Alice 的工作年限
          df.loc[df['name'] == 'Alice', 'years_experience'] = 2
          df.query("name == 'Alice'")      #查询修改结果
```

对应的输出结果为

```
        name  years_experience   salary  is_married  birth_date  gender
0001   Alice                 2  11500.0       False  1997-05-21  female
```

```
In [5]    df['salary'] = [12000, 21000, 16000, 18500]      #salary 列重新赋值
          df
```

对应的输出结果为

```
           name  years_experience  salary  is_married  birth_date  gender
0001      Alice                 2   12000       False  1997-05-21  female
0002        Bob                 5   21000        True  1992-12-15    male
0003    Charlie                 2   16000       False  1995-08-04  female
0005       Anna                 3   18500       False  1993-05-16  female
```

需要注意的是，无论是添加数据还是修改数据，都需要保证添加或修改的数据的格式与 DataFrame 中其他数据的格式相同，否则可能会导致数据类型错误或数据不一致等问题。

4.2.5　DataFrame 数据的删除

Pandas 使用 drop()方法删除 DataFrame 中的数据。其语法格式如下：

```
DataFrame.drop(labels = None, axis = 0, index = None, columns = None, level = None,
inplace = False, errors = 'raise')
```

drop()方法的参数如表 4-9 所示。

表 4-9　drop()方法的参数及其含义

参　　　数	说　　　明
labels	要删除的行或列的标签，可以是单个标签或标签列表
axis	指定要删除的轴，0 表示行，1 表示列，默认进行行删除
index	替代 labels 参数，用于指定要删除的行标签
columns	替代 labels 参数，用于指定要删除的列标签
level	用于 MultiIndex 的级别，删除指定级别上的标签
inplace	指定是否在原对象上直接操作，为 True 时表示直接在原对象上进行删除操作
errors	指定处理错误的方式，可选值为"ignore"、"raise"或者"coerce"

以下以图 4-5 所示的 df 数据集为例进行说明。

	name	years_experience	salary	is_married	birth_date	gender
0001	Alice	2	12000	False	1997-05-21	female
0002	Bob	5	21000	True	1992-12-15	male
0003	Charlie	2	16000	False	1995-08-04	female
0005	Anna	3	18500	False	1993-05-16	female

图 4-5　df 数据集

```
In [1]   df.drop(index = ['0003','0005'])        #按行标签删除行
```

对应的输出结果为

```
        name  years_experience  salary  is_married birth_date  gender
0001   Alice                 2   12000       False 1997-05-21  female
0002     Bob                 5   21000        True 1992-12-15    male
```

```
In [2]   df        #因为未指定 inplace 参数为 True,原数据集不变
```

对应的输出结果为

```
        name  years_experience  salary  is_married birth_date  gender
0001   Alice                 2   12000       False 1997-05-21  female
0002     Bob                 5   21000        True 1992-12-15    male
0003 Charlie                 2   16000       False 1995-08-04  female
0005    Anna                 3   18500       False 1993-05-16  female
```

```
In [3]    #按列标签删除列,替换原数据集
          df.drop(columns ='is_married', inplace = True)
          df          #原数据集改变
```

对应的输出结果为

```
          name  years_experience  salary  birth_date  gender
0001     Alice                 2   12000  1997-05-21  female
0002       Bob                 5   21000  1992-12-15    male
0003   Charlie                 2   16000  1995-08-04  female
0005      Anna                 3   18500  1993-05-16  female
```

```
In [4]    df.drop('birth_date', axis = 1)        #用 axis 参数指定删除列
```

对应的输出结果为

```
          name  years_experience  salary  gender
0001     Alice                 2   12000  female
0002       Bob                 5   21000    male
0003   Charlie                 2   16000  female
0005      Anna                 3   18500  female
```

删除操作应注意删除行还是列这两个轴的指定以及是否更新原数据集。

4.2.6 修改 DataFrame 对象的索引

除了修改 DataFrame 对象的数据及其行、列结构,有时也需要修改 DataFrame 对象的标签名称。例如,在图 4-6 所示的 data 数据集中,列标签名称较长,因此希望将其修改得更加简洁,以便在使用时更加方便。

```
     GRE Score  TOEFL Score  University Rating   GPA  Chance of Admit
0          337          118                  4  3.86                1
1          324          107                  4  3.55                1
2          316          104                  3  3.20                0
3          322          110                  3  3.47                1
4          314          103                  2  3.28                0
```

图 4-6　data 数据集的前 5 行

修改列标签时,可以对列标签属性 columns 直接进行赋值,数据个数与原数据集的列标签个数一致即可。例如:

```
In [1]    data.columns =['GRE', 'TOEFL', 'prestige', 'GPA', 'ADMIT']
          data
```

对应的输出结果为

```
     GRE  TOEFL  prestige   GPA  ADMIT
0    337    118         4  3.86      1
1    324    107         4  3.55      1
2    316    104         3  3.20      0
3    322    110         3  3.47      1
4    314    103         2  3.28      0
```

如果只需要修改部分标签的名称,则可以使用 rename() 方法,该方法根据指定的映射关系修改 DataFrame 的标签名。其语法格式如下:

```
DataFrame.rename(mapper = None, index = None, columns = None, axis = None, copy =
True, inplace = False, level = None)
```

rename()方法的常用参数如表 4-10 所示。

表 4-10　rename()方法的常用参数

参　数	说　　明
mapper	修改前后的标签映射关系，可以是字典、函数或者 Series
index	修改前后行标签映射关系，可以是字典、函数或者 Series
columns	修改前后列标签映射关系，可以是字典、函数或者 Series
axis	指定要修改标签的轴，0 表示行，1 表示列
inplace	指定是否在原对象上直接操作，为 True 时表示直接在原对象上进行修改操作

上述修改如果通过 rename()方法实现，书写方式如下，两者的效果相同。

```
In [2]    data.rename(columns = {'GRE Score': 'GRE',
                                  'TOEFL Score': 'TOEFL',
                                  'University Rating': 'prestige',
                                  'Chance of Admit': 'ADMIT'}, inplace = True)
```

修改行标签的方法与修改列标签类似。

4.3　数据文件读写

Pandas 提供了丰富的功能用于支持多种格式的数据导入和导出，使得在不同格式之间转换数据非常方便。Pandas 支持的常见数据格式包括 CSV 文件、Excel 文件、JSON 数据和 SQL 数据库等。

4.3.1　CSV 文件导入导出

CSV 是一种常见的文本文件格式，用于存储表格数据。CSV 文件通常使用逗号分隔不同字段，每行代表数据表中的一条记录，每个字段代表记录中的一个数据项。

读取 CSV 文件使用 read_csv()函数。其语法格式如下：

```
pandas.read_csv(filepath_or_buffer, sep = ',', header = 'infer', index_col =
None, names = None, skiprows = None, nrows = None, usecols = None, dtype = None, na_
values = None, parse_dates = False, encoding = None,…)
```

read_csv()函数的常用参数如表 4-11 所示。

表 4-11　read_csv()函数的常用参数

参　数	说　　明
filepath_or_buffer	指定要读取的 CSV 文件的路径或文件对象
sep	指定字段之间的分隔符，默认为逗号，可以是其他字符，如制表符等

续表

参　　数	说　　明
header	指定作为列标签的行号,默认由 Pandas 自动推断表头,将第一行(header＝0)作为列标签
index_col	指定用作行标签的列编号或列标签,不指定时默认给出从 0 开始的整数索引
names	指定列标签的名称,为列表类型
skiprows	跳过指定行数的数据
nrows	指定读取的行数
usecols	指定要读取的列的列表,可以是列标签或列号
dtype	指定每列的数据类型,可以是字典形式,例如 {'column_name': dtype}
na_values	指定作为缺失值的标记,可以是单个值、列表或字典
parse_dates	将指定的列解析为日期时间格式,可以是列号或列名的列表
encoding	指定文件编码格式,默认为 utf-8

【例 4-7】　读取 CSV 文件。

设有图 4-7 所示的 CSV 文件,文件中数据以逗号分隔,首行为数据列名称,从第二行开始每行有行数据的序号。使用 read_csv()函数读取文件数据,指定第一行为列标签,第一列为行标签。

图 4-7　CSV 文件读取示例

设 CSV 文件存储在 data 文件夹,且文件的编码为 GBK,读取该文件的代码如下:

```
In [1]    import pandas as pd
          df = pd.read_csv("./data/products.csv", header = 0, index_col = 0,
                                                          encoding = "GBK")
          print(df.columns)
          print(df.index)
```

输出结果如下:

```
Index(['产品名称', '价格', '大类别', '子类别', '库存量', '上架日期', '销售量'],
dtype ='object')
Index([ 1, 2, 3, 4, 5, 6, 7, 8, 9, 10, 11, 12, 13, 14, 15, 16, 17, 18,
       19, 20, 21, 22, 23, 24, 25, 26, 27, 28, 29], dtype ='int64')
```

```
In [2]    df.head()
```

对应的输出结果为

	产品名称	价格	大类别	子类别	库存量	上架日期	销售量
1	联想YOGA C940	8999	笔记本电脑	二合一	500	2023/8/5	300
2	华为MateBook X Pro	7999	笔记本电脑	轻薄本	500	2023/8/20	200
3	小米笔记本Pro	6999	笔记本电脑	轻薄本	800	2023/8/20	200
4	荣耀MagicBook 15	4999	笔记本电脑	轻薄本	1200	2023/9/1	600
5	Philips 电动牙刷	199	个护健康	电动牙刷	500	2023/8/5	300

读取不以逗号为分隔符的文本文件时需要设置分隔符参数 sep。分隔符既可以是字符串，也可以是正则表达式，常用的通配符包括\s(空格等空白符)、\t(制表符)和\n(换行符)等。

将 DataFrame 数据写出至 CSV 文件时，使用 to_csv()方法。其语法格式如下：

```
DataFrame.to_csv(path_or_buf, sep = ',', na_rep = '', float_format = None, columns
= None, header = True, index = True, index_label = None, mode = 'w', encoding =
None, …)
```

to_csv()方法的常用参数如表 4-12 所示。

表 4-12　to_csv()方法的常用参数

参　　数	说　　明
path_or_buf	保存文件的路径或文件对象
sep	用于分隔字段的字符，默认为逗号
na_rep	用于替换缺失值的字符串，默认为空字符串
float_format	浮点数格式字符串
columns	要保存的列，默认为全部列
header	是否包含列标签，默认为 True。通过设置 header 可以自定义新的列标签
index	是否包含行标签，默认为 True
mode	写入模式。默认为 w，表示覆盖写入；a 表示追加写入
encoding	文件编码格式

【例 4-8】　将数据集数据保存至 CSV 文件。

例如，将图 4-4 所示的 DataFrame 数据集写入 CSV 文件，使用默认值输出列标签和行标签，并指定浮点数的输出精度为%.2f，以保留小数点后两位。代码如下：

```
df.to_csv("./data/employee.csv", float_format = "%.2f")
```

employee.csv 文件如图 4-8 所示。

4.3.2　Excel 文件导入导出

读取 Excel 文件与读取 CSV 文件相似，不同之处在于 Excel 文件支持多个工作表，读写时可以通过参数指定读取或写入的工作表。

employee.csv

```
,name,years_experience,salary,is_married,birth_date
0001,Alice,1,10000.00,False,1997-05-21
0002,Bob,5,20000.50,True,1992-12-15
0003,Charlie,2,15000.20,False,1995-08-04
```

图 4-8 CSV 文件

读取 Excel 文件使用 read_excel()函数。其语法格式如下：

```
pandas.read_excel(io, sheet_name = 0, header = 0, names = None, index_col = None,
usecols = None, skiprows = None, nrows = None, na_values = None, keep_default_na =
True, na_filter = True, parse_dates = False, … , ** kwds)
```

read_excel()函数的参数与 read_csv()函数相似，增加了参数 sheet_name 用于指定要读取的工作表的名称或索引，常用的取值为字符串和整数。

- 字符串表示要读取的工作表的名称，例如 sheet_name='Sheet1'。
- 整数表示要读取的工作表的索引，从 0 开始计数，例如 sheet_name=0 表示读取第一个工作表。sheet_name 的默认值为整数 0。

【例 4-9】 读取 Excel 文件。

设有图 4-9 所示的 Excel 文件 products.xlsx。

	A	B	C	D	E	F	G	H
1	****智能产品****							
2		产品名称	价格	大类别	子类别	库存量	上架日期	销售量
3	1	小米行车记录仪	299	汽车用品	行车记录仪	400	2023/6/8	150
4	2	MacBook Pro	12999	数码产品	笔记本电脑	500	2023/8/20	200
5	3	iPhone 13	6999	数码产品	智能手机	1000	2023/9/15	500
6	4	小米10	3499	数码产品	智能手机	1000	2023/9/15	500
7	5	GoPro 相机	2999	数码产品	运动相机	150	2023/9/30	80
8	6	Beats耳机	999	数码产品	耳机/耳麦	800	2023/11/5	400
9	7	小米路由器AX1800	299	数码配件	路由器	700	2023/7/10	350
10	8	小米移动电源10000mAh	99	数码配件	移动电源	500	2023/9/30	200

Sheet1 Sheet2

图 4-9 Excel 文件 products.xlsx

文件有两个工作表，分别为 Sheet1 和 Sheet2。现读取 Sheet2 中的数据，因此需要指定 sheet_name 参数；该工作表的数据从第二行开始，读取时应跳过第一行。代码如下：

In [1]
```
df = pd.read_excel("./data/products.xlsx", sheet_name = 'Sheet2',
                                                      index_col = 0, skiprows = 1)
df.head()
```

对应的输出结果为

	产品名称	价格	大类别	子类别	库存量	上架日期	销售量
1	小米行车记录仪	299	汽车用品	行车记录仪	400	2023-06-08	150
2	MacBook Pro	12999	数码产品	笔记本电脑	500	2023-08-20	200
3	iPhone 13	6999	数码产品	智能手机	1000	2023-09-15	500
4	小米10	3499	数码产品	智能手机	1000	2023-09-15	500
5	GoPro 相机	2999	数码产品	运动相机	150	2023-09-30	80

将 DataFrame 数据写出至 Excel 文件时,使用 to_excel()方法,使用 sheet_name 参数指定工作表的名称,默认为 Sheet1。其语法格式如下:

```
DataFrame.to_excel(excel_writer, sheet_name = 'Sheet1', na_rep = '', float_
format = None, columns = None, header = True, index = True, startrow = 0, startcol
= 0, merge_cells = True, encoding = None, …)
```

因为 CSV 文件以纯文本形式存储,所以对于大型数据集,CSV 文件通常比 Excel 文件具有更好的性能和可扩展性。如果只需要简单地读取或写入数据,并且对文件大小和性能要求较高,则优先选择使用 CSV 文件。

◆ 4.4　数 据 清 洗

数据清洗是数据分析中非常重要的一步,包括处理缺失值、重复值、异常值等问题,从而保证数据的质量和准确性。

4.4.1　处理缺失值

处理缺失值是数据清洗的重要步骤,常见的处理方法包括删除缺失值所在的行/列、填充缺失值等,采取哪种方法取决于数据集的具体情况以及分析的目的。

1. 查看和统计缺失值

在 Pandas 中,缺失值用 NaN(Not a Number)表示,其本质是 NumPy 中的 np.nan。

Pandas 使用 isnull()或者 isna()方法检测数据中的缺失值,二者完全等价,返回布尔值组成的 DataFrame,其中缺失值为 True,非缺失值为 False。

下面模拟一个带有缺失值的数据集,如图 4-10 所示。行表示每个商店,列表示商店中商品的销售数据。由于某些商店的某些商品没有销量,因此数据中会存在缺失值,缺失被记为 NaN,对应的数据列为浮点数类型。

	T-shirt	pants	hat	sweater	shoes	suits	glasses
store 1	20	30	35	15.0	8	45.0	NaN
store 2	15	5	10	2.0	5	7.0	50.0
store 3	20	30	35	NaN	10	NaN	4.0
store 4	25	20	30	10.0	12	60.0	NaN
store 5	10	8	15	5.0	6	12.0	40.0

图 4-10　带有缺失值的 df 数据集

使用 isnull()方法查看数据集中的缺失情况:

```
In [1]  df.isnull()
```

对应的输出结果为

```
         T-shirt  pants    hat  sweater  shoes  suits  glasses
store 1    False  False  False    False  False  False     True
store 2    False  False  False    False  False  False    False
store 3    False  False  False     True  False   True    False
store 4    False  False  False    False  False  False     True
store 5    False  False  False    False  False  False    False
```

数据集中 NaN 取值的部分结果为 True。

通常,对以上结果使用 sum()方法进行求和统计,从而得到 True(缺失值)的数量,统计的结果为 Series 结构。sum()方法中的参数 axis 默认值为 0,即对列进行统计;如果统计每行缺失值的数量,则将 axis 设置为 1。例如:

```
In [2]  df.isnull().sum()            #统计每列缺失值的数量
```

对应的输出结果为

```
T-shirt    0
pants      0
hat        0
sweater    1
shoes      0
suits      1
glasses    2
dtype: int64
```

```
In [3]  df.isnull().sum(axis = 1)    #统计每行缺失值的数量
```

对应的输出结果为

```
store 1    1
store 2    0
store 3    2
store 4    1
store 5    0
dtype: int64
```

除了统计 NaN 的数量之外,也可以使用 count()方法统计非 NaN 数据的数量。例如:

```
In [4]  df.count()                   #统计每列非缺失值的数量
```

对应的输出结果为

```
T-shirt    5
pants      5
hat        5
sweater    4
shoes      5
suits      4
glasses    3
dtype: int64
```

2. 删除缺失值

如果数据集中某列或某行的缺失值占比较大,为避免对分析结果产生较大影响,可对其进行删除。删除带有缺失值的行或列,使用 dropna()方法。其语法格式如下:

```
DataFrame.dropna(axis = 0, how ='any', thresh = None, subset = None, inplace = False)
```

dropna()方法的常用参数如表 4-13 所示。

表 4-13　dropna()方法的常用参数

参　　数	说　　明
axis	指定删除包含缺失值的行或者列,axis=0 表示删除包含缺失值的行(默认),axis=1 表示删除包含缺失值的列
how	指定删除方式。any 表示只要有一个缺失值就删除整行或整列(默认),all 表示全部为缺失值才删除

续表

参　　数	说　　明
thresh	指定一行或一列中非缺失值的最小数量,小于该数量则删除
subset	指定需要考虑缺失值的列或行
inplace	指定是否在原数据上进行操作,默认为 False

下面在图 4-10 所示的数据集上进行缺失值的删除。

In［1］	df.dropna()　　　　　　　　　　#删除带有缺失值的行,可以不指定 axis 参数

对应的输出结果为

```
         T-shirt  pants  hat  sweater  shoes  suits  glasses
store 2       15      5   10      2.0      5    7.0     50.0
store 5       10      8   15      5.0      6   12.0     40.0
```

In［2］	df.dropna(axis = 1)　　　　　#删除带有缺失值的列,必须指定 axis 参数

对应的输出结果为

```
         T-shirt  pants  hat  shoes
store 1       20     30   35      8
store 2       15      5   10      5
store 3       20     30   35     10
store 4       25     20   30     12
store 5       10      8   15      6
```

删除缺失值会减少数据集中的信息。dropna()方法默认不改变原数据集,将参数 inplace 设置为 True 后原数据集随之改变。

In［3］	#删除非空数据少于 4 个的数据列
	df.dropna(axis = 1, thresh = 4, inplace = True)
	df　　　　　　　　　　　　　#数据集有变化,glasses 列被删除

对应的输出结果为

```
         T-shirt  pants  hat  sweater  shoes  suits
store 1       20     30   35     15.0      8   45.0
store 2       15      5   10      2.0      5    7.0
store 3       20     30   35      NaN     10    NaN
store 4       25     20   30     10.0     12   60.0
store 5       10      8   15      5.0      6   12.0
```

3. 填充缺失值

处理缺失值时,除了删除缺失值外,另一种常见的策略是填充缺失值。填充缺失值可以保持数据的完整性,在一定程度上减少数据丢失所带来的影响。在选择填充还是删除缺失值时,应首先分析数据集的缺失值分布和数据特点,然后结合具体任务需求进行决策。

常见的填充缺失值策略如下:

(1)均值/中位数/众数填充。对于数值型数据,可以使用整列的均值、中位数或众数填充缺失值。

(2)前向填充或后向填充。对于时间序列数据或有序数据,可以使用前一个非缺失值或后一个非缺失值填充缺失值。

（3）插值法。对于连续变量，可以使用插值方法（如线性插值、多项式插值）填充缺失值。

（4）使用默认值填充。根据业务逻辑，为缺失值设置特定的默认值进行填充。

（5）通过模型预测填充。使用机器学习模型预测缺失值并进行填充。

填充缺失值的常用方法为 fillna()。其语法格式如下：

```
DataFrame.fillna(value = None, axis = None, inplace = False, limit = None)
```

fillna()方法的参数如表 4-14 所示。

表 4-14 fillna()方法的参数

参 数	说 明
value	用来填充缺失值的标量值、字典、Series 或 DataFrame
axis	参数 value 为序列时指定填充方向，默认沿列填充（axis＝0），axis＝1 表示沿行填充
inplace	是否在原数据集上进行操作，默认为 False
limit	限制填充的次数

下面对图 4-10 所示的数据集中的 NaN 进行填充。

首先，使用标量指定缺失值的统一填充：

```
In [1]   df.fillna(0)          #将缺失值统一填充为 0
```

对应的输出结果为

```
          T-shirt  pants  hat  sweater  shoes  suits  glasses
store 1      20     30    35    15.0      8    45.0     0.0
store 2      15      5    10     2.0      5     7.0    50.0
store 3      20     30    35     0.0     10     0.0     4.0
store 4      25     20    30    10.0     12    60.0     0.0
store 5      10      8    15     5.0      6    12.0    40.0
```

参数 value 可以是字典类型，即指定对不同列采取不同的填充方式。

下面对数据集中的 sweater 列使用均值填充，glasses 列使用最小值填充。

```
In [2]   df.fillna({
             'sweater': df['sweater'].mean(),
             'glasses': df['glasses'].min()}
         )
```

对应的输出结果为

```
          T-shirt  pants  hat  sweater  shoes  suits  glasses
store 1      20     30    35    15.0      8    45.0     4.0
store 2      15      5    10     2.0      5     7.0    50.0
store 3      20     30    35     8.0     10    NaN      4.0
store 4      25     20    30    10.0     12    60.0     4.0
store 5      10      8    15     5.0      6    12.0    40.0
```

使用前一个非缺失值或后一个非缺失值填充缺失值的方法是 ffill()和 bfill()。其语法格式如下：

```
DataFrame.ffill(axis = None, limit = None, inplace = False, downcast = None)
DataFrame.bfill(axis = None, limit = None, inplace = False, downcast = None)
```

参数 axis 默认为 0,在列上完成填充;可以指定 axis=1,在行方向上填充。

下面使用 ffill()方法进行前向填充,使用前一个非缺失值填充缺失值,没有前一个非缺失值的缺失值不变。

In[3]	df.ffill()

对应的输出结果为

```
         T-shirt  pants  hat  sweater  shoes  suits  glasses
store 1       20     30   35     15.0      8   45.0      NaN
store 2       15      5   10      2.0      5    7.0     50.0
store 3       20     30   35      2.0     10    7.0      4.0
store 4       25     20   30     10.0     12   60.0      4.0
store 5       10      8   15      5.0      6   12.0     40.0
```

除了使用 ffill()和 bfill()方法外,还可以使用插值方法 interpolate()填充缺失值。其语法格式如下:

```
DataFrame.interpolate(method ='linear', axis = 0, inplace = False, …)
```

interpolate()方法的常用参数如表 4-15 所示。

表 4-15　interpolate()方法的常用参数

参　　数	说　　明
method	指定插值方法,默认为线性插值,还可以指定多项式插值(polynomial)、时间序列插值(time)和最近邻插值(nearest)
axis	指定插值方向,axis=0 表示沿列插值,axis=1 表示沿行插值
inplace	指定是否在原数据上进行操作,默认为 False

下面使用线性插值填充数据集中的 NaN:

In[4]	df.interpolate(method = "linear")　　　　#线性插值填充缺失值

对应的输出结果为

```
         T-shirt  pants  hat  sweater  shoes  suits  glasses
store 1       20     30   35     15.0      8   45.0      NaN
store 2       15      5   10      2.0      5    7.0     50.0
store 3       20     30   35      6.0     10   33.5      4.0
store 4       25     20   30     10.0     12   60.0     22.0
store 5       10      8   15      5.0      6   12.0     40.0
```

线性插值是一种简单而有效的插值方法,它通过已知数据点之间的直线估计缺失值。与原始数据对比,上述线性插值在列方向利用前后两个数据的均值进行了填充。

多项式插值通过拟合一个多项式函数填充缺失值,在 interpolate()方法中,当使用多项式插值时,可以通过 order 参数指定多项式的阶数,根据已知数据拟合出一个多项式函数,并用该函数估计缺失值。

时间序列插值主要用于处理时间序列数据中的缺失值。它通常会考虑时间的因素,根据时间序列的趋势和周期性进行插值填充,以更好地反映数据的变化规律。

最近邻插值是一种简单直观的插值方法,其原理是选择缺失值周围最接近的已知数据点进行填充,填充时考虑了具体数值之间的距离和相对位置关系。

这些插值方法在实际应用中有各自的优缺点,具体的插值方法取决于数据的特点和需求。在使用插值方法填充缺失值时,需要根据数据的特点和预期效果选择最合适的插值方式。

4.4.2　删除重复数据

数据清洗还包括查找并删除数据集中重复的数据,确保数据的唯一性。

Pandas 使用 duplicated()方法检测是否存在重复数据,使用 drop_duplicates()方法删除 DataFrame 中的重复行。其语法格式如下:

```
duplicated(subset = None, keep ='first')
```

duplicated()方法的参数如表 4-16 所示。

表 4-16　duplicated()方法的参数

参　　数	说　　明
subset	指定要检查重复值的列或者子集。默认为 None,表示对完整行进行重复值检查
keep	指定将哪个重复值标记为 True。默认值 first 表示第一次出现的重复值标记为 True,last 表示最后一次出现的重复值标记为 True,False 表示所有重复值都标记为 True

duplicated()方法应用于 DataFrame 时,返回布尔型 Series,其长度与 DataFrame 的行数相同,表示每一行是否存在重复。

首先,构建一个带有重复数据的数据集:

```
In [1]   data = {'A': [1, 2, 2, 3, 4],
                  'B': ['X', 'Y', 'Y', 'Z', 'Z']}
         df = pd.DataFrame(data)
         df.head()
```

对应的输出结果为

	A	B
0	1	X
1	2	Y
2	2	Y
3	3	Z
4	4	Z

使用 duplicated()方法检测其重复情况:

```
In [2]   df.duplicated()
```

对应的输出结果为

```
0    False
1    False
2     True
3    False
4    False
dtype: bool
```

```
In [3]    df.duplicated().sum()          #根据统计结果查看是否存在重复
```

对应的输出结果为

```
1
```

删除重复行的方法为 drop_duplicates()。其语法格式如下：

```
DataFrame.drop_duplicates(subset = None, keep = 'first', inplace = False)
```

drop_duplicates()方法的参数如表 4-17 所示。

表 4-17　drop_duplicates()方法的参数

参　　数	说　　明
subset	指定要检查重复值的列或者子集。默认为 None,表示对完整的行进行重复值检查
keep	指定保留哪个重复值,False 表示删除所有重复值
inplace	指定是否在原地修改 DataFrame

删除数据集中的重复数据,代码如下：

```
In [4]    df.drop_duplicates(inplace = True)          #删除重复行数据,对原数据集进行修改
          df
```

对应的输出结果为

	A	B
0	1	X
1	2	Y
3	3	Z
4	4	Z

4.4.3　案例——泰坦尼克号数据清洗

下面以 Kaggle 竞赛采用的泰坦尼克号生存数据集(训练集 Train.csv)为例展示解决实际问题时的数据清洗工作(https://www.kaggle.com/competitions/titanic)。

1912 年 4 月 15 日,泰坦尼克号在首次航行中与冰山相撞后沉没。不幸的是,船上没有足够的救生艇供所有人使用,导致 2224 名乘客和船员中的 1502 人死亡。尽管生存的机会在一定程度上取决于运气,但似乎某些群体的生存概率明显高于其他群体。Kaggle 竞赛给出该数据集,旨在通过乘客数据(姓名、年龄、性别、社会经济阶层等)建立预测模型,研究"什么样的人更有可能生存"的问题。

步骤 1：读取和查看数据集。

```
In [1]    import pandas as pd
          df = pd.read_csv('./data/Train.csv')
          df.head()
```

对应的输出结果为

PassengerId	Survived	Pclass	Name	Sex	Age	SibSp	Parch	Ticket	Fare	Cabin	Embarked
0	1	0	3	Braund, Mr. Owen Harris	male	22.0	1	0	A/5 21171	7.2500	NaN	S
1	2	1	1	Cumings, Mrs. John Bradley (Florence Briggs Th...	female	38.0	1	0	PC 17599	71.2833	C85	C
2	3	1	3	Heikkinen, Miss. Laina	female	26.0	0	0	STON/O2. 3101282	7.9250	NaN	S
3	4	1	1	Futrelle, Mrs. Jacques Heath (Lily May Peel)	female	35.0	1	0	113803	53.1000	C123	S
4	5	0	3	Allen, Mr. William Henry	male	35.0	0	0	373450	8.0500	NaN	S

该数据集各字段的含义如表 4-18 所示。

表 4-18 泰坦尼克号生存数据集各字段的含义

字 段	含 义	字 段	含 义
PassengerId	乘客编号	SibSp	兄弟/姐妹/配偶的数量
Survived	1 生存,0 死亡	Parch	父母/子女的数量
Pclass	船舱等级	Ticket	票号
Name	姓名	Fare	票价
Sex	性别	Cabin	座号
Age	年龄	Embarked	登船港口

查看数据的概要信息:

```
In [2]    df.info()
```

对应的输出结果为

```
<class 'pandas.core.frame.DataFrame'>
RangeIndex: 891 entries, 0 to 890
Data columns (total 12 columns):
 #   Column       Non-Null Count   Dtype
---  ------       --------------   -----
 0   PassengerId  891 non-null     int64
 1   Survived     891 non-null     int64
 2   Pclass       891 non-null     int64
 3   Name         891 non-null     object
 4   Sex          891 non-null     object
 5   Age          714 non-null     float64
 6   SibSp        891 non-null     int64
 7   Parch        891 non-null     int64
 8   Ticket       891 non-null     object
 9   Fare         891 non-null     float64
 10  Cabin        204 non-null     object
 11  Embarked     889 non-null     object
dtypes: float64(2), int64(5), object(5)
memory usage: 83.7+ KB
```

可见,数据集共有 891 条数据,在 Age、Cabin 和 Embarked 字段存在缺失值。

步骤 2:查看缺失值情况。

```
In [3]    df.isnull().sum()
```

对应的输出结果为

```
PassengerId        0
Survived           0
Pclass             0
Name               0
Sex                0
Age              177
SibSp              0
Parch              0
Ticket             0
Fare               0
Cabin            687
Embarked           2
```

Age 年龄数据缺失较多,但年龄是预测生存的重要因素,尝试利用相关数据的年龄特征值对其进行填充。Carbin 为座号,存在大量缺失值,因其对预测生存的作用不大,因此可将该列数据删除。Embarked 为登船港口,有两个缺失值,尝试用众数(绝大多数乘客登船的港口)对其进行填充。

步骤 3:缺失值处理。

(1) 删除 Carbin 列。

```
In[4]    df.drop('Cabin', axis = 1, inplace = True)
```

(2) 使用众数填充 Embarked 列的缺失值。

众数是统计学中的常用概念,指数据集中出现次数最多的数值或数值组合,通过众数可以了解数据集的集中趋势。在一个数据集中,可能存在一个或多个众数,Pandas 使用 mode() 方法计算数据集的众数,返回值为 Series 类型。

```
In[5]    df[df['Embarked'].isnull()]        #查看 Embarked 列的缺失情况
```

对应的输出结果为

```
     PassengerId   Survived   Pclass  ...   Fare  Cabin   Embarked
61            62          1        1  ...   80.0    B28        NaN
829          830          1        1  ...   80.0    B28        NaN
```

使用众数对缺失值进行填充:

```
In[6]    df['Embarked'] = df['Embarked'].fillna(df['Embarked'].mode()[0])
         df.loc[[61, 829]]
```

查看填充后的结果,发现众数为 S,缺失值已被成功填充。

```
     PassengerId   Survived   Pclass  ...   Fare  Cabin   Embarked
61            62          1        1  ...   80.0    B28          S
829          830          1        1  ...   80.0    B28          S
```

(3) 处理年龄的缺失。

中位数是统计学中常用的概念,它指的是将数据集中的所有数值按大小顺序排列后,位于中间位置的那个数值。如果数据集中包含奇数个数值,中位数就是中间的那个数;如果包含偶数个数值,中位数则是位于中间的两个数值的平均值。由于中位数不受极端值的影响,因此比均值更能准确地反映数据的集中趋势。

年龄字段的缺失值较多,但该字段十分重要。因此,采用"物以类聚、人以群分"的方法,通过分析数据集中的规律,使用特征相似人群的年龄中位数填充缺失值。在 12 个字段中,选择将 Pclass(船舱等级)和 Sex(性别)相同的人聚集在一起,计算他们的年龄中位数。

Pandas 使用 median()方法计算中位数。

将 Pclass(船舱等级)和 Sex(性别)相同的人聚集在一起,需要使用 Pandas 的 groupby()方法,该方法将在 4.6 节中详细讲解,这里直接对其进行应用。

```
In [7]    age_impute = train.groupby(['Pclass','Sex']).Age
                                 .transform(lambda x: x.fillna(x.median()))
          df['Age'] = age_impute
```

groupby(['Pclass', 'Embarked', 'Sex'])按照 Pclass 和 Sex 对数据进行分组。分组后对每个分组内的 Age 列进行处理;匿名函数 lambda x: x.fillna(x.median())将每个分组内的缺失值用该分组的年龄中位数进行填充。

最后检查缺失值处理的总体结果:

```
In [8]    df.isnull().sum().sum()
```

输出为 0,表示数据集中的全部缺失值均已处理完毕。

步骤 4:重复值处理。

```
In [9]    df.duplicated().sum()
```

输出为 0,说明数据集中不存在重复行。至此,数据清洗工作完成。

数据清洗在数据分析和机器学习中扮演着非常重要的角色,它是数据预处理过程中至关重要的一步,是数据质量、准确性、一致性和可靠性的重要保证。

◆ 4.5 数据规整化

数据规整化指对数据进行整理和转换,通常包括数据合并、数据排序和数据转换等处理,是数据预处理的重要环节。在数据分析和建模之前,通过数据规整化能够提高数据的质量和可用性,为后续的工作奠定良好的基础。

4.5.1 数据整合

很多应用场景都需要整合多个数据源的数据。例如,市场营销团队可能会从不同渠道(如社交媒体、电子邮件营销、网站访问统计等)收集各种数据,从而跨渠道发现用户的行为模式,并制定更有效的营销策略;企业通常会有多个系统分别记录客户信息、销售数据和客户反馈等,整合这些数据可以全面了解客户的需求和行为,从而提供更好的客户服务和定制化的产品;金融机构需要整合不同来源的客户信息、贷款历史、市场数据等,用于评估风险、制定信贷政策和进行资产配置;社交网络分析需要整合来自不同社交平台的数据,以帮助运营者和监管者分析人们的社交行为、话题热度、舆情走势等。将分散在不同数据源中的数据整合在一起,可以提高数据的完整性,并提高数据访问和处理的效率。

数据整合时,内连接和外连接是两种常用的表连接操作,用于将来自不同数据源的数据集进行关联和整合,如图 4-11 所示。

内连接用于合并两个数据集中满足连接条件的行,丢弃那些在另一个数据集中没有匹

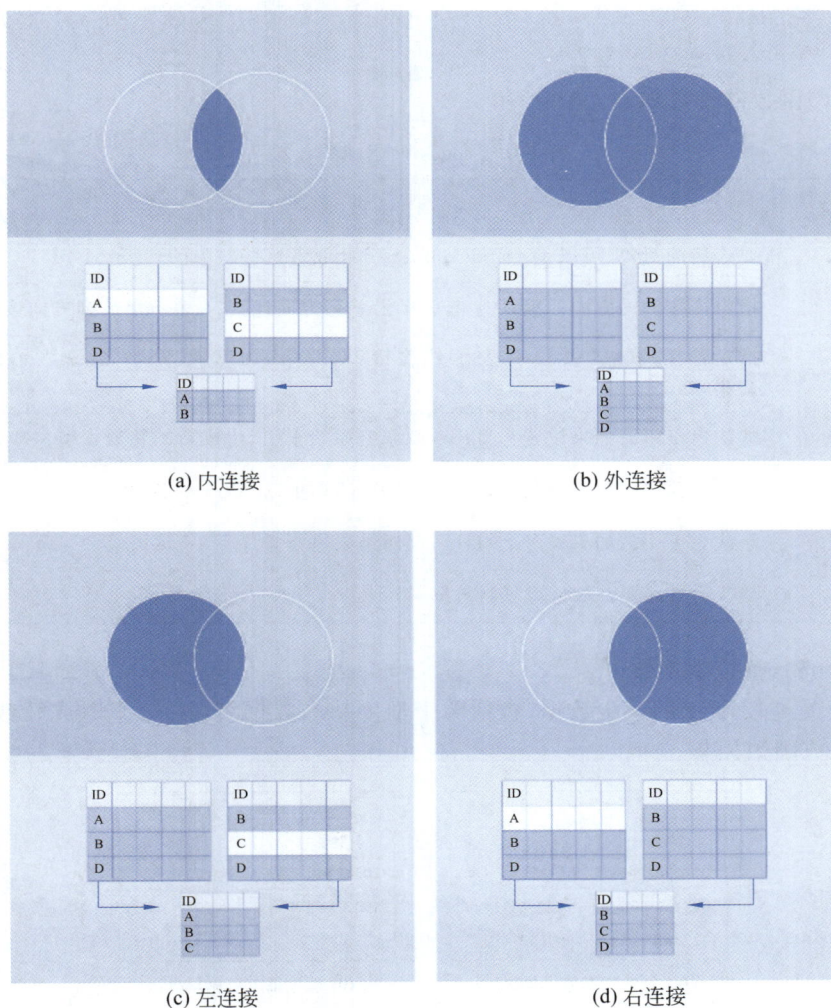

(a) 内连接

(b) 外连接

(c) 左连接

(d) 右连接

图 4-11 4 种连接方式

配行的数据。在数据整合的场景中，内连接可以找到两个数据集中共同存在的记录，并将它们整合到一起。例如，假设有一个销售订单表和一个产品信息表，可以使用内连接获取每个订单对应的产品信息，只保留两个表中产品编号相匹配的记录。

外连接则可以保留两个数据集中满足连接条件的所有行，并用 NULL 值填充那些在另一个数据集中没有匹配的行。

左连接和右连接实现保留某个数据集中所有的数据，同时将另一个数据集中匹配的数据合并进来，未匹配的部分用 NULL 值填充。

Pandas 提供了多个数据整合的函数，concat()函数可以用内连接或外连接的方式同时连接多个数据对象，merge()函数用于选择 4 种连接方式之一合并两个数据对象。

1. concat()函数

concat()函数沿着某个轴将多个数据对象按顺序连接起来。其语法格式如下：

```
pandas.concat(objs, axis = 0, join ='outer', ignore_index = False, keys = None,
sort = False, copy = True)
```

concat()函数的参数如表 4-19 所示。

表 4-19 concat()函数的参数

参　　数	说　　明
objs	要连接的对象,可以是 DataFrame、Series 或者这些对象的列表
axis	指定连接的轴方向。默认为 0,表示沿着行方向连接;1 表示沿着列方向连接
join	指定连接的方式。outer 表示外连接,取并集,为默认方式;inner 表示内连接,取交集
ignore_index	默认为 False;如果设置为 True,则忽略原始索引,生成新的整数索引
keys	用于创建层次化索引的键,传递给连接生成的 DataFrame 对象
sort	默认为 False;如果设置为 True,则对结果进行排序
copy	默认为 True;表示是否复制数据

【例 4-10】 整合学生数据。

设现有图 4-12 所示的学生数据,包括两个学生基本数据集:一个平时成绩数据集和一个期末考试成绩数据集。

(a) 学生基本数据集df1 　　(b) 学生基本数据集df2

(c) 平时成绩数据集df3 　　(d) 期末考试数据集df4

图 4-12 学生数据

现对这些数据集进行整合。首先,使用 concat()函数将 df1 和 df2 两个数据集在行方向上合并:

```
In [1]   df = pd.concat([df1, df2])    #默认 axis = 0,按行合并
         df
```

合并后的数据集如下:

学号	姓名	班级	性别
2007050	刘峰年	大数据201	男
2023198	马旭东	机械201	女
1823361	范鸣	化生181	男
2024616	秋屹	管信201	男
1907296	黄子淇	数学191	男

接下来,分别删除 df3 和 df4 数据集中的"姓名"列,然后将 df 与它们在列方向上进行合并:

```
In [2]   df3.drop('姓名', axis = 1, inplace = True)
         df4.drop('姓名', axis = 1, inplace = True)
         #指定 axis = 1,在列方向上进行合并
         df = pd.concat([df, df3, df4], axis = 1)
         df
```

整合后的完整数据集如下:

学号	姓名	班级	性别	作业1	作业2	作业3	考试成绩
2007050	刘峰年	大数据201	男	100	100	100	100
2023198	马旭东	机械201	女	100	100	90	95
1823361	范鸣	化生181	男	100	75	95	100
2024616	秋屹	管信201	男	100	100	95	100
1907296	黄子淇	数学191	男	100	100	100	100

2. merge()函数

与 concat()函数将所有要合并的对象放在列表中传参不同,merge()函数通过 left 和 right 两个参数指定合并对象,专用于只有两个数据集合并的场景。其语法格式如下:

```
pandas.merge(left, right, how = 'inner', on = None, left_on = None, right_on =
None,
left_index = False, right_index = False, suffixes = ('_x', '_y'), sort = False)
```

merge()函数的参数如表 4-20 所示。

表 4-20　merge()函数的参数

参　数	说　明
left	要合并的左 DataFrame 对象
right	要合并的右 DataFrame 对象
how	指定合并方式,包括 inner、left、right、outer 等,默认为 inner
on	指定基于哪些列进行合并,不指定时默认将具有相同列名的列作为合并的键
left_on	指定左 DataFrame 中用于合并的列

续表

参　数	说　　明
right_on	指定右 DataFrame 中用于合并的列
left_index	布尔值,指定使用左 DataFrame 对象的索引作为合并后的索引键
right_index	布尔值,指定使用右 DataFrame 对象的索引作为合并后的索引键
suffixes	用于区分重叠列标签的后缀
sort	指定是否根据合并键对结果进行排序

在进行两表合并时,merge()函数允许指定多种参数,采用类似于数据库的合并方式。

例如,使用 merge()函数实现例 4-10 中的数据整合,需要将参数 how 设置为 outer,以采用外连接方式。代码如下:

```
df = pd.merge(df1, df2, how = "outer")
```

合并过程如图 4-13 所示。

(a) df1 数据集　　　　　　　　　(b) df2 数据集

(c) 合并后数据集

图 4-13　使用 merge()函数实现外连接

但是,merge()函数在合并后,为新数据集重新生成了整数索引,所以该场景使用 concat()函数更为合适。

【例 4-11】　merge()函数连接方式示例。

设现有图 4-14 所示的两个待整合数据集,查看 merge()函数对其进行内连接、左连接、右连接和外连接的连接效果。

(a) df1 数据集　　　　　　　　(b) df2 数据集

图 4-14　待整合数据集

分别进行内连接、左连接、右连接和外连接操作，代码如下：

```
inner_join = pd.merge(df1, df2, on = '学号', how = 'inner')
left_join = pd.merge(df1, df2, on = '学号', how = 'left')
right_join = pd.merge(df1, df2, on = '学号', how = 'right')
outer_join = pd.merge(df1, df2, on = '学号', how = 'outer')
```

操作结果如图 4-15 所示。

	学号	姓名	分数
0	2007050	刘峰年	85
1	2023198	马旭东	90

how='inner'

(a) 内连接

	学号	姓名	分数
0	2007050	刘峰年	85.0
1	2023198	马旭东	90.0
2	1823361	范鸣	NaN

how='left'

(b) 左连接

	学号	姓名	分数
0	2007050	刘峰年	85
1	2023198	马旭东	90
2	1907296	NaN	88

how='right'

(c) 右连接

	学号	姓名	分数
0	2007050	刘峰年	85.0
1	2023198	马旭东	90.0
2	1823361	范鸣	NaN
3	1907296	NaN	88.0

how= 'outer'

(d) 外连接

图 4-15　4 种连接方式的整合结果

4.5.2　数据排序

Pandas 提供了丰富的排序功能，可以通过 sort_values()方法按值排序，通过 sort_index()方法按索引排序，也可以使用 value_counts()方法对 Series 进行统计计数排序（见 4.1.3 节）。

1. 数据排序

DataFrame 对象的 sort_values()方法 API 如下：

```
DataFrame.sort_values(by, axis = 0, ascending = True, inplace = False, ignore_
index = False)
```

sort_values()方法的参数如表 4-21 所示。

表 4-21　sort_values()方法的参数

参　　数	说　　明
by	指定按照哪一列或哪些列进行排序，可以是单个列的名称或包含多个列名称的列表
axis	指定排序的轴，0 表示按行排序，1 表示按列排序
ascending	排序方式，默认为 True（升序），设为 False 表示降序排序
inplace	指定是否在原 DataFrame 上进行排序，默认为 False
ignore_index	指定是否忽略原始索引并生成新的整数索引，默认为 False

【例 4-12】 读取 Score.csv 文件，对成绩进行排序分析。

首先，读取 Score.csv 文件：

```
In [1]  import pandas as pd

        data = pd.read_csv('./data/Score.csv', index_col = 0, header = 0,
                                                      encoding = 'GBK')

        data.head()
```

对应的输出结果为

学号	性别	工科物理	高等代数	概率论与数理统计	数字逻辑	离散数学	数据结构	加权成绩
1	男	98	92	88	96	99	85	92.00
2	男	86	79	90	94	96	75	86.13
3	男	95	84	93	88	95	80	89.46
4	男	96	90	84	89	93	76	87.79
5	男	87	94	77	89	93	83	84.15

然后,对其按"加权成绩"进行降序排序:

```
In [2]    data.sort_values(by = "加权成绩", ascending = False, inplace = True)
          data.head()
```

排序结果为

学号	性别	工科物理	高等代数	概率论与数理统计	数字逻辑	离散数学	数据结构	加权成绩
1	男	98	92	88	96	99	85	92.00
26	男	94	91	91	99	93	88	90.48
3	男	95	84	93	88	95	80	89.46
10	女	85	88	92	95	100	85	88.81
4	男	96	90	84	89	93	76	87.79

基于排序结果可以进行下一步的数据分析。假设要获取加权成绩高于 85 分的前几名学生的有序信息,则在排序基础上继续进行筛选。

```
In [3]    df.sort_values(by = "加权成绩", ascending = False).query("加权成绩>85")
```

排序时可以指定多列作为依据。当前面的列取值相同时,排序将继续按照下一列进行。例如,如果关注男生和女生两个不同群体的加权成绩排列,可以先按"性别"进行排序,然后再按"加权成绩"进行排序。

```
In [4]    df.sort_values(by =['性别', '加权成绩'])
```

如果多个排序依据的排序规则(升序、降序)不同,则可以在 ascending 参数中用列表为它们分别指定排序规则。例如,指定按照性别的降序、加权成绩的升序进行排序。

```
In [5]    df.sort_values(by =['性别', '加权成绩'], ascending =[False, True])
```

2. 索引排序

对数据按索引排序可以提高数据处理的效率和准确性,帮助用户更好地管理和分析数据。

(1) 提高数据检索效率。当数据按照索引有序排列时,在进行数据检索、筛选、聚合等操作时可以减少搜索时间,提高数据处理效率。

(2) 便于数据对齐和合并。在合并多个数据集时,如果数据集的索引有序排列,可以更轻松地进行数据对齐和合并操作,避免数据混乱。

(3) 方便数据展示和可视化。有序的索引可以使数据在表格或图表中呈现得更加清晰和易懂,方便进行数据展示和可视化分析。

DataFrame 对象按索引排序的方法为 sort_index(),其 API 如下:

```
DataFrame.sort_index(axis = 0, ascending = True, in place = False)
```

sort_index()方法的参数如表 4-22 所示。

表 4-22　sort_index()方法的参数

参　　数	说　　明
axis	默认按行标签进行排序,axis＝1 按列标签进行排序
ascending	排序方式,默认为 True(升序),设为 False 表示降序排序
inplace	是否在原 DataFrame 上进行排序,默认为 False

例如,将例 4-10 中合并后的数据集按索引排序,结果如图 4-16 所示。

```
df.sort_index()
```

学号	姓名	班级	性别	作业1	作业2	作业3	考试成绩
1823361	范鸣	化生181	男	100	75	95	100
1907296	黄子淇	数学191	男	100	100	100	100
2007050	刘峰年	大数据201	男	100	100	100	100
2023198	马旭东	机械201	女	100	100	90	95
2024616	秋屹	管信201	男	100	100	95	100

图 4-16　按索引排序示例

4.5.3　apply()方法

apply()是 Pandas 中一个非常强大且灵活的方法,适用于各种数据处理和分析场景,是进行定制化数据转换的有效工具。它能够将指定的函数应用于 Series 的每个元素或者 DataFrame 的行/列进行操作,是 Pandas 中的高阶函数,类似于 Python 原生的 map()函数。

```
Series.apply(func, * args, ** kwargs)
DataFrame.apply(func, axis = 0, * args, ** kwargs)
```

对于 DataFrame 对象,axis 参数用于指定函数对象的应用方向,可以选择按行或按列进行操作,默认情况下为按列应用。

apply()方法的第一个参数 func 为函数对象,既可以是系统提供的函数,也可以是用户自定义的函数。该方法会自动遍历数据对象,实现对数据的逐个处理,将复杂的数据处理逻辑委托给函数实现。通过这种方式,apply()方法能灵活地实现对数据的各种操作,包括数据清洗、转换、特征提取等。

apply()方法的返回值是应用函数对象后的新 Series 对象或 DataFrame 对象。

【例 4-13】　使用 apply()方法对数据集中的性别进行转换。

在机器学习中,通常会将字符串形式的性别数据转换成数字形式,以便于计算。一种常见的做法是使用 1 和 0 分别表示性别,例如将"男"转换成 1,将"女"转换成 0,下面使用 apply()方法完成转换:

```
df['性别'] = df['性别'].apply(lambda x: 1 if x == "男" else 0)
```

代码选取"性别"列,使用 lambda 函数对每个性别进行处理,返回处理后的 Series 对象,对原 DataFrame 进行更新。

【说明】 键-值对性质的转换可以通过 DataFrame 的 map()方法更便捷地实现:

```
df['性别'] = df['性别'].map({'男': 1, '女': 0})
```

【例 4-14】 折扣率数据转换。

优惠券数据集如图 4-17 所示。

	User_id	Merchant_id	Coupon_id	Discount_rate	Distance	Date_received	Date
0	1439408	2632	NaN	NaN	0.0	NaN	20230217.0
1	1439408	4663	11002.0	150:20	1.0	20230528.0	NaN
2	1439408	2632	8591.0	0.97	0.0	20230217.0	NaN
3	1439408	2632	1078.0	20:1	0.0	20230319.0	NaN
4	1439408	2632	8591.0	20:1	0.0	20230613.0	NaN

图 4-17　优惠券数据集

其中,Discount_rate 列包含不一致的折扣率数据。数据中有些以满减形式表示折扣,例如"150:20"表示满 150 减 20;还有些以浮点字符串形式表示折扣,例如"0.97"表示九七折;此外,还存在数据缺失(NaN)。在进行数据分析之前,需要对这些数据进行转换处理。由于相关计算涉及多种情况,因此可以自定义函数实现处理过程。

具体而言,对于包含冒号的满减形式,将其转换为浮点数表示的折扣率,例如"150:20"的折扣率为 $1-\dfrac{20}{150}$;对于浮点字符串形式的折扣,直接转换为浮点数;NaN 则直接转换为1,表示无折扣。函数定义如下:

```
import re
def get_discount(string):                          #处理优惠券折扣率
    try:
        if re.findall('\d+:\d+', string) !=[]:     #按照正则表达式找到折扣字符串
            reduction = string.split(':')
            return 1 - float(reduction[1])/float(reduction[0])
        else:
            return float(string)
    except:                                        #遇到 NaN 数据
        return 1
```

接下来,由 apply()方法将 get_discount()函数应用在 discount_rate 数据列,代码如下:

```
import pandas as pd
df = pd.read_csv('./data/Discount.csv', encoding = "utf-8")
df['Discount_rate'] = df['Discount_rate'].apply(get_discount)
print(df['Discount_rate'].head())
```

输出的结果如下:

```
0   1.000000
1   0.866667
2   0.970000
3   0.950000
4   0.950000
```

apply()方法运用了高阶函数的思想,将程序设计的重心转移到一个数据处理上。它通

过遍历数据对象的方式,实现了对每个数据项的逐个处理。

◆ 4.6　数据统计分析

Pandas 提供了丰富的统计分析功能,可以对数据进行各种统计、汇总和分析。

4.6.1　数值统计

Pandas 提供了很多数值统计方法。有些方法支持 DataFrame 的统计计算,利用 axis 参数区分对行或列进行统计;有些方法仅对 Series 提供统计计算。Pandas 的常用数值统计方法如表 4-23 所示。

表 4-23　Pandas 的常用数值统计方法

方　　　　法	说　　明
DataFrame.sum(axis=None, skipna=None, level=None, numeric_only=None, min_count=0)	和
DataFrame.count(axis=None, level=None, numeric_only=False)	非空值数量
DataFrame.max(axis=None, skipna=None, level=None, numeric_only=None)	最大值
DataFrame.min(axis=None, skipna=None, level=None, numeric_only=None)	最小值
DataFrame.var(DataFrame.var(axis=None, skipna=None, level=None)	方差
DataFrame.std(DataFrame.var(axis=None, skipna=None, level=None)	标准差
DataFrame.mean(axis=None, skipna=None, level=None, numeric_only=None, min_count=0)	平均数
DataFrame.median(axis=None, skipna=None, level=None, numeric_only=None, min_count=0)	中位数
DataFrame.idxmax(axis=0, skipna=True)	最大值索引
DataFrame.idxmin(axis=0, skipna=True)	最小值索引
DataFrame.corr(method='pearson', min_periods=1)	相关系数矩阵
DataFrame.cov(min_periods=None)	协方差矩阵
Series.mode(dropna=True)	众数
Series.cumsum(axis=None, skipna=True)	累积和
Series.cumprod(axis=None, skipna=True)	累积乘积
Series.quantile(q=0.5, interpolation='linear')	四分位数

【例 4-15】　对成绩数据集进行统计计算。

设成绩数据集 df 如图 4-18 所示。

```
In [1]   df.mean()     #对数值型数据按列统计平均值
```

对应的输出结果为

学号	工科物理	高等代数	概率论与数理统计	数字逻辑	离散数学	数据结构	加权成绩
1	98	92	88	96	99	85	92.00
2	86	79	90	94	96	75	86.13
3	95	84	93	88	95	80	89.46
4	96	90	84	89	93	76	87.79
5	87	94	77	89	93	83	84.15

图 4-18 成绩数据集 df

```
工科物理 76.346154
高等代数 76.615385
概率论与数理统计 78.538462
数字逻辑 81.461538
离散数学 89.153846
数据结构 72.230769
加权成绩 78.559231
dtype: float64
```

| In [2] | df['高等代数'].mean() | #统计高等代数的平均分 |

对应的输出结果为

```
76.61538461538461
```

| In [3] | df['高等代数'].idxmax() | #计算高等代数成绩最高的学生的索引 |

对应的输出结果为

```
5
```

| In [4] | df.loc[df['高等代数'].idxmax()] | #获取高等代数成绩最高的学生的信息 |

对应的输出结果为

```
工科物理          87.00
高等代数          94.00
概率论与数理统计    77.00
数字逻辑          89.00
离散数学          93.00
数据结构          83.00
加权成绩          84.15
Name: 5, dtype: float64
```

【例 4-16】 统计相关系数矩阵。

相关系数矩阵用于衡量数据集中不同变量之间的相关性,它展示了数据集中每对变量之间的线性相关性程度,取值范围通常是-1~1。

当相关系数为 1 时,表示两个变量之间存在完全正相关关系,即一个变量增大时另一个变量也随之增大;当相关系数为-1 时,表示两个变量之间存在完全负相关关系,即一个变量增大时另一个变量会减小;当相关系数接近 0 时,表示两个变量之间基本没有线性相关性,即它们的变化基本上是独立的。相关系数矩阵以对称矩阵的形式呈现,对角线上的元素为 1,即每个变量与自身完全正相关。

通过分析相关系数矩阵,可以了解数据集中各变量之间的关系,从而进行特征选择、探索性数据分析以及建立预测模型等任务。在数据分析和机器学习领域,相关系数矩阵是一个非常有用的工具。

设有图 4-19 所示的销售数据集,使用 corr()方法计算该数据集中列之间的相关系数矩阵,代码如下:

```
corr_matrix = df.corr()        #计算相关系数矩阵
```

计算所得的相关系数矩阵如图 4-20 所示。

	销售额	广告费用	员工数量
0	100	50	5
1	200	80	8
2	150	60	6
3	300	120	10

图 4-19 销售数据集 df

	销售额	广告费用	员工数量
销售额	1.000000	0.993019	0.990267
广告费用	0.993019	1.000000	0.983354
员工数量	0.990267	0.983354	1.000000

图 4-20 销售数据集中列之间的相关系数矩阵

从统计结果可以看到,销售额、广告费用和员工数量之间的相关性都非常高,这意味着这些特征对彼此的影响非常显著。

4.6.2 分组和聚合运算

在数据分析和数据处理中,分组运算是一种非常重要的技术。通过分组运算,可以对数据进行更深入的分析与洞察,进而揭示隐藏在数据背后的规律。

(1)获取数据汇总信息。通过分组运算,可以根据某个特征对数据进行分组,并对每个分组进行聚合运算,例如求和、求平均值和计数等,从而获得每个分组的汇总统计信息,如图 4-21 所示。

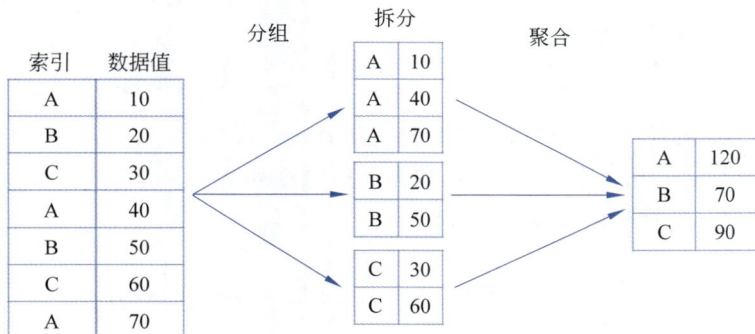

图 4-21 分组聚合过程

(2)探索数据特征与结果之间的关系。通过分组运算,可以观察不同分组之间的数据特征和结果之间的关系,从而揭示数据背后的规律和趋势。

(3)数据可视化。分组运算可以为数据可视化提供支持,通过对分组后的数据进行绘图,可以直观地展示数据的分布和趋势。

1. 分组聚合

在 Pandas 中,使用 groupby()方法实现数据分组运算。其语法格式如下:

```
DataFrame.groupby(by = None, axis = 0, level = None, as_index = True, sort = True,
** kwargs)
```

groupby()方法的常用参数如表 4-24 所示。

表 4-24　groupby()方法的常用参数

参　　数	说　　明
by	指定按照哪些列进行分组,可以是列名、列表或者字典
axis	指定按行(axis=0)还是按列(axis=1)进行分组,默认为按行分组
level	在层次化索引时,指定按哪个级别进行分组
as_index	默认为 True,分组的关键字将被作为索引
sort	对分组的关键字进行排序,默认为 True

groupby()方法返回一个 DataFrameGroupBy 对象,可以在此基础上进行各种聚合运算。分组的目的是聚合,将数据集细分为更小的子集后,只有在每个子集上继续进行聚合运算,才能获得有价值的信息,推进分析和决策。

聚合运算可以使用一系列内置的聚合函数,如 size()、sum()、mean()、median()、min()、max()、count()、std()和 describe()等。

agg()方法用于对分组数据进行聚合运算,可以一次应用多个聚合函数(包括自定义函数),从而组织形式更为灵活的聚合运算。其语法格式如下:

```
DataFrame.agg(func = None, axis = 0, * args, ** kwargs)
```

agg()方法的常用参数如表 4-25 所示。

表 4-25　agg()方法的常用参数

参　　数	说　　明
func	可以使用单个聚合函数、函数列表、字典(列名与聚合函数的映射关系)或者字符串(内置聚合函数的名称)
axis	指定沿着哪个轴进行聚合操作,默认沿着列方向聚合(axis=0)

【例 4-17】　对某餐厅的点餐情况进行分组统计。

设现有某餐厅运营的部分点餐数据,数据分析过程如下。

(1) 读取数据,查看数据集基本概况。

```
In [1]    import pandas as pd
          detail = pd.read_excel("./data/Meal_Order_Detail.xlsx")
          detail.head()
```

对应的输出结果为

	id	order_id	dishes_id	dishes_name	counts	amounts	order_time	emp_id
0	2352	366	609967	香酥两吃大虾	1	89	2023-08-11 11:49:43	1159
1	2354	366	609961	姜葱炒花蟹	1	45	2023-08-11 11:51:17	1159
2	2356	366	606000	香烤牛排	1	55	2023-08-11 11:52:48	1159
3	2358	366	606106	铁板牛肉	1	66	2023-08-11 11:53:47	1159
4	2361	366	610003	蒜香包	1	13	2023-08-11 11:54:12	1159

获取数据集的摘要信息:

```
In [2]  detail.info()
```

对应的输出结果为

```
<class 'pandas.core.frame.DataFrame'>
RangeIndex: 3647 entries, 0 to 3646
Data columns (total 8 columns):
 #   Column       Non-Null Count   Dtype
---  ------       --------------   -----
 0   id           3647 non-null    int64
 1   order_id     3647 non-null    int64
 2   dishes_id    3647 non-null    int64
 3   dishes_name  3647 non-null    object
 4   counts       3647 non-null    int64
 5   amounts      3647 non-null    int64
 6   order_time   3647 non-null    datetime64[ns]
 7   emp_id       3647 non-null    int64
dtypes: datetime64[ns](1), int64(6), object(1)
memory usage: 228.1+ KB
```

数据由 3647 条记录组成,每条记录包含 8 个字段,均无数据缺失。数据集中各字段的含义如表 4-26 所示。

表 4-26　点餐数据集中各字段的含义

字　　段	说　　明	字　　段	说　　明
id	序号	counts	数量
order_id	订单编号	amounts	单价
dishes_id	菜品编号	order_time	下单时间
dishes_name	菜品名称	emp_id	服务员编号

(2) 统计每个订单的消费总额。

在数据集中,每条数据以菜品为单位,包含菜品的数量和单价。因此,首先需要计算每行数据中菜品的总额:

```
In [3]  detail['dishes_total'] = detail['counts'] * detail['amounts']
```

一个订单对应多个菜品的点餐数据,对订单数据进行汇总,需先按照订单编号进行分组:

```
In [4]  group_order = detail.groupby(by = 'order_id')
```

分组对象是按照分组依据产生的分组数据,只保存了分组的结果,没有进行任何运算,且无法直接查看。

应用如下的 apply() 方法可以查看分组中的明细数据:

```
In [5]  group_order.apply(lambda x: x)
```

对应的输出结果如下,每个分组中的数据信息按分组依据(即订单编号)被汇集在一起。

order_id		id	order_id	dishes_id	dishes_name	counts	amounts	order_time	emp_id	dishes_total
162	1800	831	162	609966	芝士焗波士顿龙虾	1	175	2023-08-15 11:17:25	1538	175
	1801	832	162	609970	麻辣小龙虾	1	99	2023-08-15 11:19:58	1538	99
	1802	833	162	609961	姜葱炒花蟹	2	45	2023-08-15 11:22:44	1538	90
	1803	834	162	609944	水煮鱼	1	65	2023-08-15 11:24:49	1538	65
	1804	835	162	609707	百里香奶油烤红酒牛肉	1	178	2023-08-15 11:25:15	1538	178
	⋮	⋮	⋮	⋮	⋮	⋮	⋮	⋮	⋮	⋮
1324	3278	5077	1324	609991	香烤牛排	1	55	2023-08-20 18:57:27	1380	55
	3280	5260	1324	609938	小米南瓜粥	1	13	2023-08-20 18:58:08	1380	13
	3281	5259	1324	609940	清蒸蝶鱼	1	56	2023-08-20 18:58:36	1380	56
	3282	5258	1324	609963	盘蟹蒸蛋	1	55	2023-08-20 18:58:37	1380	55
	3283	5261	1324	609935	山药养生粥	1	19	2023-08-20 18:59:30	1380	19

聚合运算基于各分组进行。例如,聚合函数 size() 返回每个分组中的元素数量:

```
In [6]   group_order.size().head(3)                    #查看前 3 个分组的元素数量
```

对应的输出结果为

```
order_id
162    15
170    12
172    8
dtype: int64
```

通过聚合结果可以发现,分组默认按分组依据进行了排序。通过 size() 函数聚合的结果可以了解每个分组中的数据量情况,例如,编号 162 的订单有 15 条点餐数据,编号 170 的订单有 12 条点餐数据。

计算每个订单的总额:

```
In [7]   group_order['dishes_total'].sum().head(3) #计算每个订单的总额
```

对应的输出结果为

```
order_id
162    1101
170    450
172    242
Name: dishes_total, dtype: int64
```

使用 agg() 方法可以同时应用多个聚合函数,例如,同时获取每个订单中最贵的菜品金额和该订单的总额。内置函数 max() 和 sum() 的名字以字符串形式作为参数传递。

```
In [8]   dishes_max_total = group_order.agg(
                              {'amounts':'max','dishes_total':'sum'})
         dishes_max_total.head(3)
```

对应的输出结果为

	amounts	dishes_total
order_id		
162	178	1101
170	108	450
172	65	242

（3）统计每个订单中菜品的平均价格。

首先，从分组结果中筛选出计算所需的 counts 和 dishes_total 两列，对其进行聚合求和运算：

```
In [9]    tmp = group_order[['counts','dishes_total']].sum()
          tmp.head()
```

对应的输出结果如下，为两列数据组成的 DataFrame 结构。

	counts	dishes_total
order_id		
162	18	1101
170	12	450
172	8	242
173	12	336
182	8	251

对其继续进行算术运算，得到每个订单中的菜品的平均价格。

```
In [10]   tmp['average'] = tmp['dishes_total']/tmp['counts']
          tmp.head()
```

对应的输出结果为

	counts	dishes_total	average
order_id			
162	18	1101	61.166667
170	12	450	37.500000
172	8	242	30.250000
173	12	336	28.000000
182	8	251	31.375000

（4）统计餐厅最受欢迎的前 10 个菜品。

统计最受欢迎的前 10 个菜品时，所需数据包括菜品编号（dishes_id）和被点的数量（counts）。统计每个菜品受欢迎的程度，以菜品编号为依据进行分组，对各菜品被点的数量进行聚合求和，并对求和结果进行排序。

```
In [11]   group_dishesid = detail[['dishes_id', 'counts']]
          .groupby(by ='dishes_id')
          dishes_counts = group_dishesid["counts"].sum() #Series 结构
          dishes_counts.head(3)
```

对应的输出结果为

```
dishes_id
606000    1
606106    1
```

```
609707    2
Name: counts, dtype: int64
```

通过对菜品被点的总数量的统计结果进行降序排序，获取前 10 名菜品的 dishes_id 信息。

```
In [12]    top10 = dishes_counts.sort_values(ascending = False).head(10).index
           top10
```

对应的输出结果为

```
Index ([610010, 610011, 609953, 609946, 610008, 609970, 609967, 609957, 610053,
609942], dtype ='int64', name ='dishes_id')
```

最后，从原始数据集中查询并列出前 10 名菜品的名称。

```
In [13]    for id in top10:
               print(detail.query('dishes_id == {}'.format(id))
                                                  ['dishes_name'].unique())
```

因为在原始数据集中按照 dishes_id 查询得到的菜品名称有重复，所以使用 unique()
方法获取唯一值。

【说明】 如果直接使用菜品名称分组，上述统计过程将得到简化，但是 ID 具有唯一性，
相较名称更为准确。

2. 连续数据的分组方法

对连续数据进行分组时，由于数据的连续性，需要谨慎设置分组的间隔和边界，以确保
结果的合理性和可解释性。如果间隔设置过大，可能导致信息损失；而间隔过小则可能使分
组变得混乱。通常，可以使用直方图、箱形图等方法帮助确定合适的分组间隔和边界。

Pandas 中的 cut()函数用于将连续数据划分为离散的区间。其语法格式如下：

```
pandas.cut(x, bins, right = True, labels = None, retbins = False, precision = 3,
    include_lowest = False, duplicates ='raise')
```

cut()函数的参数如表 4-27 所示。

表 4-27　cut()函数的参数

参　　数	说　　明
x	要进行切割的一维数组或序列
bins	用于定义区间边界的标量、序列（列表、元组等）或者间隔个数。如果传入整数 n，则会将数据分成 n 个等宽的区间；如果传入序列，则序列中的元素定义了区间的边界
right	布尔值，表示区间是否包括右边界，默认为 True。当将其设置为 False 时，左边界自动变为闭区间
labels	用于替换每个区间的自定义标签，可以是任何与区间个数相匹配的值
retbins	布尔值，表示是否返回计算出的区间边界，默认为 False；如果设置为 True，则会同时返回切割后的数据和区间边界
precision	整数，表示区间边界的精度
include_lowest	布尔值，表示是否将最低值包含在内，默认为 False，不包括最低值
duplicates	处理重复边界的方式，可选择 raise、drop、drop_first、drop_last

【**例 4-18**】　统计成绩数据集中 0～59、60～69、70～79、80～89、90～100 各分数段的人数。

成绩是 0～100 范围内的连续数据。按照分数段进行统计时,需要将成绩按照分数段分组,即将连续数据进行分组。

首先,读取数据集。

```
In [1]    df = pd.read_csv('./data/Score.csv', index_col = 0, header = 0,
                                                 encoding = 'GBK')
          df = df.select_dtypes("number")      #选取数据集中的数值型字段
          df.head(2)
```

对应的输出结果为

学号	工科物理	高等代数	概率论与数理统计	数字逻辑	离散数学	数据结构	加权成绩
1	98	92	88	96	99	85	92.00
2	86	79	90	94	96	75	86.13

根据分数段,设定分组边界为[0,60,70,80,90,101],6 个数据形成 5 个分数段,分组时令其不包含右边界(包含左边界)。

以“工科物理”为例,分组过程如下:

```
In [2]    bin_edges = [0, 60, 70, 80, 90, 101]
          df_grade = pd.cut(df['工科物理'], bins = bin_edges, right = False)
          df_grade.head()
```

对应的输出结果为

```
学号
1    [90, 101)
2    [80, 90)
3    [90, 101)
4    [90, 101)
5    [80, 90)
Name: 工科物理, dtype: category
Categories (5, left): [[0, 60) <[60, 70) <[70, 80) <[80, 90) <[90, 101)]
```

通过 cut()函数分组,工科物理数据由连续数值转换为分类标签。由此,对分组后的数据进行统计计数。

```
In [3]    grade_counts = df_grade.value_counts()
          grade_counts
```

对应的输出结果为

```
工科物理
[70, 80)     8
[60, 70)     6
[80, 90)     5
[90, 101)    5
[0, 60)      2
Name: count, dtype: int64
```

由此完成了一列数据的分组统计。

如果要将数据集中的所有数据都进行相同的处理，则可以应用 applymap()方法，与 apply()方法针对某一列或某一行不同，applymap()方法应用于 DataFrame 中的每个数据。

对所有成绩进行分组的代码如下。应用 applymap()方法时，lambda 函数的参数 x 为 DataFrame 对象的每个数据，通过[]将数据组织为列表，交给 cut()函数进行划分。

```
In [4]    #使用 applymap()方法对所有列进行处理
          df_grade = df.applymap(lambda x: pd.cut([x], bins = bin_edges,
                                                   right = False)[0])
```

对应的输出结果为

学号	工科物理	高等代数	概率论与数理统计	数字逻辑	离散数学	数据结构	加权成绩
1	[90, 101)	[90, 101)	[80, 90)	[90, 101)	[90, 101)	[80, 90)	[90, 101)
2	[80, 90)	[70, 80)	[90, 101)	[90, 101)	[90, 101)	[70, 80)	[80, 90)
3	[90, 101)	[80, 90)	[90, 101)	[80, 90)	[90, 101)	[80, 90)	[80, 90)
4	[90, 101)	[90, 101)	[80, 90)	[80, 90)	[90, 101)	[70, 80)	[80, 90)
5	[80, 90)	[90, 101)	[70, 80)	[80, 90)	[90, 101)	[80, 90)	[80, 90)

接下来，对数据集各列应用 apply()方法调用 value_counts()方法进行统计计数。如果某分数段无学生，则 value_counts()方法返回 NaN，因此使用 fillna(0)对 NaN 进行填充，并应用 applymap()方法将每个数据都从浮点数类型改为整数类型。代码如下：

```
In [5]    count_df = df_grade.apply(pd.value_counts).fillna(0).applymap(int)
          count_df
```

统计结果如下：

	工科物理	高等代数	概率论与数理统计	数字逻辑	离散数学	数据结构	加权成绩
[0, 60)	2	4	0	0	0	0	0
[60, 70)	6	1	5	4	1	9	6
[70, 80)	8	11	11	8	4	11	10
[80, 90)	5	6	6	8	5	6	8
[90, 101)	5	4	4	6	16	0	2

3. 多依据分组

使用 groupby()方法时，可以指定多个列进行分组，从而生成层次化索引，使得分组结构更加复杂。

下面使用图 4-22 所示的数据集展示多依据分组和层次化索引的使用。

【例 4-19】 员工数据集分组统计。

按照 City 和 Department 列对该数据集中的数据进行分组。

```
In [1]    grouped = df.groupby(['City', 'Department'])    #多个分组依据
```

使用 agg()方法计算平均工资，聚合运算结果为 DataFrame。

```
In [2]    result1 = grouped.agg({'Salary': 'mean'})
          result1
```

	City	Department	Employee	Salary
0	Beijing	HR	Alice	6000
1	Shanghai	IT	Bob	7000
2	Beijing	IT	Charlie	8000
3	Shanghai	HR	David	7500
4	Shanghai	IT	Eve	7200

图 4-22　员工数据集 df

对应的输出结果为

		Salary
City	Department	
Beijing	HR	6250.0
	IT	7450.0
Shanghai	HR	7650.0
	IT	7100.0

　　如果直接对分组进行聚合运算,结果为 Series。

```
In [3]    result2 = grouped['Salary'].mean()
          result2
```

对应的输出结果为

```
City       Department
Beijing    HR              6250.0
           IT              7450.0
Shanghai   HR              7650.0
           IT              7100.0
Name: Salary, dtype: float64
```

　　无论使用哪种聚合方式,聚合结果都将两个分组依据一起作为行标签,即多层索引形式,如图 4-23 所示。

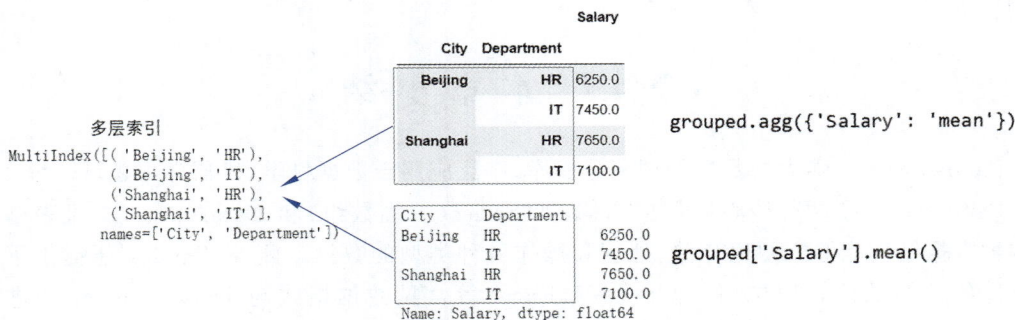

图 4-23　多层索引的聚合结果

　　当按照多层索引从 result1(DataFrame 对象)或 result2(Series 对象)获取数据时,方式相同。例如,获取"Beijing""HR"部门的平均工资,以 result1 为例,表达如下:

```
In [4]    result1.loc[('Beijing', 'HR')]
```

对应的输出结果为

```
6250.0
```

使用 reset_index()方法可以重置索引,将原有的索引列转换为数据列,并生成一个默认的整数索引,这个方法可以用来取消层次化索引。例如,重置 result1 的索引:

```
In[5]    result1.reset_index()
```

reset_index()操作后的结果如下:

	City	Department	Salary
0	Beijing	HR	6250.0
1	Beijing	IT	7450.0
2	Shanghai	HR	7650.0
3	Shanghai	IT	7100.0

在 Pandas 中,还可以使用 unstack()方法将层次化索引转换为普通的索引,重新排列数据结构。例如,对 result2 进行 unstack()运算:

```
In[6]    result2.unstack()
```

对应的输出结果为

Department	HR	IT
City		
Beijing	6250.0	7450.0
Shanghai	7650.0	7100.0

unstack()方法将内层的行标签 Department 取值转换为列标签,重新组织数据结构,得到一个普通索引的 DataFrame。对于该结构,可以更便捷地对原内层索引数据在列方向上进行统计分析。

总之,对于以多列数据作为分组依据的聚合结果,通常可以使用 reset_index()或 unstack()方法将层次化索引转换为普通索引,重新组织数据结构,以便更好地进行数据分析和可视化。

◇ 4.7 本 章 小 结

Pandas 是一个强大的数据处理和分析库,广泛应用于数据科学、机器学习领域。

Pandas 提供了两种核心的数据结构,即 Series(一维数组)和 DataFrame(二维表格),这两种数据结构能够方便地存储、处理和操作各种类型的数据。此外,Pandas 还提供了数据文件的读写功能,可以方便地将 CSV、Excel 等常见数据格式与 DataFrame 结构进行交互。

在数据分析过程中,数据清洗是必不可少的步骤。Pandas 提供了丰富的函数和方法轻松处理缺失值、重复值、异常值以及进行数据格式转换等,为后续工作提供了高质量的数据基础。

Pandas 提供了灵活而强大的数据操作功能,包括数据的选取、排序、合并、连接、分组等,可以对数据进行各种操作和转换。使用 Pandas,可以进行各种统计分析、聚合操作等,从而更好地理解数据特征,探索数据之间的关系,并支持决策和预测模型的建立。

总的来说,Pandas 在数据分析中扮演着至关重要的角色,简化了数据处理和分析的流程,提高了数据探索、处理和分析的工作效率。

◆ 4.8　习　　题

1. 设有如图 4-24 所示的 DataFrame 数据集,名称为 df,写出获取下列数据的表达式。

(1) Y 行数据。

(2) X 和 Z 行数据。

(3) A 列数据。

(4) A 和 C 列数据。

(5) Y 和 Z 行中的 A、C 两列数据。

2. 设有如图 4-25 所示的 DataFrame 数据集,名称为 df,则 df.sum() 的计算结果是 (　　),df.sum(axis=1) 的计算结果是(　　),df.max(axis=1) 的计算结果是(　　),df.median(axis=1) 的计算结果是(　　)。

```
0    111              0    10.0          0    100
1    222              1    20.0          1    200
2    333       A    15    2    30.0       2    300
3    444       B    150   3    40.0       3    400
4    555       C    1500  4    50.0       4    500
A. dtype: int64   B. dtype: int64   C. dtype: float64   D. dtype: int64
```

	A	B	C
X	1	10	100
Y	2	20	200
Z	3	30	300
P	4	40	400
Q	5	50	500

图 4-24　题 1 数据集

	A	B	C
0	1	10	100
1	2	20	200
2	3	30	300
3	4	40	400
4	5	50	500

图 4-25　题 2 数据集

3. 使用 sort_values() 方法时,如果要按照多个列进行排序,正确设置参数的方法是(　　)。

　　A. 使用 column 参数指定多个列　　　　B. 使用 by 参数指定多个列

　　C. 使用 sort_order 参数指定多个列　　D. 不支持按照多个列进行排序

4. 设有两个 DataFrame 数据集,分别为 sales_df 和 customer_df,如图 4-26 所示。

	order_id	product_id	quantity
0	1	101	5
1	2	102	3
2	3	103	2
3	4	104	4

(a) sales_df

	customer_id	customer_name
0	1	Alice
1	2	Bob
2	3	Charlie
3	4	David

(b) customer_df

图 4-26　题 3 数据集

使用 merge()函数将 sales_df 和 customer_df 根据 order_id 和 customer_id 进行合并，保留所有行。

5. 泰坦尼克号生存统计。Titanic.csv(编码格式为 UTF-8)文件中保存了 891 条泰坦尼克号的乘客信息。完成以下数据分析。

(1) 统计该数据集中全体乘客的平均生还率、不同舱位的生还率、不同性别的生还率。

(2) 将乘客的年龄按照儿童(1～14 岁)、青年(15～24 岁)、成年人(25～49 岁)、老人(50 岁以上)划分,统计各年龄段的生还率。

6. 对研究生录取数据集进行预处理。图 4-27 所示为加利福尼亚大学洛杉矶分校的研究生入学数据集(Admission_Predict.csv)的部分数据。

	Serial No.	GRE Score	TOEFL Score	University Rating	SOP	LOR	CGPA	Research	Chance of Admit
0	1	337	118	4	4.5	4.5	9.65	1	0.92
1	2	324	107	4	4.0	4.5	8.87	1	0.76
2	3	316	104	3	3.0	3.5	8.00	1	0.72
3	4	322	110	3	3.5	2.5	8.67	1	0.80
4	5	314	103	2	2.0	3.0	8.21	0	0.65

图 4-27　题 6 数据集的部分数据

完成以下数据预处理工作:

(1) 从数据集中删除 Serial No.、SOP、LOR、Research 字段。

(2) 对列标签重新命名,GRE Score(GRE 成绩)改为 GRE,TOEFL Score(托福成绩)改为 TOEFL,University Rating(大学评分)改为 prestige,CGPA(本科平均成绩)改为 GPA,Chance of Admit(录取机会)改为 Admit。

(3) 将数据集中以满分为 10 分表示的 GPA 成绩按比例修改为满分为 4 分的表示,保留小数点后两位。

(4) 将数据集中浮点数表示的录取机会改为 1、0,取值大于 0.75 的视为 1(录取),否则为 0(不录取)。

(5) 将由 GRE、TOEFL、prestige、GPA 和 Admit 字段组成的数据集存储为 CSV 文件。

7. 对学生成绩数据集进行数据处理和分析。Score.csv 文件(编码格式为 GBK)中存储了某班级 26 个学生的考试成绩,部分数据如图 4-28 所示。

学号	性别	工科物理	高等代数	概率论与数理统计	数据结构	数字逻辑	离散数学	加权成绩
1	男	98	92	88	85	96	99	92.00
2	男	86	79	90	75	94	96	86.13
3	男	65	缓考	73	63	62	缓考	64.74
4	男	95	84	93	80	88	95	89.46
5	男	96	90	84	76	89	93	87.79

图 4-28　题 7 数据集的部分数据

(1) 在数据集中,有些学生的课程为缓考状态,会影响对该课程的数据统计。首先对

"缓考"进行数据清洗,用该课程的平均成绩对其进行填充。

（2）重新计算学生的加权成绩。

（3）按照 0～59、60～69、70～79、80～85、86～100 将加权成绩分段,统计各分数段的人数,分析该班级的成绩特征。

8. 对餐厅点餐数据集进行数据分析。Meal_Order_Detail.xlsx 文件存储了某餐厅的一组点餐数据,完成以下数据分析。

（1）找出最不受欢迎的 5 个菜品,作为餐厅调整菜单的依据。

（2）计算点餐数据的利润额。计算方法为:订单金额在 500 元及以上的利润率为 15%,在 500 元以下的利润率为 10%。

（3）统计服务员的接单总数和平均金额。

9. 对葡萄酒数据集进行数据分析。winequality.csv 文件包含白葡萄酒样品和红葡萄酒样品的物理化学性质和质量等级,部分数据如图 4-29 所示。

	color	fixed_acidity	volatile_acidity	citric_acid	residual_sugar	chlorides	free_sulfur_dioxide	total_sulfur_dioxide	density	pH	sulphates	alcohol	quality
0	white	7.0	0.27	0.36	20.7	0.045	45.0	170.0	1.0010	3.00	0.45	8.8	6
1	white	6.3	0.30	0.34	1.6	0.049	14.0	132.0	0.9940	3.30	0.49	9.5	6
2	white	8.1	0.28	0.40	6.9	0.050	30.0	97.0	0.9951	3.26	0.44	10.1	6
3	white	7.2	0.23	0.32	8.5	0.058	47.0	186.0	0.9956	3.19	0.40	9.9	6
4	white	7.2	0.23	0.32	8.5	0.058	47.0	186.0	0.9956	3.19	0.40	9.9	6

图 4-29　题 9 数据集的部分数据

数据集中各字段的含义如图 4-30 所示。其中,酒精含量是判断一款葡萄酒质量的标准之一,使用酒精含量指标 alcohol 进行数据探索。

color	白葡萄酒/红葡萄酒
fixed_acidity	固定性酸
volatile_acidity	挥发性酸
citric_acid	柠檬酸
residual_sugar	残糖
chlorides	氯化物
free_sulfur_dioxide	游离二氧化硫
total_sulfur_dioxide	二氧化硫总量
density	密度
pH	酸度
sulphates	硫酸盐
alcohol	酒精含量
quality	质量评分

图 4-30　题 9 数据集各字段的含义

（1）利用酒精含量的中位数,研究酒精含量与葡萄酒质量评分之间的关系。

（2）利用酒精含量的分位数,将酒精含量分为 low_level、medium_level、mod_high、high_level 4 个等级。根据分组结果,统计白葡萄酒和红葡萄酒每个酒精含量等级的评分。

数据可视化

在大数据时代,数据正在改变人们的生活、工作和思维。为了将抽象的数据更直观地呈现给人们,发现数据中隐藏的信息和模式以辅助决策,数据可视化是必不可少的重要手段。

数据可视化的意义在于通过图表化和直观的方式展现数据,帮助人们更好地理解数据、发现信息、进行沟通和决策,是数据分析和应用中不可或缺的重要环节。

Python 拥有众多的可视化库,它们各具特色和优势。本章介绍 4 个广泛使用的可视化库:Matplotlib、Pandas 可视化接口、Seaborn 和 Pyecharts。选择适合需求的可视化工具,可以更好地提升数据分析与展示的效果。

◆ 5.1　可视化基础知识

本节介绍图表以及 Matplotlib 绘制图表的基础知识。

5.1.1　认识基本图表

异彩纷呈的可视化世界可以使用的图表非常多。在选择图表时,需要全面考虑要传达的信息,并根据数据的特点选择最合适的图表类型。

离散数据和连续数据具有不同的特征,对它们进行可视化时会采用不同类型的图表。

离散数据是指其取值只能采取一定数量的可能值。数值类型的离散数据通常不是连续的,而是以整数形式出现,如人数、投票数、网站访问量等;离散数据不局限于数值型数据,还包括各种不同类型的分类数据,如性别、血型、民族、课程名称等。对离散数据进行可视化的目的是展示数据的分布情况,通常采用柱状图、饼图等,如图 5-1 所示。

连续数据是指可以在一定范围内取任意值的数据。与离散数据不同,连续数据通常表示测量或观察到的现象,例如温度、身高、时间、长度等,可以包含无限个可能的取值。连续数据可视化的目的是展示数据的分布、趋势和关系,通常采用折线图、散点图、直方图、箱形图等,如图 5-2 所示。

5.1.2　Matplotlib 绘图基础知识

Matplotlib 是 Python 中一个基础的可视化库,它基于 NumPy 的数组运算,功

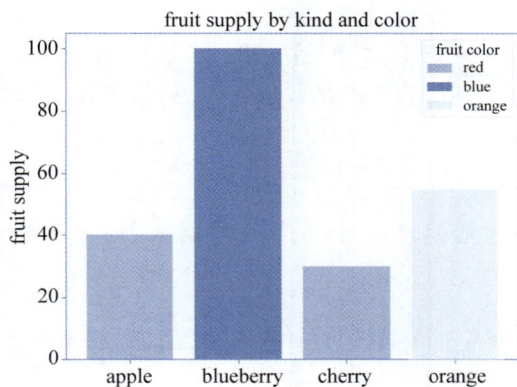

(a) 柱状图

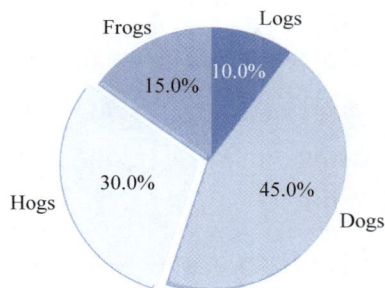

(b) 饼图

图 5-1 离散数据可视化的常用图表

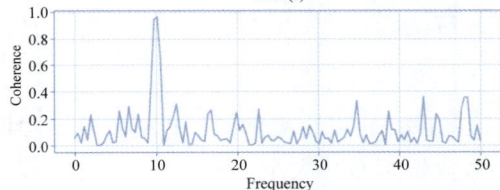

(a) 折线图

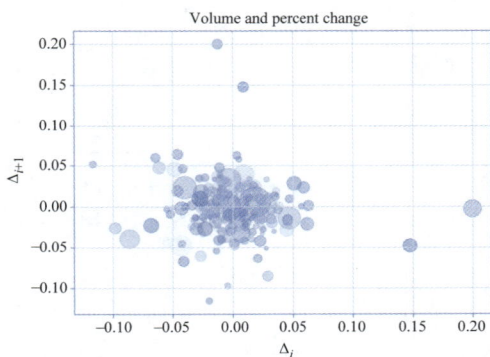

(b) 散点图

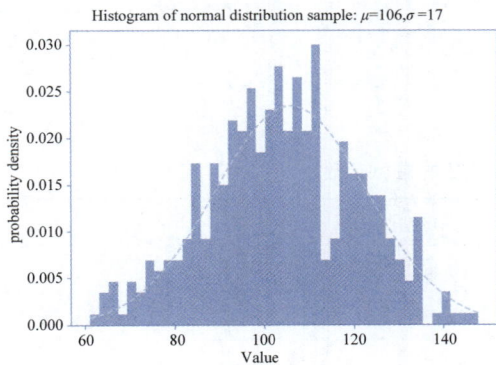

(c) 直方图

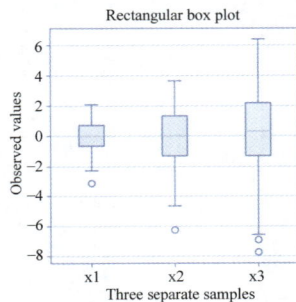

(d) 箱形图

图 5-2 连续数据可视化的常用图表

能非常强大,通过几行简单的代码便可创建出漂亮的二维或三维图表,包括折线图、柱状图、饼图、散点图等。Matplotlib 是学习可视化的基础。Matplotlib 的官方网站 https://matplotlib.org 提供了丰富的学习资源,通过 Examples 作品库可以学习、实践可视化的细节知识。

Matplotlib 是 Python 的第三方库,需要在下载和安装后使用。

Matplotlib 中的 pyplot 模块提供了类似于 MATLAB 的绘图接口。在使用 Matplotlib 进行数据可视化时,通常会导入 pyplot 模块,并利用其中的函数创建图表、设置样式和添加标签等。常用的导入语句如下:

```
import matplotlib.pyplot as plt
```

Matplotlib 绘图过程如图 5-3 所示,大致包括创建画布和子图、绘制图表、显示和保存图表 3 个步骤。

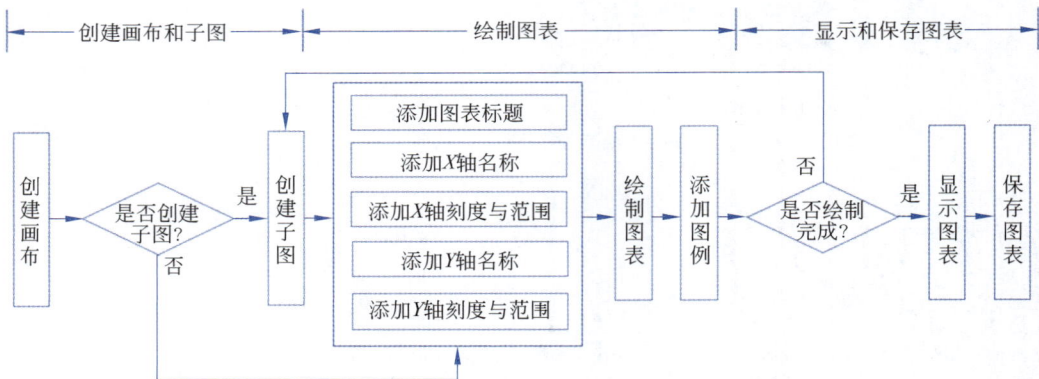

图 5-3　Matplotlib 绘图过程

1. 创建画布和子图

在 matplotlib.pyplot 中,画布指绘制图表的区域,pyplot 模块提供了一些函数管理和操作画布。figure() 函数创建一个新的画布,通过参数设置画布的大小、分辨率等属性。其语法格式如下:

```
matplotlib.pyplot.figure(num = None, figsize = None, dpi = None, *, facecolor =
None, edgecolor = None, frameon = True, FigureClass = <class 'matplotlib.figure.
Figure'>, clear = False, ** kwargs)
```

figure() 函数的常用参数如表 5-1 所示。

表 5-1　figure() 函数的常用参数

参　　数	说　　明
figsize	图表的宽度和高度,以英寸为单位,为元组类型,默认为(6.4,4.8)
dpi	图表的分辨率,单位为每英寸的像素点数(dpi),默认为 100
facecolor	设置图表的背景色
edgecolor	设置图表的边框颜色
frameon	控制是否绘制图表边框,默认为 True

如果不显式地创建画布,Matplotlib 库在绘制图表时自动创建一个默认的画布,并将图表绘制在该画布上。即,如果只想简单地绘制图表,而不需要设置特别的画布属性,则无须显式创建画布。

绘制图表时,可以将画布划分为多个区域,在不同区域绘制不同图表,每个区域被称为子图(subplot)。与子图相关的主要函数如表 5-2 所示。

表 5-2 与子图相关的主要函数

函　　数	功　　能
plt.subplot(nrows, ncols, index)	在当前画布上创建单个子图,通过指定网格布局中子图的行数(nrows)、列数(ncols)和索引位置(index)定义子图的位置,返回子图对象
plt.subplots(nrows, ncols)	返回用于创建包含多个子图的画布和包含所有子图对象的 ndarray 数组。通过指定行数(nrows)和列数(ncols)定义子图的布局,使用返回的子图对象数组访问和操作各子图
plt.subplots_adjust(wspace, hspace)	调整子图的间距,wspace 为子图之间的水平间距,hspace 为子图之间的垂直间距,间距为浮点数,表示子图宽度或高度的相应比例

subplot()函数将画布划分为 nrows 行、ncols 列子图组成的区域;index 选中要操作的子图的序号,按照 nrows 和 ncols 组成的布局从 1 开始。3 个参数配合可以创建不规则的指定布局。subplot()函数构建的子图布局如图 5-4 所示。

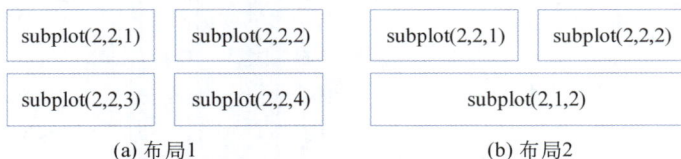

subplot(2,2,1)	subplot(2,2,2)
subplot(2,2,3)	subplot(2,2,4)

subplot(2,2,1)	subplot(2,2,2)
subplot(2,1,2)	

(a) 布局1　　　　　　　　　　　(b) 布局2

图 5-4　subplot()函数构建的子图布局

当 nrows、ncols 和 index 均为个位数时,可以将它们合并为一个数字,更简洁地表示子图的位置,使代码更加简洁明了。例如,subplot(2,2,1) 可以简写为 subplot(221)。这种表示方式不仅提高了代码的可读性,也简化了图表的布局配置。

subplot()函数返回每个子图对象,利用这些返回值,可以对各子图进行独立的设置和图表元素调整。

subplots_adjust()函数用于调整子图的间距和位置,防止子图之间过于拥挤。

【例 5-1】 绘制图 5-4 中的布局 1。

```
import matplotlib.pyplot as plt
ax1 = plt.subplot(221)                              #等价于 plt.subplot(2, 2, 1)
ax2 = plt.subplot(222)
ax3 = plt.subplot(223)
ax4 = plt.subplot(224)
plt.subplots_adjust(wspace = 0.5, hspace = 0.5)     #调整子图间距
plt.show()                                          #显示图表
```

subplots(nrows, ncols)函数根据指定的行数(nrows)和列数(ncols)直接创建多个规则排列的子图,subplots()函数的返回值是一个包含两个元素的元组,第一个元素是画布对象,第二个元素是包含所有子图的数组对象。

【例 5-2】 子图对象的使用。

下面的代码分别将 subplots()函数创建的子图保存在独立变量、元组和数组中,并绘制

图表。

```
import numpy as np
import matplotlib.pyplot as plt
x = np.linspace(0, 2 * np.pi, 400)          # X 轴数据
y = np.sin(x ** 2)                           # Y 轴数据
_, ax = plt.subplots()                       # 创建一个子图,第一个返回值为画布对象
ax.plot(x, y)
_, (ax1, ax2) = plt.subplot(1, 2)            # 创建 1 行 2 列共两个子图,存储在元组中
ax1.plot(x, y)
ax2.scatter(x, y)
_, axes = plt.subplots(2, 2)                 # 创建 2 行 2 列共 4 个子图,存储在数组中
axes[0, 0].plot(x, y)                        # 使用数组索引找到子图
axes[1, 1].scatter(x, y)                     # 使用数组索引找到子图
plt.show()
```

(a) 一个子图对象

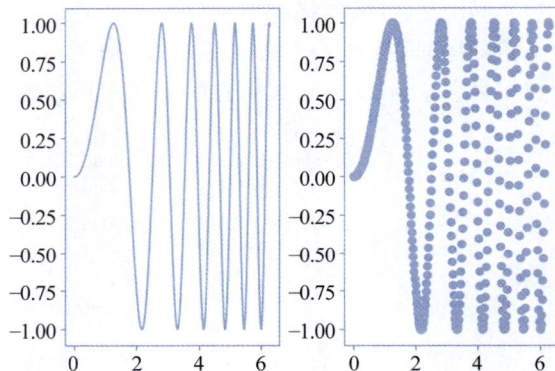

(b) 两个子图对象

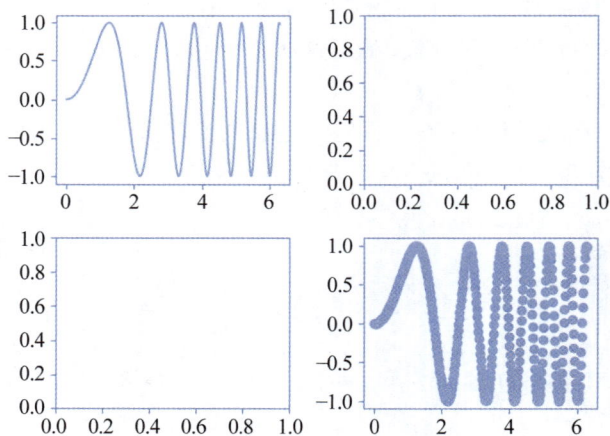

(c) 4 个子图对象

图 5-5　subplots( )函数创建子图示例

2. 绘制图表

在数据可视化中,常用的图表元素如图 5-6 所示。图表绘制在画布(figure)上,每个图

表对应一个子图,每个图表包含标题(title)、图例(legend)、线条(plot)、坐标轴标签(label)、
刻度范围(limit)、刻度值(tick)和注释(annotation)等元素。

图 5-6　常用的图表元素

与这些图表元素设置相关的函数如表 5-3 所示。

表 5-3　与设置图表元素相关的函数

函　　数	说　　明
plt.title()	设置图表标题
plt.legend()	在图表中添加图例
plt.xlabel() plt.ylabel()	设置 X、Y 轴标签
plt.xlim(xmin, xmax) plt.ylim(ymin, ymax)	设置 X、Y 轴刻度范围
plt.xticks() plt.yticks()	设置 X、Y 轴刻度值
plt.annotate()	添加注释

1) 标题

标题简明扼要地描述图表内容或重点信息。添加一个清晰的标题可以帮助用户快速理
解图表的主题和目的。

title()函数用于设置标题。其语法格式如下:

```
plt.title(label, fontdict = None, loc = None, ** kwargs)
```

title()函数的常用参数如表 5-4 所示。

表 5-4　title()函数的常用参数

参　　数	说　　明
label	要显示的标题文本
fontdict	字典类型,用于设置标题的字体属性,如大小、颜色等
loc	标题位置,默认为 center,可以为 left、right、center right、lower left、upper center 等

例如:

```
plt.title('Example Plot', fontsize = 16, color = 'blue', loc = 'right')
```

以上函数设置标题文本为 Example Plot,同时自定义标题的字体大小为 16,颜色为蓝色,位置居右。

2)图例

图例用于说明不同元素或数据系列的含义。用户通过图例可以更好地理解图表中的数据。

legend()函数用于添加图例。其语法格式如下:

```
plt.legend(labels = None, ** kwargs)
```

legend()函数的参数如表 5-5 所示。

表 5-5　legend()函数的参数

参　　数	说　　明
labels	要显示在图例中的标签文本列表,默认为 None。不指定 labels 参数时,使用绘图时指定的 label 参数作为图例的标签文本
** kwargs	关键字参数,用于设置图例的属性,例如位置、标题、边框样式等

例如,下面两段代码添加图例的效果相同,如图 5-7 所示。

```
#代码段 1
plt.plot(x, y1)
plt.plot(x, y2)
labels =['sin(x)', 'cos(x)']                        #指定标签文本
plt.legend(labels = labels, loc ='lower left') #添加图例
#代码段 2
plt.plot(x, y1, label ='sin(x)')                   #绘图时指定 label,作为图例标签文本
plt.plot(x, y2, label ='cos(x)')                   #绘图时指定 label,作为图例标签文本
plt.legend(loc ='lower left')                      #添加图例
```

3)坐标轴

坐标轴用于显示数据的数值范围,包括坐标轴标签、刻度范围和刻度值等,可以帮助用户更好地解读图表中的数据分布和趋势。X 轴和 Y 轴的设置是相似的,下面以 X 轴为例进行说明。xlabel()函数的语法格式如下:

```
plt.xlabel(xlabel, fontdict = None, labelpad = None, ** kwargs)
```

xlabel()函数设置 X 轴的标签,其常用参数如表 5-6 所示。

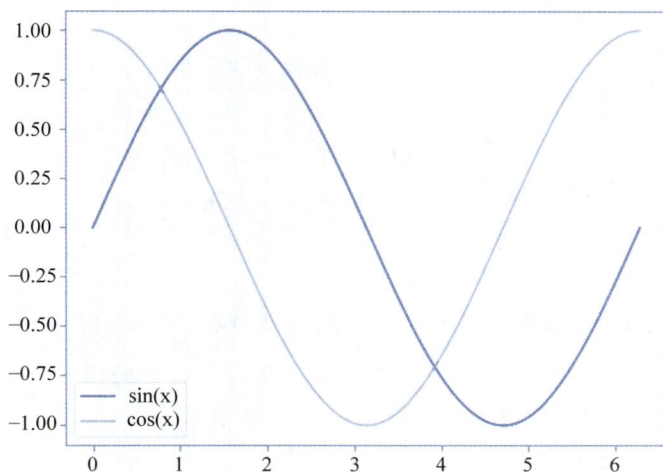

图 5-7 图例示例

表 5-6 xlabel()函数的常用参数

参 数	说 明
xlabel	要显示的 X 轴标签文本
fontdict	字典类型,设置标签的字体属性,如大小、颜色等
labelpad	标签与坐标轴之间的间距,以像素为单位

例如:

```
plt.xlabel('x-axis', fontsize = 12, color ='red', labelpad = 5)
```

以上函数设置 X 轴标签文本为 x-axis, X 轴标签的字体大小为 12,颜色为红色,标签与 X 轴之间的间距为 5 像素。

xlim()函数用于设置 X 轴的显示范围。其语法格式如下:

```
plt.xlim(left = None, right = None)
```

xlim()函数的参数如表 5-7 所示。

表 5-7 xlim()函数的参数

参 数	说 明
left	X 轴显示范围的左边界值
right	X 轴显示范围的右边界值

例如:

```
plt.xlim(1, 5)
```

以上函数设置 X 轴只显示范围为 1~5 的数据点。

xticks()函数用于设置 X 轴刻度的位置和标签。其语法格式如下:

```
plt.xticks(ticks = None, labels = None, ** kwargs)
```

xticks()函数的常用参数如表 5-8 所示。

表 5-8　xticks()函数的常用参数

参　　数	说　　明
ticks	指定刻度的位置，可以是一个列表或数组
labels	指定刻度位置处显示的标签，与 ticks 对应

例如：

```
plt.xticks([1, 2, 3, 4, 5], ['A', 'B', 'C', 'D', 'E'], fontsize = 12, color = 'blue')
```

以上函数设置 X 轴刻度的位置为 1、2、3、4、5，且每个位置的标签为 A、B、C、D、E，同时设置刻度的字体大小为 12，颜色为蓝色。

以上对 X 轴的设置效果如图 5-8 所示。

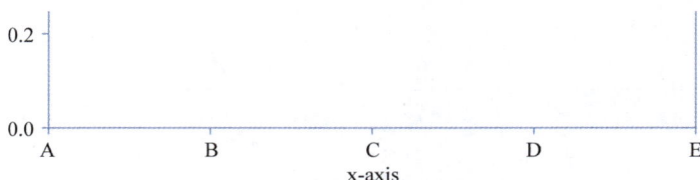

图 5-8　X 轴刻度及标签示例

4）注释

注释用于为图表中的元素提供额外信息，包括文本和箭头两种形式，实现对特定信进行标注。注释可以帮助用户更好地理解图表中的关键点或特殊数据。

annotate()函数用于将注释添加到图表的指定位置。其语法格式如下：

```
plt.annotate(text, xy, xytext = None, arrowprops = None, ** kwargs)
```

annotate()函数的常用参数如表 5-9 所示。

表 5-9　annotate()函数的常用参数

参　　数	说　　明
text	要显示的注释内容
xy	要注释的点的位置，为二元组（x，y）
xytext	要显示注释文本的位置，为二元组（x，y），默认为 None，与 xy 参数取值相同
arrowprops	用于设置箭头样式的字典，指定箭头颜色、宽度等。常用值如下： • arrowstyle：箭头的样式，例如"->"表示箭头朝向一端的直线箭头。 • color：箭头和连接线的颜色。 • linewidth：箭头和连接线的宽度

例如，下面的代码设置了注释文本及箭头，效果如图 5-9 所示。

```
plt.annotate('Max Value', xy = (4, 18), xytext = (3.7, 16), fontsize = 12, color =
'red', arrowprops = dict(arrowstyle = '->', linewidth = 1.5, color = 'red'))
```

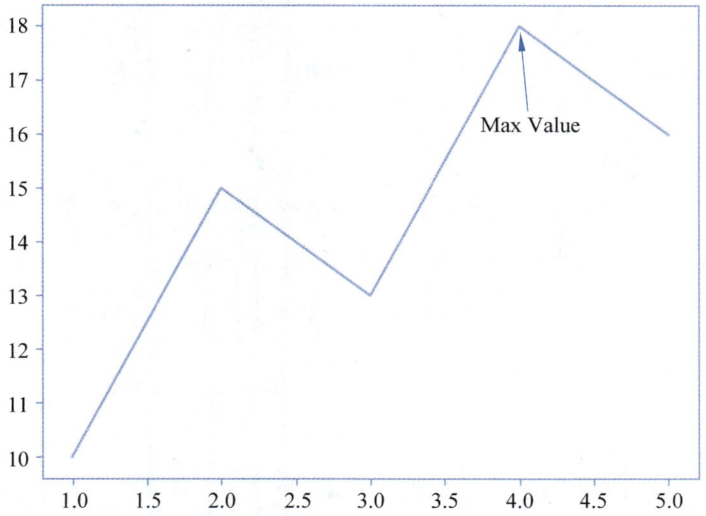

图 5-9　注释示例

被注释的数据点是(4，18)，为箭头的终点位置；注释文本 Max Value 出现在坐标(3.7，16)位置；箭头直线的宽度为 1.5，颜色为红色。

5) rcParams 变量

pyplot 默认情况下不支持中文显示，对于坐标轴中刻度值的负号也无法正常显示，这需要使用 pyplot 的 rcParams 变量对其进行如下设置：

```
plt.rcParams['font.sans-serif'] = 'SimHei'        #支持中文
plt.rcParams['axes.unicode_minus'] = False        #显示负号
```

其中，SimHei 为黑体，其他常用的中文字体包括 STSong(宋体)、FangSong(仿宋)、KaiTi (楷体)、LiSu(隶书)、STXihei(华文细黑)等。

rcParams 是 Matplotlib 的全局变量，存储了 Matplotlib 库中一些默认配置参数，例如，参数 figure.figsize 指定画布的默认大小为(6.4，4.8)，参数 font.size 指定默认的字体大小为10，参数 lines.linewidth 指定默认的线宽为 1.5 磅。对这些参数赋值可以改变默认设置。例如：

```
plt.rcParams['font.size'] = 12
```

将字号修改为 12，全局标题、标签等文字的大小都将随之改变。

3. 显示和保存图表

图表绘制完毕后，需要通过 plt.show()函数显示图表。如果没有调用 plt.show()函数，在运行代码时将无法直接查看图表。

除了显示图表，还可以使用 plt.savefig()函数将图表保存为文件。其语法格式如下：

```
plt.savefig(fname, dpi = None, quality = None, format = None, bbox_inches = 'tight',
pad_inches = 0.1)
```

savefig()函数的参数如表 5-10 所示。

表 5-10　savefig()函数的参数

参　　数	说　　明
fname	要保存的文件名,可以包含路径和文件格式
dpi	图像分辨率,每英寸点数,默认为 None
quality	仅适用于 JPEG 格式,图像质量范围从 1(最低质量)到 95(最高质量)
format	指定要保存的文件格式,例如 png、jpeg、pdf 等
bbox_inches	指定要保存的部分,tight 表示图像文件无多余空白边缘
pad_inches	表示图像边界周围的填充空间

例如:

```
plt.savefig('my_plot.png', dpi = 300)
```

以上函数将绘制的图表保存为名为 my_plot.png 的 PNG 文件,并设置分辨率为 300dpi。

◆ 5.2　Matplotlib 绘图

本节介绍如何使用 Matplotlib 绘制各种图表。

5.2.1　折线图

折线图(line chart)适用于展示数据随时间或有序数据变化的趋势,例如股票价格随时间的变化、温度随季节的变化等。折线图在展现变化幅度、进行多组数据对比和预测走势方面是简洁而有效的可视化方式。折线图在机器学习中经常用于绘制模型的评估曲线、分类边界等。

plot()函数用于绘制折线图,其 API 如下:

```
plt.plot (x, y, linestyle = '-', marker = None, color = None, label = None,
linewidth = None, markersize = None)
```

plot()函数使用多个参数控制绘图的外观和样式,其常用参数如表 5-11 所示。

表 5-11　plot()函数的常用参数

参　　数	说　　明
x	X 轴数据,可以是一个列表、数组或者 Series
y	Y 轴数据,可以是一个列表、数组或者 Series
linestyle	线条样式,默认为实线('-'),可选值还包括'--'(虚线)、'-.'(点画线)、':'(点线)等
marker	数据点标记样式,默认为无标记(None),常用取值包括 'o'(圆圈)、's'(方块)、'^'(三角形)等

续表

参　数	说　明
color	线条颜色，默认为蓝色（'b'），可以接受多种颜色表示方式，如十六进制字符串和 colormap 等
label	曲线标签，用于在图例中显示该曲线对应的名称
linewidth	线条宽度，默认为 1
markersize	标记大小，默认为 6

除了上述参数外，plt.plot()函数还支持其他参数，如设置透明度、绘制多条曲线、设置坐标轴范围等，可以根据需求调整参数。

1. 颜色

在 Matplotlib 中，颜色可以用多种方式表示，常用的方式包括颜色字符串、十六进制字符串以及 colormap（颜色图谱）。

Matplotlib 为一些常见的颜色定义了缩写形式，使用单个字母表示特定颜色。常用的颜色缩写及其对应的颜色如表 5-12 所示。

表 5-12　常用的颜色缩写及其对应的颜色

颜色缩写	颜　色	颜色缩写	颜　色
'b'	蓝色（blue）	'm'	品红色（magenta）
'g'	绿色（green）	'y'	黄色（yellow）
'r'	红色（red）	'k'	黑色（black）
'c'	青色（cyan）	'w'	白色（white）

RGB（Red，Green，Blue）是由红、绿、蓝三原色组成的颜色模型。RGB 颜色可以用十六进制字符串表示，该字符串以 ♯ 开头，后面跟随 6 位十六进制数，分别代表红、绿、蓝 3 个颜色通道的数值，例如，纯红色可以表示为♯FF0000。在各软件的调色板中都提供 RGB 颜色的十六进制表示。

colormap 是 Matplotlib 中的一种非常灵活和强大的颜色映射方式，可以将数值映射为不同的颜色。图 5-10 展示了 Matplotlib 的 colormap 方案（部分），该方案融合了色彩对比度、饱和度、色调平衡等美学元素，使颜色的运用具有美感，可视化表达具有易读性。

在图 5-10 中，左侧字符串为 colormap 的颜色名称。可以使用 plt.get_cmap()函数获取 colormap 对象。

【例 5-3】　应用 colormap 中的颜色绘图。

下面的代码使用 colormap 中的 flag 色图方案绘制图表。

```
import numpy as np
import matplotlib.pyplot as plt
x = np.linspace(0, 10, 100)
```

```
y1 = np.sin(x)
y2 = np.cos(x)
cmap = plt.get_cmap('flag')                           #返回 colormap 对象
colors = [cmap(i) for i in np.linspace(0, 1, 2)]      #生成两种不同颜色
plt.plot(x, y1, color = colors[0], label = 'Sin(x)')  #使用颜色 1
plt.plot(x, y2, color = colors[1], label = 'Cos(x)')  #使用颜色 2
plt.legend()
plt.show()
```

图 5-10　colormap 方案（部分）

绘图的效果如图 5-11 所示。

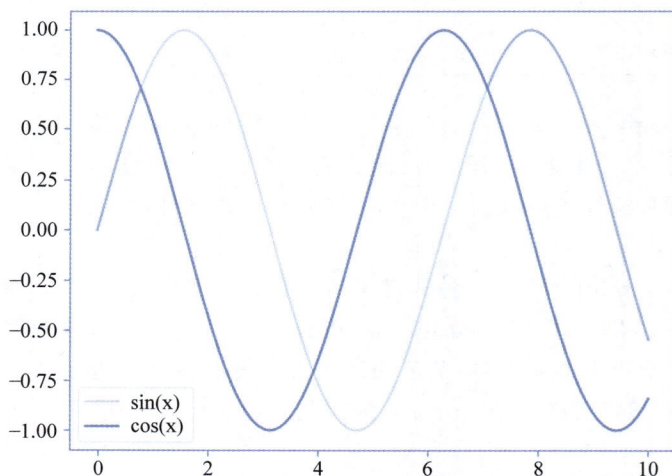

图 5-11　使用 colormap 中的颜色方案绘图的效果

colormap 常用在散点图、热力图等图表中以增强数据呈现效果。更多关于 colormap 的信息可查看官方文档 https://matplotlib.org/stable/gallery/color/colormap_reference.html。

2. 标记

标记用于在图表中标记数据点。

在折线图中,标记被用来标示每个数据点,突出显示数据的具体数值。通过标记,可以清楚地看到数据点在图上的位置。

Matplotlib 提供的常用标记如表 5-13 所示。这些标记的可视化效果如图 5-12 所示。

表 5-13　常用标记

标　记	意　义	标　记	意　义
'+'	加号	'.'	点
','	像素点	'o'	圆圈
'—'	水平线	's'	正方形
'×'	×	'd'	小菱形
'|'	竖线	'D'	大菱形
'>'	一角朝右的三角形	'*'	星号
'<'	一角朝左的三角形	'p'	五边形
'^'	一角朝上的三角形	'H'	六边形 2
'V'	一角朝下的三角形	'h'	六边形 1
		'8'	八边形

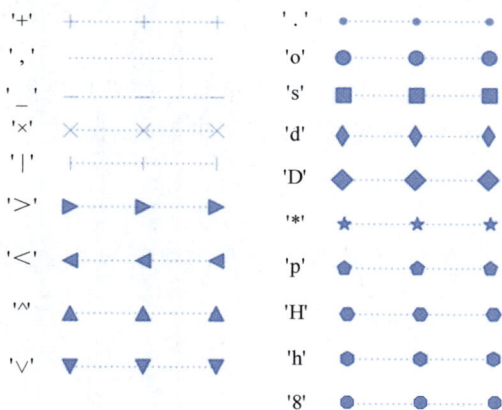

图 5-12　标记的可视化效果

【例 5-4】　使用不同的标记绘图。

下面的代码分别使用'o'和'd'作为标记绘制折线图,效果如图 5-13 所示。

```
import numpy as np
import matplotlib.pyplot as plt
x = np.linspace(0, 5, 10)
y = x ** 2
plt.plot(x, y, marker ='o')          #或者 plt.plot(x, y, marker ='d')
plt.show()
```

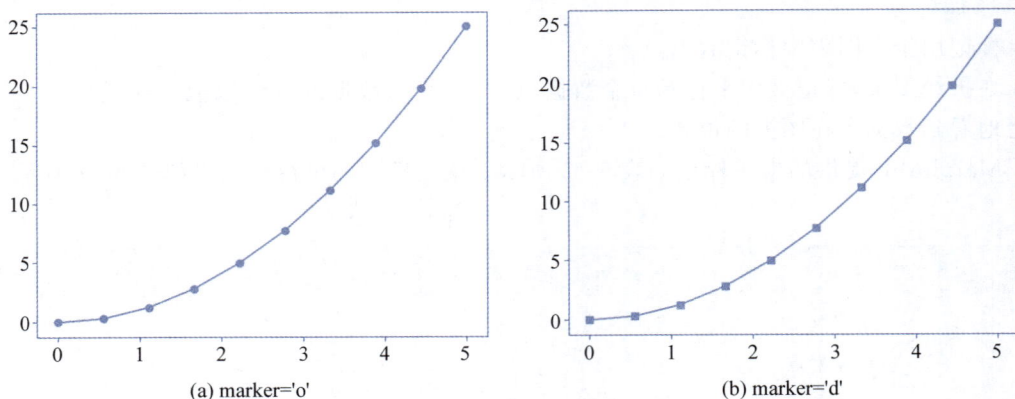

图 5-13　标记示例

标记也可以应用于其他类型的图表。例如,在散点图中,展示两个变量之间的关系时,每个数据点代表一个观测值。此时,用标记表示不同数据点的形状,可以更好地区分不同变量的数据。

为了简化代码,plt.plot()函数允许将颜色、线型和标记合并写在一个字符串中。例如,绘制一条红色虚线带圆点标记的线条,可以简写如下:

```
plt.plot(x, y, 'r--o')
```

它与下面的语句是等价的:

```
plt.plot(x, y, color ='r', linestyle ='--', marker ='o')
```

3. 数据参数

在 plt.plot()函数中,x 和 y 分别代表数据参数。如果只提供一个参数,它会被自动视为 Y 轴数据,而 X 轴数据则会根据数据个数从 0 开始自动生成。

例如,如下代码绘制的折线图如图 5-14 所示。

```
data = np.arange(1,10)
plt.plot(data)          #data 默认为 Y 轴数据,X 轴为[0, 8]
```

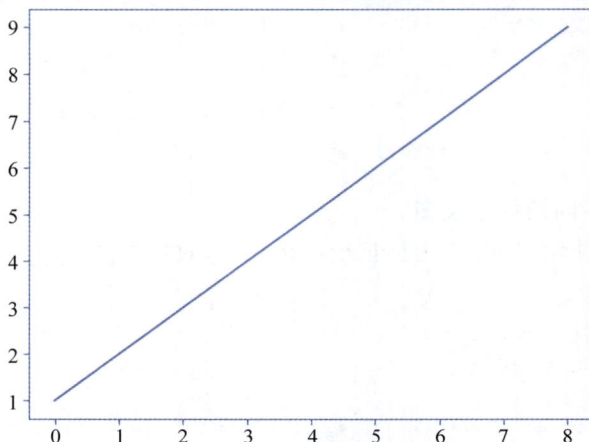

图 5-14　折线图示例

【例 5-5】　绘制图 5-6 所示的折线图。

该折线图对应的代码如下：

```
import matplotlib.pyplot as plt
data =[74.64, 83.2, 91.93, 98.65, 101.36, 114.92, 120.47]
                                                      # Y轴序列数据
plt.plot(data, label ='GDP')                          # X轴自动为[0, 6]
plt.title('2016～2022 GDP: Trillion')                 # 标题
plt.xlabel("year")                                    # X轴标签
plt.ylabel("GDP")                                     # Y轴标签
labels =[str(year) for year in range(2016, 2023)]     # 刻度标签
plt.xticks(range(0, 7), labels = labels)              # 将X轴刻度映射为字符串
plt.ylim(65, 125)                                     # Y轴刻度范围
plt.legend(loc ='upper right')                        # 在右上角显示图例
plt.annotate('turning point', xy = (4, 100), xytext = (4, 92),
    arrowprops = dict(arrowstyle ='->'))              # 注释
plt.show()
```

5.2.2　柱状图

柱状图(bar chart)用于展示分类数据之间的比较,其中每个分类对应一个矩形条,矩形条的高度表示相应数据的数值大小。矩形条与 X 轴平行称为条形图,矩形条与 X 轴垂直称为柱状图。柱状图在数据探索过程中可以用于展示数据的分布情况。例如,可以使用柱状图显示不同类别的频数或占比,从而理解数据的分布情况和类别之间的比例关系。

bar()函数用于绘制柱状图,其 API 如下：

```
plt.bar(x, height, width = 0.8, bottom = None, align ='center', ** kwargs)
```

bar()函数的参数如表 5-14 所示。

表 5-14　bar()函数的参数

参　　数	说　　明
x	指定柱状图的 X 坐标位置,通常为序列,表示每个矩形条的 X 坐标
height	指定矩形条的高度,通常为序列,每个元素对应一个矩形条的高度
width	可选参数,指定矩形条的宽度,默认值为 0.8
bottom	可选参数,指定矩形条的底部位置,即起始高度,默认值为 None,表示从 0 开始绘制
align	可选参数,指定矩形条的对齐方式,默认值为 center,表示矩形条在 X 坐标上居中对齐
kwargs	其他可选参数,用于设置矩形条的颜色、边框样式等,例如,color 控制矩形条的颜色,edgecolor 控制边框颜色,alpha 控制透明度

表 5-15 为我国 2021 年第七次全国人口普查人口年龄构成数据(部分)。下面基于该数据进行柱状图绘制。

表 5-15 第七次全国人口普查人口年龄构成数据（部分）

地 区	0～14 岁占比/%	15～59 岁占比/%	60 岁及以上占比/%
北 京	11.84	68.53	19.63
上 海	9.80	66.82	23.38
广 东	18.85	68.80	12.35
河 南	23.14	58.78	18.08
四 川	16.10	62.19	21.71
浙 江	13.45	67.85	18.70
西 藏	24.53	66.95	8.52

【例 5-6】 绘制 60 岁及以上老龄人口占比柱状图。

设 labels 为 X 轴刻度文本，elderly_population 为 Y 轴数据序列，绘制时为图表添加图例标签，在每个矩形条上方显示数据标签。代码如下：

```
import numpy as np
import matplotlib.pyplot as plt

plt.rcParams['font.sans-serif'] = 'SimHei'
    plt.title("第七次全国人口普查数据")                        #图标题
    x = np.arange(7)                                         #X轴数据
    elderly_population = np.array([19.63, 23.38, 12.35, 18.08, 21.71, 18.70,
    8.52])
    chart = plt.bar(x, elderly_population, label = "老龄人口占比")   #绘制
    plt.bar_label(chart, label_type = "edge")               #为每个矩形条添加数据标签
    labels = ['北京', '上海', '广东', '河南', '四川', '浙江', '西藏']
    plt.xticks(x, labels)                                   #设置X轴刻度文本
    plt.legend()
    plt.show()
```

绘图结果如图 5-15 所示。

在 Matplotlib 中使用 bar_label() 函数为柱状图添加数据标签。其语法格式如下：

```
plt.bar_label(bars, labels = None, *, label_type = 'edge', label_padding = 0.5,
** kwargs)
```

bar_label() 函数的常用参数如表 5-16 所示。

表 5-16 bar_label() 函数的常用参数

参 数	说 明
bars	必选参数，表示要添加数据标签的矩形条对象
labels	可选参数，表示要显示的标签内容。如果未指定，则默认显示每个矩形条的数值
label_type	可选参数，决定了标签的位置，取值包括 edge（默认）和 center。edge 将标签显示在矩形条的顶部或底部，取决于矩形条的方向；center 将标签显示在矩形条的中心位置

柱状图可以同时展示多个数据序列，称为簇状柱状图，如图 5-16 所示。

第七次全国人口普查数据

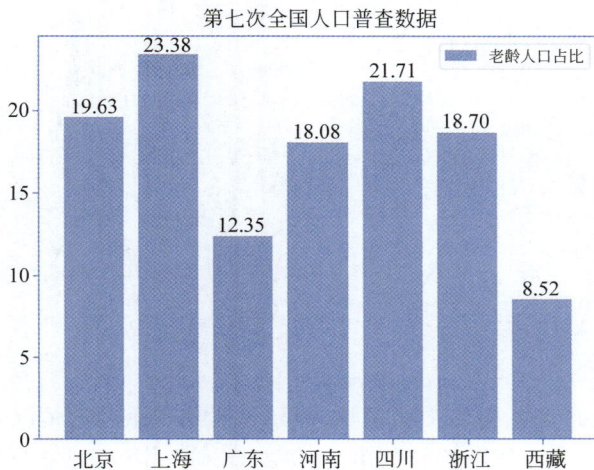

图 5-15　老龄人口占比柱状图

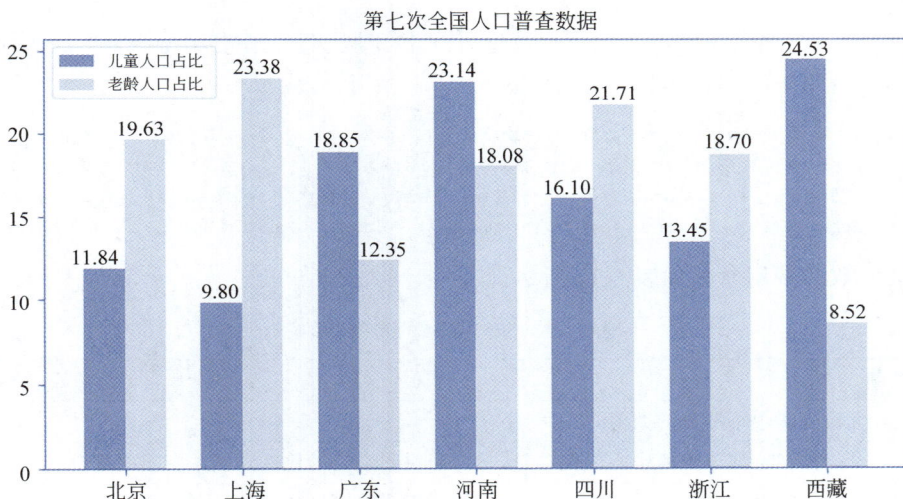

第七次全国人口普查数据

图 5-16　儿童及老龄人口占比簇状柱状图

【例 5-7】　绘制儿童和老龄人口占比簇状柱状图。

为了使多个数据序列依次排列,需要指定它们在 X 轴上的位置。通过调整宽度,可以将刻度值放置在序列的中央。

具体的做法是,设每个矩形条的宽度为 bar_width,将儿童人口占比的矩形条的中心放置在 x－bar_width/2 处,将老龄人口占比的矩形条的中心放置在 x＋bar_width/2 处。代码如下:

```
import numpy as np
import matplotlib.pyplot as plt
plt.rcParams['font.sans-serif'] = 'SimHei'
plt.figure(figsize = (9, 5))
plt.title("第七次全国人口普查数据")
x = np.arange(7)                                    # X 轴数据
# Y 轴两组数据
```

```
children_population = np.array([11.84, 9.80, 18.85, 23.14, 16.10, 13.45, 24.53])
elderly_population = np.array([19.63, 23.38, 12.35, 18.08, 21.71, 18.70, 8.52])
bar_width = 0.35                                  #矩形条宽度
chart1 = plt.bar(x - bar_width / 2, children_population, width = bar_width,
    label = "儿童人口占比")
chart2 = plt.bar(x + bar_width / 2, elderly_population, width = bar_width,
    label = "老龄人口占比")
plt.bar_label(chart1)                             #添加数据标签
plt.bar_label(chart2)                             #添加数据标签
labels = ['北京', '上海', '广东', '河南', '四川', '浙江', '西藏']
plt.xticks(x, labels)
plt.legend()
plt.show()
```

如果 X 轴每个矩形条的标签文字过长，导致显示出现重叠的情况，可以在 plt.xticks()
函数中增加 rotation 参数设置其旋转的角度，例如，rotation＝45 使标签旋转 45°。

5.2.3 饼图

饼图(pie chart)是一种常用的数据可视化图表，用于展示数据中各部分与整体的比例关系。
pie()函数用于绘制饼图，其 API 如下：

```
plt. pie (x, explode = None, labels = None, colors = None, autopct = None,
pctdistance = 0.6, shadow = False, labeldistance = 1.1, startangle = 0, radius = 1,
counterclock = True, wedgeprops = None, textprops = None, center = (0, 0), frame =
False, rotatelabels = False, *, normalize = True, hatch = None, data = None)
```

pie()函数的常用参数如表 5-17 所示。

表 5-17 pie()函数的常用参数

参　　数	说　　明
x	饼图中每部分的数值
explode	控制每部分距离中心的偏移量(相对于饼图半径的比例)，用来突出某部分
labels	饼图中每部分的标签文本(饼图外部)，用于对扇形区域数据进行说明
autopct	控制饼图上显示每部分的百分比标注文本(饼图内部)格式
colors	每部分的颜色
startangle	起始角度，顺时针方向，默认从 0 开始。改变起始角度可以增加饼图的动感
counterclock	饼图的绘制方向，默认为 True，为逆时针绘制

pie()函数有 3 个返回值，如表 5-18 所示。利用它们可以进一步自定义或者操作饼图的
各元素，例如调整标签字体大小、颜色或者添加其他装饰等。

表 5-18 pie()函数的返回值

返　回　值	说　　明
wedges	饼图的每个扇形对象列表
texts	饼图中每个扇形的标签文本对象列表
autotexts	饼图中百分比标注文本对象列表

【例 5-8】　绘制北京地区的人口比例饼图。

设目标饼图如图 5-17 所示,绘制时令 0~14 岁儿童数据偏离中心,百分比数据显示小数点后两位,各标签文本字号设置为 14,起始数据从 150° 开始以增加饼图的动感。

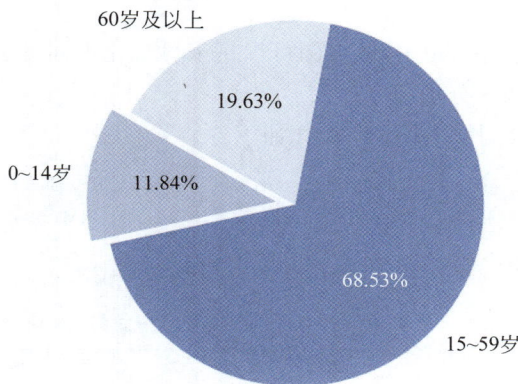

图 5-17　北京地区的人口比例饼图

代码如下:

```
import matplotlib.pyplot as plt
plt.rcParams['font.sans-serif'] = 'SimHei'
data = [11.84, 68.53, 19.63]                    #百分比,逆时针展示
explode = (0.1, 0, 0)                           #距离中心的偏移量
labels = ["0~14 岁", "15~59 岁", "60 岁及以上"]  #标签文本
colors = ["#FF7F0E", "#2CA02C", "#FFC100"]
_, texts, autotexts = plt.pie(data, explode = explode,
                        labels = labels,
                        colors = colors,
                        autopct = "%.2f%%", #百分比格式
                        startangle = 150)
for text in texts:                              #设置扇形区域外标签文本字号
    text.set_fontsize(14)
for text in autotexts:                          #设置扇形区域内百分比标注文本字号
    text.set_fontsize(14)
plt.axis("equal")                               #保证饼图是圆形
plt.show()
```

5.2.4　散点图

散点图(scatter plot)是一种用于展示两个变量之间关系的图表类型。在散点图中,每个点的位置由两个变量的数值决定,其中一个变量对应于 X 轴,另一个变量对应于 Y 轴。

散点图在数据分析和机器学习中起着重要的作用,它可以帮助用户观察和理解数据之间的关系,发现模式、趋势和异常值。散点图的常见用途如下:

(1)探索数据分布。通过散点图可以直观展示数据点的分布情况,有助于发现数据集中的聚集区域、离群点等特征。

(2)变量关系可视化。散点图可以用来显示两个变量之间的关系,例如正相关、负相关或无关系等,帮助用户理解变量之间的相互作用。

（3）特征选择。在特征工程中，可以使用散点图观察特征与目标变量之间的关系，从而选择最相关的特征进行建模。

（4）异常检测。通过观察散点图中的离群点，可以帮助用户识别数据集中的异常值，进而对数据进行清洗和预处理。

（5）分类问题。在分类问题中，散点图可以用来可视化不同类别之间的分布情况，有助于理解类别之间的界限和区分度。

scatter()函数用于绘制散点图，其 API 如下：

```
plt.scatter(x, y, s = None, c = None, marker = None, cmap = None, norm = None, vmin = None, vmax = None, alpha = None, *, data = None, ** kwargs)
```

scatter()函数的常用参数如表 5-19 所示。

表 5-19　scatter()函数的常用参数

参　　　数	说　　　明
x	散点的 X 坐标
y	散点的 Y 坐标
s	散点的大小，可以是一个标量或与 x、y 等长的数组
c	散点的颜色。可以是一个颜色名称或颜色代码，表示所有散点都显示为相同的颜色；也可以是与 x 和 y 同长度的数组或列表，每个元素对应一个散点的颜色；可以是数值数组或列表，数值按照 cmap 参数被映射为颜色信息
marker	散点的标记样式，默认为圆圈，表示方法与表 5-13 相同
cmap	颜色图谱，默认值为 viridis
vmin	颜色映射的最小值
vmax	颜色映射的最大值
alpha	散点的透明度，对某些特殊的点应用透明度可以起到重点标示的效果

【例 5-9】 绘制随机散点图。

使用 np.random.rand()函数生成 0～1 均匀分布的随机浮点数，作为 x、y、颜色以及散点大小的取值依据。

```
import numpy as np
import matplotlib.pyplot as plt
x = np.random.rand(50)
y = np.random.rand(50)
color = np.random.rand(50)              #散点的颜色,被映射为颜色图谱中的颜色
size = 500 * np.random.rand(50)         #散点的大小
chart = plt.scatter(x, y, s = size, c = color,cmap = plt.get_cmap("gnuplot"), vmin = 0, vmax = 1)
plt.colorbar(chart)                     #显示颜色图谱的颜色条
plt.show()
```

代码利用 vmin 和 vmax 设置了颜色映射的取值范围，并使用 plt.colorbar()函数将颜色条显示在散点图右侧，效果如图 5-18 所示。

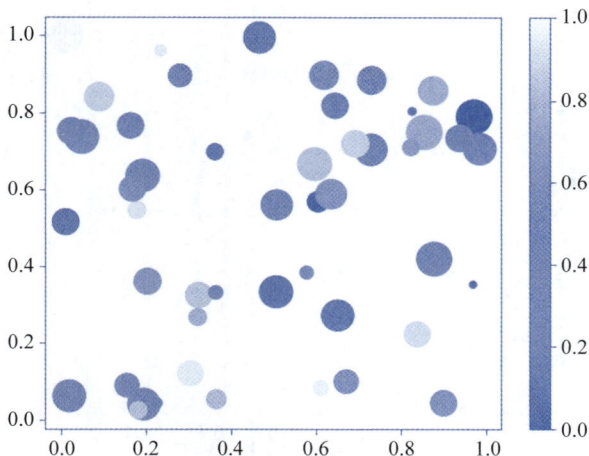

图 5-18　随机散点图

【例 5-10】　使用散点图可视化鸢尾花数据集。

使用散点图可视化 3 种鸢尾花数据的分布,观察类别之间的界限和区分度。

```
import numpy as np
import matplotlib.pyplot as plt
from sklearn.datasets import load_iris
iris = load_iris()                              #加载鸢尾花数据集
data = iris.data                                #获取特征值数组,每个样本 4 个特征值
target = iris.target                            #获取目标值数组,取值为 0、1、2
#按照目标值筛选出 3 种鸢尾花数据
setosa = data[target == 0]
versicolor = data[target == 1]
virginica = data[target == 2]
#获取特征值。0: sepal length,1: sepal width
plt.scatter(setosa[:, 0], setosa[:, 1], label = "setosa", marker ='^')
plt.scatter(versicolor[:, 0], versicolor[:, 1], label = "versicolor", marker ='o')
plt.scatter(virginica[:, 0], virginica[:, 1], label = "virginica", marker =' * ')
plt.xlabel("sepal length (cm)")
plt.ylabel("sepal width (cm)")
plt.legend()
plt.show()
```

可视化的结果如图 5-19 所示,可见从 sepal length 和 sepal width 两个特征看,versicolor 与 virginica 两种鸢尾花是线性不可分的。

5.2.5　直方图

直方图(histogram)是一种常用的统计图表,用于表示数据的分布情况。直方图将数据分成若干箱子(bin),统计每个箱子中数据的频数或频率,然后以矩形条展示这些频数或频率,从而呈现出数据的分布特征。

直方图在数据分析和机器学习中有着广泛的应用,以下是一些常见的应用场景:

(1)数据探索。通过直方图可以快速了解数据的分布情况,包括中心位置、离散程度、

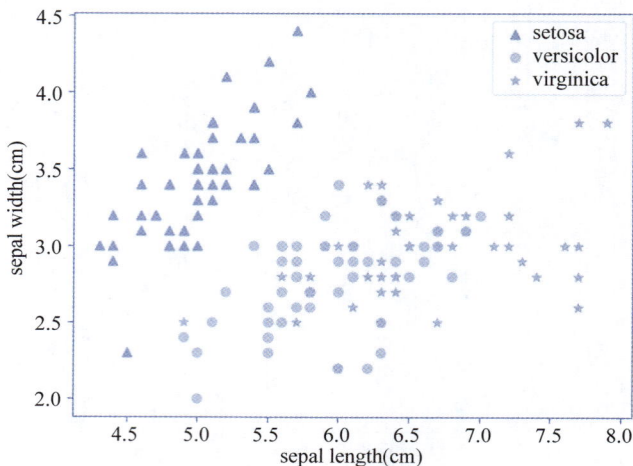

图 5-19　鸢尾花数据集散点图

偏态(正偏和负偏)等特征,从而为数据的进一步分析提供基础。

(2)特征工程。在机器学习中,特征工程是非常重要的一个步骤,直方图可以辅助选择最优的特征。例如,在分类任务中,可以使用直方图比较不同特征的分布情况,从而选择最能区分不同类别的特征。

(3)数据预处理。在数据预处理中,直方图也有着重要的应用。例如,在数据归一化时,可以使用直方图检查数据是否符合正态分布。如果数据不符合正态分布,可以尝试进行对数变换、指数变换等改善数据的分布情况。

hist()函数用于绘制直方图,其 API 如下:

```
plt.hist(x, bins = None, range = None, density = False, weights = None, cumulative
= False, bottom = None, histtype = 'bar', align = 'mid', orientation = 'vertical',
rwidth = None, color = None, label = None, stacked = False, normed = None, data =
None, ** kwargs)
```

hist()函数的常用参数如表 5-20 所示。

表 5-20　hist()函数的常用参数

参　数	说　　明
x	要绘制直方图的数据
bins	直方图的箱子数量或分布方式。bins 为整数表示将数据分成指定数值的等宽的箱子;为一个序列时,指定每个箱子的边界位置,例如,bins=[0, 10, 20, 30]表示将数据分成 3 个箱子,边界分别为 0、10、20 和 30;bins 还可以使用一些特殊字符串指定分箱方式,如 auto、sturges、fd、doane 等,它们代表不同的分箱算法
range	用于限定要绘制直方图的数据取值范围
density	表示是否对直方图进行归一化,默认为 False,此时 hist()函数将绘制原始数据的频数分布情况;当 density 为 True 时,hist()函数会将直方图的纵轴从频数转换为概率密度,即每个箱子中数据点的相对比例

通过直方图,可以直观地看到数据的分布情况,但是它对于数据分布的平滑程度和连续

性并不能提供直接的信息。密度曲线(density curve)通过核密度估计(kernel density estimation)等方法对数据的概率密度进行估计,通过平滑地连接数据点展示数据的概率密度分布,能够更准确地描述数据分布的特征。

通过将密度曲线绘制在直方图顶部,可以在直观了解数据的频数或频率分布的同时也直观地了解数据的概率密度分布情况。密度曲线通过 Seaborn 库的 kdeplot()函数绘制。

【例 5-11】 绘制带有密度曲线的正态分布直方图。

使用 np.random.normal()函数生成 10 000 个正态分布的数据,指定其均值和标准差,将它们分为 50 个箱子,绘制直方图展示概率密度,并使用 kdeplot()函数绘制密度曲线。代码如下:

```
import numpy as np
import matplotlib.pyplot as plt
import seaborn as sns
mu = 100                                        #均值
sigma = 20                                      #标准差
x = np.random.normal(mu, sigma, 10000)          #生成数据
plt.hist(x, 50,                                 #将数据 x 分为 50 个等宽的箱子
        density = True,                         #展示概率密度
        color = 'g',                            #箱子的颜色
        alpha = 0.75)                           #透明度
plt.xlim(40, 160)
plt.ylim(0, 0.022)
plt.text(60, 0.02, r'$\mu = 100,\sigma = 20$')  #文本注释
plt.grid(True)                                  #显示网格线
sns.kdeplot(x, linestyle ='--')                 #绘制密度曲线
plt.show()
```

绘制的直方图如图 5-20 所示。

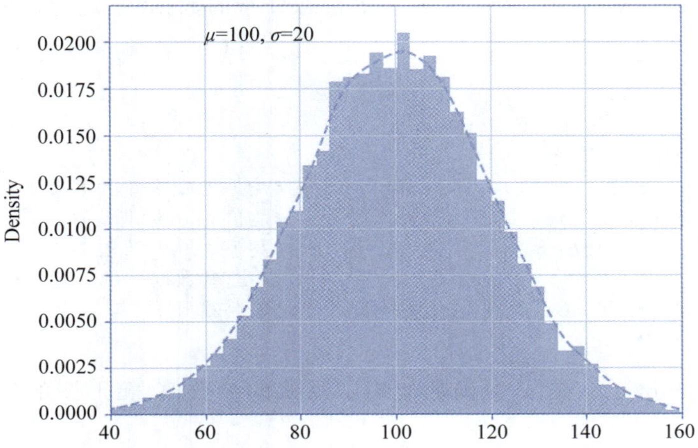

图 5-20 正态分布数据的直方图和密度曲线

5.2.6 箱形图

箱形图(box plot)也是一种用于展示数据分布情况的图表,它可以显示出数据的中位

数、四分位数、离群值等信息。箱形图由 5 个数值点组成,自下而上依次为最小值、下四分位数(Q1)、中位数(Q2)、上四分位数(Q3)和最大值。

箱形图通常由一个矩形框和两条须(whisker)组成。矩形框的上下边缘分别对应上四分位数和下四分位数,矩形框内部的线条代表中位数。须通常指的是从矩形框边缘向外延伸的线段,可通过设置参数调整其长度或是否显示。

箱形图可以用于比较不同组之间的数据分布情况,以及检测数据中是否存在异常值(离群值)。如果某个数据点的值远大于或远小于其他数据点,就可能会被认为是一个离群值。在箱形图中,离群值通常被表示为单独的点,位于须的外部。

boxplot()函数用于绘制箱形图,其 API 如下:

```
plt.boxplot(x, notch = None, sym = None, vert = None, whis = None, labels = None)
```

boxplot()函数的常用参数如表 5-21 所示。

表 5-21 boxplot()函数的常用参数

参 数	说 明
x	要展示分布的数据集,可以是一个列表、数组或者多个列表、数组。如果只有一个数据集,可以将其直接传递给参数;如果有多个数据集绘制在同一个箱形图中,可以将它们放在一个列表或数组中,然后将这个列表或数组传递给参数 x
notch	默认值为 None,如果设置为 True,则在箱体中绘制凹口
sym	指定离群点的样式,默认值为 None
vert	默认值为 True;如果设置为 False,则绘制水平箱形图
whis	指定须的长度,以 IQR(四分位距,Q3−Q1)的倍数表示,默认值为 1.5

【例 5-12】 绘制 3 个随机数据集的箱形图。

使用 np.random.normal()函数生成 3 组正态分布的数据,指定它们的均值和标准差,绘制箱形图。代码如下:

```
import numpy as np
import matplotlib.pyplot as plt
#生成 3 组不同样本的数据
data_A = np.random.normal(0, 1, 100)        #均值为 0,标准差为 1
data_B = np.random.normal(0, 2, 100)        #均值为 0,标准差为 2
data_C = np.random.normal(0, 3, 100)        #均值为 0,标准差为 3
data =[data_A, data_B, data_C]              #将这些数据放在一个列表中
plt.boxplot(data, labels =['A', 'B', 'C'])  #绘制箱形图
plt.show()
```

上述代码中的 plot.boxplot()函数使用了默认的参数值,箱形图的外观如图 5-21(a)所示。

如果改为如下语句:

```
plt.boxplot(data, labels =['A', 'B', 'C'], notch = True, sym = 'b+', whis = 2)
```

notch 参数为 True 时,在箱体中绘制凹口;sym 参数将离群点的样式指定为蓝色加号;whis参数指定须的长度为 2 倍的四分位距。此时箱形图的外观如图 5-21(b)所示。

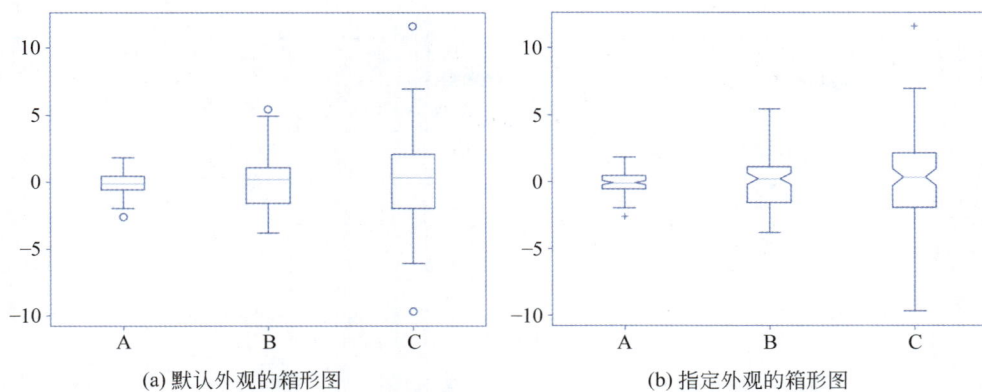

(a) 默认外观的箱形图　　　　　　　　(b) 指定外观的箱形图

图 5-21　箱形图示例

◇ 5.3　Pandas 可视化接口

Pandas 的绘图功能基于 Matplotlib 库,Series 和 DataFrame 对象都具有 plot()方法。与 Matplotlib 绘图相比,Pandas 的绘图功能有以下优点:

(1)简洁性和便捷性。Pandas 的绘图功能基于 Series 和 DataFrame 对象,使得在数据分析过程中可以直接调用 plot()方法生成图表。这种设计允许用户在数据分析时轻松进行可视化分析,从而更好地理解数据。

(2)默认参数提供绘图基本信息。Pandas 的绘图方法在设计时考虑到了用户友好性,提供了许多默认参数设置,例如默认颜色、标签、图例等,即使不做额外设置,也可以生成具有基本信息的美观图表。

尽管 Pandas 的绘图功能提供了便捷和简单的绘图方式,但在需要更高定制化和复杂图表时,Matplotlib 仍然是一个理想的选择。在实际应用中,用户可以根据需求选择使用 Pandas 或 Matplotlib 进行数据可视化,甚至将两者结合使用,以实现最佳的绘图效果和灵活性。

使用 Pandas 绘图时,多数图表都是通过 plot()方法绘制的,同时,图表中各种元素的设置也是通过 plot()方法的参数一并指定的。plot()方法的常用参数如表 5-22 所示。

表 5-22　**Pandas 的 plot()方法的常用参数**

参　数	说　明
kind	绘图类型。'line':折线图,为默认值;'bar':垂直柱状图;'barh':水平柱状图;'hist':直方图;'box':箱形图;'pie':饼图;'scatter':散点图
figsize	画布的尺寸
title	图表标题,字符串
color	画笔颜色,同 Matplotlib 库
grid	图表是否有网格,默认值为 None,没有网格
fontsize	坐标轴(包括 X 轴和 Y 轴)刻度的字体大小,整数,默认值为 None

续表

参　数	说　　明
alpha	透明度，值为 0～1 浮点数，值越大颜色越深
use_index	默认为 True，用行索引作为 X 轴刻度
linewidth	绘图线宽
linestyle	绘图线型，同 Matplotlib 库
marker	标记，同 Matplotlib 库
xlim、ylim	X 轴和 Y 轴的范围，以二元组形式表示最小值和最大值
xlabel、ylabel	X 轴和 Y 轴的标签
ax	axes 对象

5.3.1　Pandas 绘制折线图

下面使用 Pandas 的 plot()方法绘制折线图。

【例 5-13】　使用国家统计局发布的我国 2014—2023 年国内生产总值数据绘制折线图，展现 10 年间我国国内生产总值的变化趋势。

数据存储在 GDP.csv 文件中，编码格式为 GBK，如图 5-22 所示。

```
 GDP.csv ×
1  年份,国内生产总值(亿元),第一产业增加值(亿元),第二产业增加值(亿元),第三产业增加值(亿元)
2  2014,643563.1,55626.3,277282.8,310654
3  2015,688858.2,57774.6,281338.9,349744.7
4  2016,746395.1,60139.2,331580.5,390828.1
5  2017,832035.9,62099.5,331580.5,438355.9
6  2018,919281.1,64745.2,364835.2,489700.8
```

图 5-22　我国 2014—2023 年国内生产总值数据 GDP.csv

首先，读取 CSV 文件数据。

```
data = pd.read_csv('./data/GDP.csv', index_col = 0, header = 0, encoding ='GBK')
```

显示如下：

年份	国内生产总值(亿元)	第一产业增加值(亿元)	第二产业增加值(亿元)	第三产业增加值(亿元)
2014	643563.1	55626.3	277282.8	310654.0
2015	688858.2	57774.6	281338.9	349744.7
2016	746395.1	60139.2	331580.5	390828.1
2017	832035.9	62099.5	331580.5	438355.9
2018	919281.1	64745.2	364835.2	489700.8

基于 DataFrame 对象 data 直接进行 Pandas 绘图。因为数据已经存储在 DataFrame 对象中，所以绘图时无须再指定 X 轴和 Y 轴数据，Pandas 自动将行标签作为 X 轴的刻度，行标签名称作为 X 轴标题，每列数据对应一条折线。对于 DataFrame 数据，Pandas 自动根据

列名给出图例。在 plot()方法中,直接利用 title、linewidth、marker、linestyle、grid 等参数设置所需图表元素信息;plot()方法默认绘制折线图,所以无须指定 kind 参数。代码如下:

```
import pandas as pd
import matplotlib.pyplot as plt
plt.rcParams['font.sans-serif'] = 'SimHei'        #指定字体为 SimHei
data.plot(title ='GDP(2014—2023)', linewidth = 1, marker ='o', linestyle ='-',
grid = True)
plt.show()
```

绘制的折线图如图 5-23 所示。

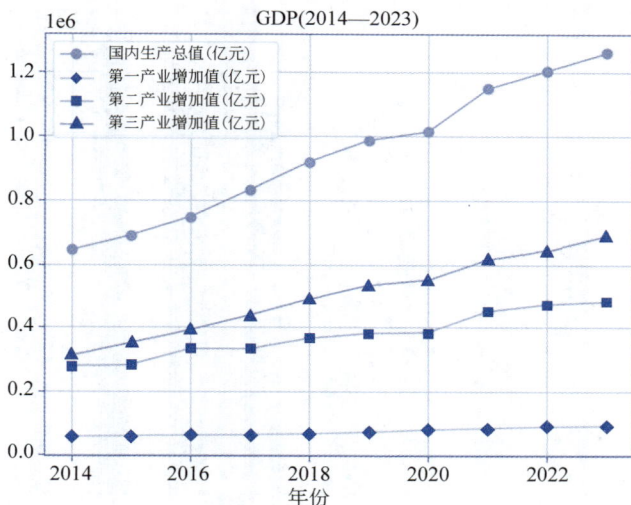

图 5-23　国内生产总值数据折线图

5.3.2　Pandas 绘制柱状图

使用 Pandas 的 plot()方法绘图绘制柱状图时,常用参数如表 5-23 所示。

表 5-23　Pandas 的 plot()方法绘制柱状图的常用参数

参　　数	说　　明
kind	指定矩形条的不同方向,bar:柱状图(纵向);barh:条形图(横向)
stacked	控制柱状图中矩形条的堆叠方式,即是否为堆叠图,默认为 False;如果设置为 True,则会堆叠显示不同列的数据
rot	用于旋转 X 轴标签的角度,当标签文字较多时便于显示,取值为 0~360

【例 5-14】　将图 5-22 所示 CSV 文件中的国内生产总值的 10 年数据绘制为柱状图。

绘制柱状图时,从 DataFrame 对象中选取“国内生产总值(亿元)”列,即利用 Series 对象调用 plot()方法,此时 Pandas 不再自动给出图例,需调用 plt.legend()方法手动添加图例。

为每个矩形条添加数据标签的方法是利用子图对象调用 bar_label()方法,并传入数据标签对应的数据系列,ax.containers[0]表示第一个数据系列对应的所有容器对象;fmt 为标签的格式,“%.0f”指定以不带小数点的浮点数形式输出数值。代码如下:

```
import pandas as pd
import matplotlib.pyplot as plt
data = pd.read_csv('./data/GDP.csv', index_col = 0, header = 0, encoding ='GBK')
ax = data['国内生产总值(亿元)'].plot(kind = "bar", rot = 45)      #刻度标签旋转 45°
ax.bar_label(ax.containers[0], fmt ='%.0f')                       #添加数据标签
plt.legend(labels =['国内生产总值(亿元)'])                        #添加图例
plt.show()
```

绘制的图表如图 5-24 所示。

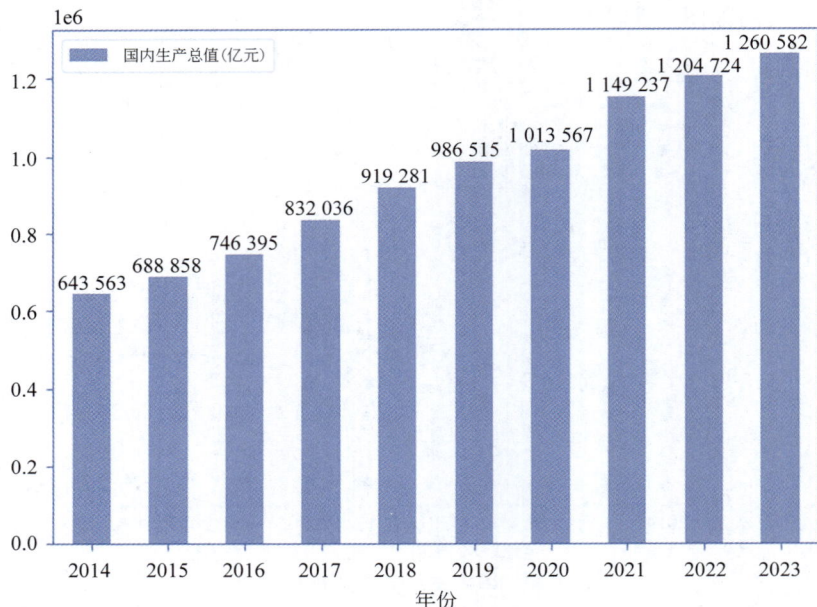

图 5-24　国内生产总值数据柱状图

DataFrame 对象调用 plot()方法绘制柱状图时,多列数据自动被绘制为簇状柱形图,颜色自动配置,X 轴标签自动居中。

下面选中 data 数据集中的第一、第二、第三产业增加值,绘制簇状柱形图,如图 5-25 所示。

```
data.iloc[:, [1, 2, 3]].plot(kind = "bar", rot = 45)          #选取后 3 列的 3 个产业数据
```

5.3.3　Pandas 绘制饼图

饼图只能针对一个数据列,或者是 Series 对象,或者是 DataFrame 对象中的某列。

使用 Pandas 的 plot()方法绘制饼图时,常用参数如表 5-24 所示。其中,参数 wedgeprops 和 textprops 可以对扇形的标签文本及百分比标注文本的格式进行统一设置。

表 5-24　Pandas 的 plot()方法绘制饼图的常用参数

参　　数	说　　　　　明
kind	pie
y	当对象为 DataFrame 时,用于指定绘制饼图的数据列

续表

参　　数	说　　　　明
labels	指定每个扇形的标签,默认使用索引
autopct	控制饼图上是否显示每个扇形的百分比值,可以是格式化字符串
colors	指定每个扇形的颜色,可以是颜色名称的列表或颜色映射
explode	与数据索引对应的列表,控制哪些扇形突出显示,即偏离饼图中心
startangle	饼图起始角度,默认为 0°,从正 X 轴开始逆时针绘制
wedgeprops	设置扇形属性的字典
textprops	设置文本属性的字典

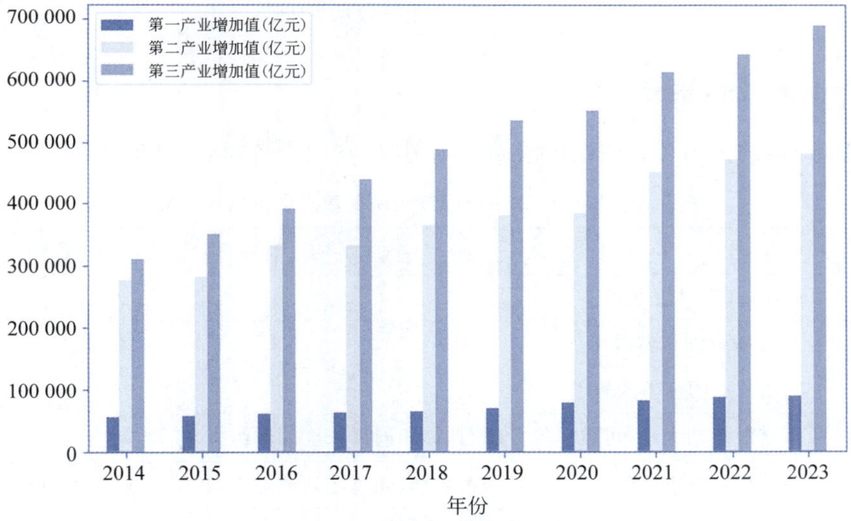

图 5-25　产业数据簇状柱状图

【例 5-15】　模拟一个水果销售情况数据表,将其绘制为饼图:

首先将一些模拟的水果销售数据包装为 Series 对象,再设置饼图的相关属性,代码如下:

```
import pandas as pd
import matplotlib.pyplot as plt
plt.rcParams['font.sans-serif'] = 'SimHei'          #指定字体为 SimHei
#模拟水果销售数据
df = pd.Series([135, 260, 200, 100], index =['Apple', 'Orange', 'Banana', 'Mango'])
explode = (0, 0.1, 0, 0)                             #距离中心的偏移值
#设置饼图扇形的属性:每个扇形的边缘为白色、2 像素
wedgeprops = {'linewidth': 2, 'edgecolor': 'white'}
#设置饼图文本标签的属性
textprops = {'fontsize': 12, 'color': 'black', 'weight': 'bold'}
df.plot(kind = "pie", autopct ='%.1f%%', startangle = 60, explode = explode,
    wedgeprops = wedgeprops, textprops = textprops)
plt.show()
```

绘制的饼图如图 5-26 所示。

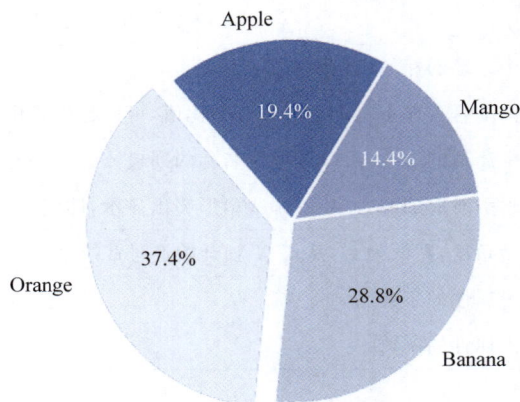

图 5-26　水果销售数据饼图

5.3.4　Pandas 绘制散点图

使用 Pandas 的 plot( )方法绘图绘制散点图时，常用参数如表 5-25 所示。

表 5-25　Pandas 的 plot( )方法绘制散点图的常用参数

参　数	说　　明
kind	scatter，绘制散点图
x	X 轴数据的标签或索引
y	Y 轴数据的标签或索引
s	指定散点的大小，可以是标量或与 X、Y 同样长度的数组
c	用于指定散点的颜色，可以是颜色名称、颜色序列或与 X、Y 同样长度的数组
label	用于指定数据系列的标签，用于图例显示
ax	用于指定绘图时所使用的子图对象

【例 5-16】　利用 Pandas 绘制鸢尾花数据集分布散点图。

将鸢尾花数据的特征值数组和目标值数组横向拼接后，包装为 DataFrame 对象，利用 Pandas 的绘图功能绘制 3 种鸢尾花的分布散点图，代码如下：

```
import pandas as pd
import matplotlib.pyplot as plt
from sklearn.datasets import load_iris
iris = load_iris()                          #加载鸢尾花数据集
data = iris.data                            #获取特征值数组，每个样本 4 个特征值
target = iris.target                        #获取目标值数组，取值为 0、1、2
data = np.hstack((data, target.reshape(150, 1)))   #横向合并两个数组
col_names = ['sepal_length', 'sepal_width', 'petal_length', 'petal_width',
'classes']
df = pd.DataFrame(data, columns = col_names)   #构建 DataFrame 对象
```

```
#绘制散点图
ax = df.query('classes == 0').plot.scatter(x ='sepal_length', y ='sepal_width',
marker = "^", c ='DarkBlue', label ='setosa')        #指定数据的颜色和标记形状
df.query('classes == 1').plot.scatter(x ='sepal_length', y ='sepal_width', c =
'r', marker= "o", label ='versicolor', ax = ax)        #指定 ax,绘制在同一子图
df.query('classes == 2').plot.scatter(x ='sepal_length', y ='sepal_width', c =
'g', marker = "*", label ='virginica', ax = ax)        #指定 ax,绘制在同一子图
plt.xlabel('sepal_length (cm)')
plt.ylabel('sepal_width (cm)')
plt.title('Iris Dataset')
plt.show()
```

绘制的散点图见图 5-19。

5.3.5　Pandas 绘制直方图

使用 Pandas 的 plot()方法绘制直方图时,通常使用 Series 对象展示一个数据列的分布情况,常用参数如表 5-26 所示。

表 5-26　Pandas 的 plot()方法绘制直方图的常用参数

参　　数	说　　明
kind	hist,绘制直方图
bins	指定直方图的矩形条数量或矩形条边界值
color	设置直方图的颜色
alpha	设置直方图的透明度

如果在绘制直方图时添加 density＝True 参数,则直方图的高度将表示概率密度,即每个盒子中数据点所占的比例;否则,直方图的高度表示样本数据在每个盒子中的计数。

如果要在直方图上叠加密度曲线,绘制直方图后,通过 plot()方法指定 kind 参数为 kde,为直方图添加密度曲线。

【例 5-17】　绘制学生成绩数据直方图。

设有如图 5-27 所示的学生成绩数据集,包括学号、性别、6 门课程的成绩和加权成绩。

学号	性别	工科物理	高等代数	概率论与数理统计	数字逻辑	离散数学	数据结构	加权成绩
1	男	98	92	88	96	99	85	92.00
2	男	86	79	90	94	96	75	86.13
3	男	95	84	93	88	95	80	89.46
4	男	96	90	84	89	93	76	87.79
5	男	87	94	77	89	93	83	84.15

图 5-27　学生成绩数据集示例

现绘制"加权成绩"的直方图,从而了解班级的成绩分布情况和特征。从 DataFrame 数据集中选择"加权成绩"列,将其绘制为直方图,代码如下:

```
import pandas as pd
```

```
import matplotlib.pyplot as plt
data = pd.read_csv('./data/Score.csv', index_col = 0, header = 0, encoding ='GBK')
#将成绩划分为 6 个矩形条,设置 density = True 令矩形条高度为概率密度
data['加权成绩'].plot(kind ='hist', bins = 6, density = True,
    title ='Students Score Dstribution')
#添加密度曲线
data['加权成绩'].plot(kind ='kde', xlim =[60, 95], style ='k--')
plt.show()
```

绘制的直方图如图 5-28 所示,直方图显示该班级成绩未呈现正态分布,而是两极分化,位于 90 分附近和 70 分以下的人数均高于正态分布应有取值。

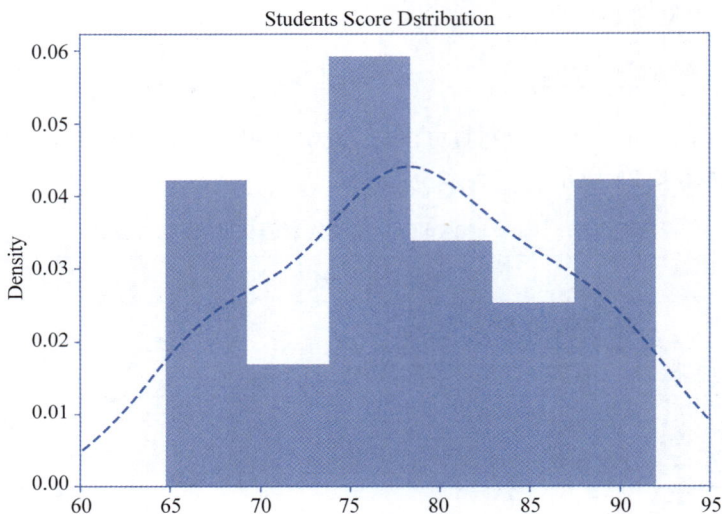

图 5-28　加权成绩直方图

5.3.6　Pandas 绘制箱形图

使用 Pandas 的 plot()方法绘制箱形图时,对于 Series 对象,箱形图将显示该 Series 数据的五数概括(最小值、下四分位数、中位数、上四分位数、最大值)和异常值;对于 DataFrame 对象,将为每一列(每个特征)绘制一个箱形图,以方便比较不同特征之间的数据分布情况。

plot()方法绘制箱形图的常用参数如表 5-27 所示。

表 5-27　Pandas 的 plot()方法绘制箱形图的常用参数

参　　数	说　　　明
kind	box,绘制箱形图
subplots	是否将每列绘制为单独的子图,默认为 False
vert	是否垂直绘制箱形图,默认为 True

【例 5-18】　绘制所有课程成绩的箱形图。

使用图 5-28 所示数据集绘制所有课程成绩的箱形图。首先从 DataFrame 数据集筛选

出所有数值型数据,调用 plot()方法,将每个数据列呈现为箱形图;因课程较多,所以加大画布的宽度,代码如下:

```
import pandas as pd
import matplotlib.pyplot as plt
plt.rcParams['font.sans-serif'] = 'SimHei'
data = pd.read_csv('./data/Score.csv', index_col = 0, header = 0, encoding = 'GBK')
data_score = data.select_dtypes("number")          #筛选得到所有数值数据
data_score.plot(kind = 'box', figsize = (12, 6), title = 'Students Score Dstribution')
plt.show()
```

如图 5-29 所示,通过每门课程成绩的箱形图可以观察到班级成绩的分布情况;通过各门课程成绩的箱形图对比可以看到,离散数学的总体成绩最高,数据结构的总体成绩最低。

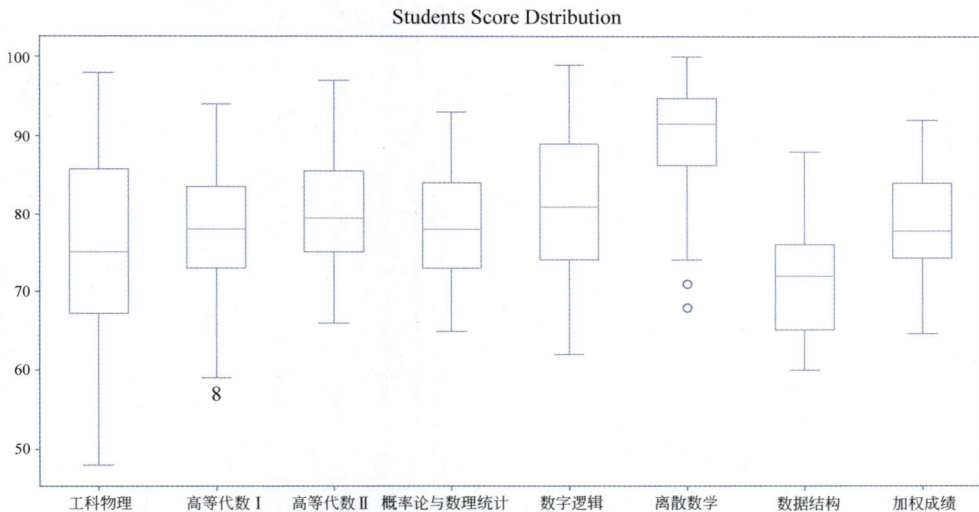

图 5-29　所有课程成绩箱形图

Pandas 的 boxplot()方法提供了 by 参数,用于在绘制箱形图时按照指定的列或索引级别进行分组,可以将数据按照不同的分组条件分别绘制成多个箱形图,这在需要比较不同类别之间的数据分布时非常有用。其语法格式如下:

```
DataFrame.boxplot(column = None, by = None, ax = None, fontsize = None, grid =
True, figsize = None, layout = None, sharex = True, sharey = True, position = None,
widths = 0.5, showfliers = True, patch_artist = False, boxprops = None, whiskerprops =
None, capprops = None, medianprops = None, flierprops = None, textprops = None, return
_type = None)
```

boxplot()方法的常用参数如表 5-28 所示。

表 5-28　Pandas 的 boxplot()方法的常用参数

参　　数	说　　明
column	指定要绘制箱形图的列名或列名列表
by	指定按照某一列进行分组,多组数据分别绘制箱形图

【例 5-19】 使用 boxplot( )方法绘制男生和女生的成绩箱形图。

```
import pandas as pd
import matplotlib.pyplot as plt
plt.rcParams['font.sans-serif'] = 'SimHei' #指定字体为 SimHei
data = pd.read_csv('./data/Score.csv', index_col = 0, header = 0, encoding = 'GBK')
#从数据集中选择"高等代数"和"数字逻辑"两列数据,按姓名分组绘制箱形图
data.boxplot(column =['高等代数', '数字逻辑'], by = "性别", grid = False, figsize
= (8, 5))
    plt.show()
```

分组箱形图如图 5-30 所示。

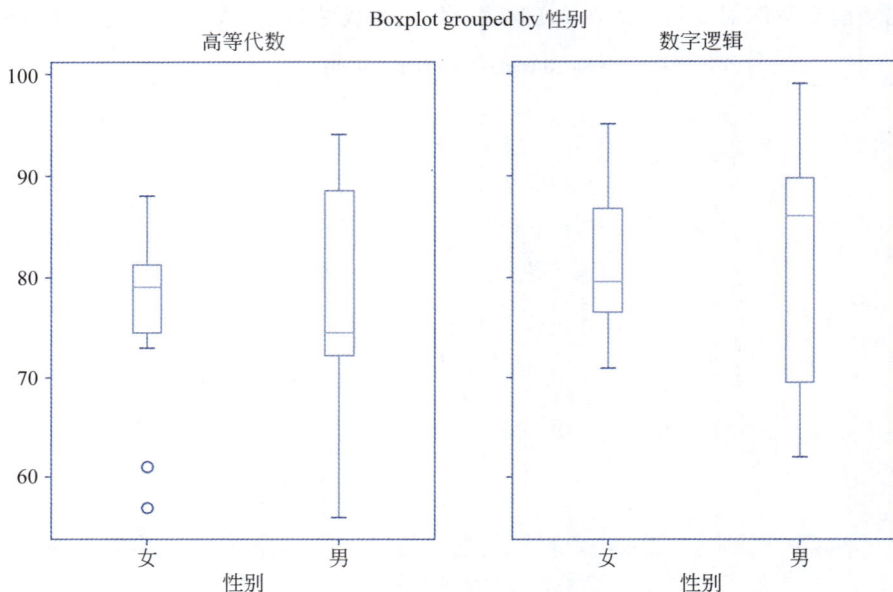

图 5-30　分组箱形图

从图 5-31 中可以看到,该班级女生的高等代数平均成绩要高于男生,而男生的数字逻辑平均成绩则高于女生。

◈ 5.4　Seaborn 统计可视化

Seaborn 是一个基于 Matplotlib 的 Python 数据可视化库,它对 Matplotlib 进行了更高级的 API 封装,使得语法更加简洁,绘图更加美观,并且内置了统计功能,能够直接利用 DataFrame 中的数据进行可视化。需要注意的是,Seaborn 并不是 Matplotlib 的替代品,而是补充。在大多数情况下,Seaborn 可以作为首选工具,但在某些特定场景下,仍然需要使用 Matplotlib 实现一些定制化的需求或复杂的图表。

Seaborn 需安装后导入使用,Seaborn 官网地址为 http://seaborn.pydata.org。

5.4.1　Seaborn 基础知识

在 Seaborn 中,有一些内置的示例数据集可以用来进行可视化分析。这些数据集可以

直接从网络下载,包含各种类型的数据,用于绘制不同类型的图表,如散点图、柱状图、箱形图等。

本节绘图使用 tips(餐厅小费)数据集。它包含了 244 条记录,由总账单金额(total_bill,单位为美元)、小费金额(tip,单位为美元)、性别(sex,Male 或 Female)、吸烟情况(smoker,Yes 或 No)、就餐日期(day,Fri、Sat、Sun 等)、就餐时间(time,Lunch 或 Dinner)和就餐人数(size)等信息组成,如图 5-31 所示。

	total_bill	tip	sex	smoker	day	time	size
0	16.99	1.01	Female	No	Sun	Dinner	2
1	10.34	1.66	Male	No	Sun	Dinner	3
2	21.01	3.50	Male	No	Sun	Dinner	3
3	23.68	3.31	Male	No	Sun	Dinner	2
4	24.59	3.61	Female	No	Sun	Dinner	4

图 5-31 tips 数据集

使用 seaborn.load_dataset() 函数下载指定数据集,例如 seaborn.load_dataset("tips")。

5.4.2 Seaborn 绘制柱状图

seaborn 的 barplot() 方法以柱状图表达统计量,其 API 如下:

```
seaborn.barplot(x = None, y = None, data = None, estimator = <function mean>, ci =
'sd', n_boot = 1000, orient = None, color = None, palette = None, hue = None, dodge =
True, order = None, hue_order = None, capsize = None, errcolor = 'gray', errwidth =
None, ** kwargs)
```

barplot() 方法的常用参数如表 5-29 所示。

表 5-29 Seaborn 的 barplot() 方法的常用参数

参　　数	说　　明
data	指定绘图所需的数据集,可以是 DataFrame 或类似结构
x	指定柱状图的 X 轴数据,可以是字符串、数字或数组
y	指定柱状图的 Y 轴数据,可以是字符串、数字或数组。Y 轴呈现的是某个变量(通常是数值型)的统计结果,Seaborn 默认统计并显示该变量的均值
order	指定 X 轴的顺序
hue	根据某一列数据对柱状图进行分组着色
hue_order	指定 hue 分组的顺序

【例 5-20】 绘制 tips 数据集的柱状图。

Seaborn 能够自动根据 X 轴数据进行分组,并计算 Y 轴对应数据的分组均值,简化了统计计算的过程。代码如下:

```
import seaborn as sns
import matplotlib.pyplot as plt
```

```
tips = sns.load_dataset('tips')                         #加载 tips 数据集
#使用 barplot()方法绘制 total_bill 不同取值对应的均值柱状图
sns.barplot(data = tips, x = 'day', y = 'total_bill')   #按照 x 进行分组,统计 y 的均值
plt.title('Average Total Bill by Day')
plt.xlabel('Day of the Week')
plt.ylabel('Average Total Bill')
plt.show()
```

绘制的柱状图如图 5-32 所示。

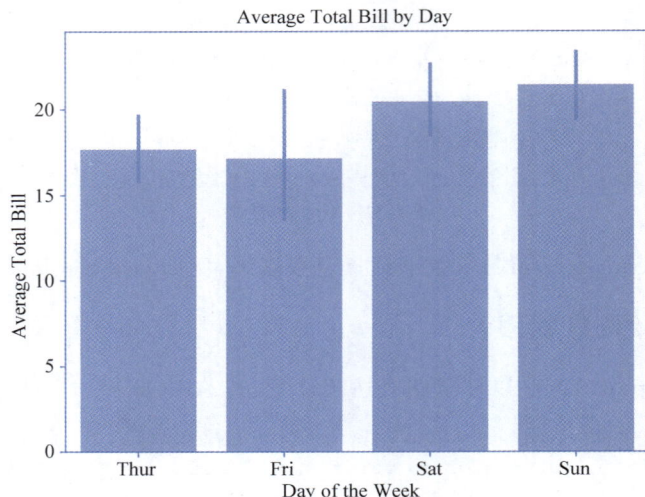

图 5-32　Seaborn 柱状图示例

如果使用 Pandas 绘图,则需要先进行数据统计再进行可视化,代码如下:

```
#使用 Pandas 的 groupby()方法计算 total_bill 按照 day 分组后的平均值
avg_total_bill_by_day = tips.groupby('day')['total_bill'].mean()
#使用 Pandas 的 plot()方法绘制柱状图
avg_total_bill_by_day.plot(kind = 'bar')
```

显然,Seaborn 的统计功能更为便捷。

【例 5-21】　绘制将 tips 数据集按照性别分组的柱状图。

在 Seaborn 中,hue 参数提供了分组着色的功能,通过 hue 指定分类变量,则数据中不同分组的统计结果用不同颜色着色,可以在图表中更清晰地区分彼此。

如果在绘制时指定 hue 参数,按照性别分组:

```
sns.barplot(data = tips, x = 'day', y = 'total_bill', hue = "sex")
```

则可视化结果如图 5-33 所示。

如果使用 Pandas 绘图,则需要先进行数据统计,再对统计结果可视化,代码如下:

```
#使用 Pandas 的 groupby() 和 unstack()方法计算 total_bill 按照 day 和 sex 分组后
#的平均值
avg_total_bill_by_day_gender = tips.groupby(['day', 'sex'])
                                        ['total_bill'].mean().unstack()
#使用 Pandas 的 plot()方法绘制具有性别分组的柱状图
avg_total_bill_by_day_gender.plot(kind = 'bar')
```

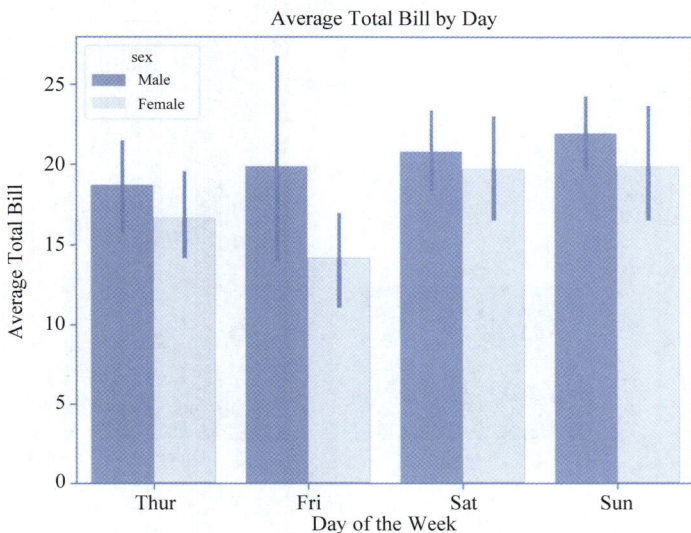

图 5-33 Seaborn 分组着色柱状图示例

5.4.3 Seaborn 绘制计数柱状图

Seaborn 的 countplot() 方法自动统计各分类值的计数,结果以柱状图的形式展现,其 API 与 barplot() 方法相似。

countplot() 方法可快速创建简单直观的计数柱状图,展示每个类别的频数,并根据变量的频数进行排序。这使得用户能够迅速了解数据的分布情况。与手动进行分组统计、绘图相比,countplot() 方法更加简洁、高效。

【例 5-22】 绘制 tips 数据集中按用餐时段统计的人数柱状图。

```
import seaborn as sns
import matplotlib.pyplot as plt
tips = sns.load_dataset('tips')
#使用 countplot 绘制不同时间的用餐人数柱状图
ax = sns.countplot(data = tips, x ='time')
ax.bar_label(ax.containers[0], fmt ='%.0f')
plt.title('Number of Diners by Time')
plt.xlabel('Time')
plt.ylabel('Count')
plt.show()
```

可视化结果如图 5-34 所示。

如果使用 Pandas 绘图,则需要先进行数据统计,再对统计结果可视化,代码如下:

```
#对 time 列进行统计
count_data = tips['time'].value_counts().sort_index()
#使用 Pandas 绘制柱状图
count_data.plot(kind ='bar')
```

与 barplot() 方法相似,countplot() 方法也可以指定 hue 参数。例如,按照性别分组:

```
ax = sns.countplot(data = tips, x ='time', hue = "sex")
```

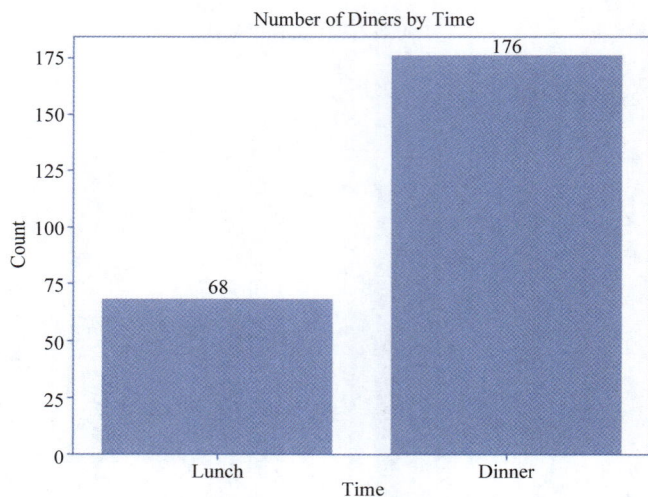

图 5-34　Seaborn 计数柱状图示例

则可视化结果如图 5-35 所示。

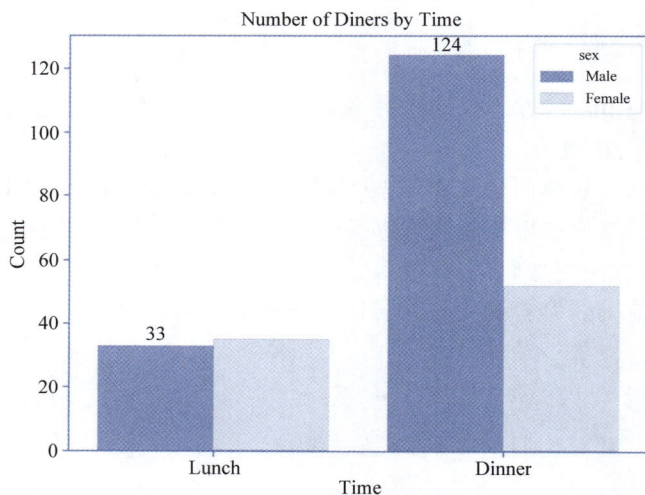

图 5-35　Seaborn 分组着色计数柱状图

　　Seaborn 库内置的统计功能使得在数据可视化时展示统计结果变得更加便捷和高效。通过 barplot()、countplot()等方法,用户可以直接对数据进行分组、聚合统计,并以直观的方式呈现在图表中。这些内置的统计功能使得 Seaborn 在数据分析和可视化过程中非常实用,特别是在快速探索数据特征、进行分组比较或展示汇总统计信息时。因此,在数据分析时,可优先使用 Seaborn 库进行可视化。

◆ 5.5　Pyecharts 绘图

　　ECharts 是由百度开发的开源可视化库,用于创建交互式图表和数据可视化,它支持各种常见的图表类型,包括折线图、柱状图、饼图、散点图、雷达图、地图等,并且提供了丰富的配置选项和交互功能,可以满足不同场景下的需求。

Pyecharts 是一个基于 ECharts 的 Python 可视化库,可以在 Python 环境中方便地创建各种交互式图表,使用前先进行下载安装。Pyecharts 官网地址为 https：//pyecharts.org,为开发者提供了丰富的教程。

Pyecharts 的绘图逻辑主要包括以下几个步骤:准备数据,创建图表对象,添加数据,配置图表,显示及保存图表。

（1）准备数据。

Pyecharts 只支持 Python 原生的数据类型,包括 int、float、str、bool、dict 和 list。 如果数据来自 NumPy 或者 Pandas,则首先要进行数据类型转换。

（2）创建图表对象。

Pyecharts 的常用图表类型位于 pyecharts.charts 包下,包括 Bar(柱状图)、Pie(饼图)、Line(折线图/面积图)、Scatter(散点图)、HeatMap(热力图)等。

例如,创建柱状图对象的代码如下:

```
from pyecharts.charts import Bar
bar = Bar()
```

（3）添加数据。

对于二维图表,如柱状图、折线图、散点图等,分别使用 add_xaxis() 和 add_yaxis() 方法添加 X 轴和 Y 轴数据,数据均应为 Python 原生数据类型。

add_xaxis(xaxis_data)：xaxis_data 用于指定 X 轴上的数据。

add_yaxis(series_name，y_axis)：两个参数均为必填参数。 series_name 用于指定该序列的名称,将在图例中显示;yaxis_data 用于指定 Y 轴上的数据。

（4）配置图表。

配置图表通常涉及设置图表坐标轴、标题、图例、提示框、工具箱等,各图表元素如图 5-36 所示。

提示框(tooltip)用于显示鼠标悬停在图表上时显示的关于数据的详细信息,帮助用户更好地理解图表内容。工具箱(toolbox)可以在图表中显示各种交互式工具,例如对图表进行数据缩放、刷新、保存等。

这些图表元素被称为全局配置项,通过 set_global_opts() 方法设置,其中配置项具体的取值取自 options 模块,通常将其单独命名为 opts。

例如,如下代码用于设置图表的标题、图例、工具箱和提示框选项。

```
from pyecharts import options as opts
bar.set_global_opts(
    title_opts = opts.TitleOpts(title = "主标题", subtitle = "副标题"),
    legend_opts = opts.LegendOpts(is_show = True),
    toolbox_opts = opts.ToolboxOpts(),
    tooltip_opts = opts.TooltipOpts()
)
```

其中,title_opts 设置图表的标题,title 为主标题,subtitle 为副标题;legend_opts 设置图表的图例;toolbox_opts 设置图表的工具箱;tooltip_opts 设置图表的提示框。

（5）显示及保存图表。

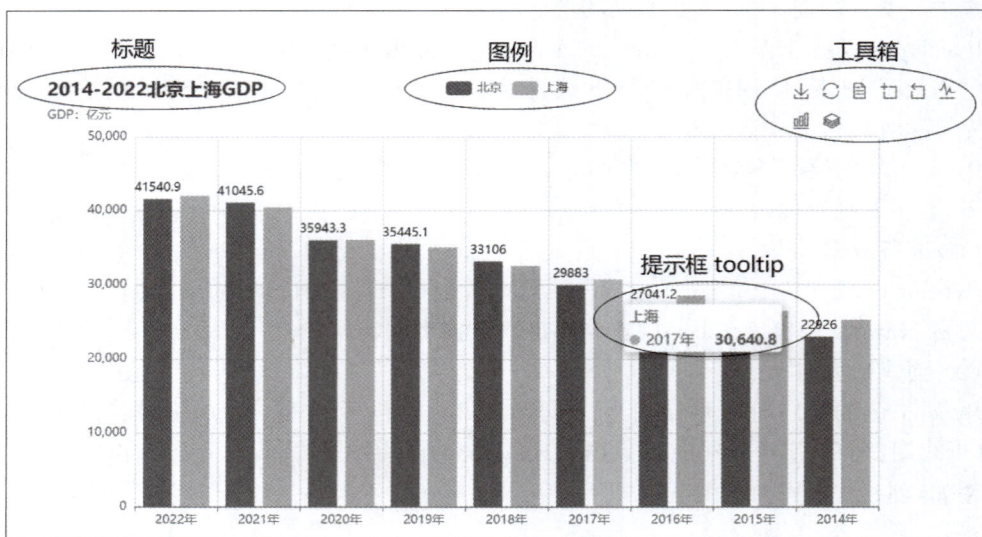

图 5-36 Pyecharts 图表元素示意图

在 Pyecharts 中,render()方法用于将图表渲染成指定格式的文件。例如:

```
bar.render("chart.html")
```

将图表对象 bar 渲染成 HTML 文件保存。

render_notebook()方法用于在 Jupyter Notebook 中渲染图表。

【例 5-23】 使用 Pyecharts 绘制可交互的柱状图。

在 GDP.xlsx 文件中保存了我国各省、直辖市、自治区 2014—2022 年度的地方生产总值,挑选数据绘制北京及上海两个直辖市的数据柱状图。

首先,读取数据:

```
In [1]   import pandas as pd
         proGDP = pd.read_excel('./data/GDP.xlsx', index_col = 0)
         proGDP.head()
```

对应的输出结果为

地区	2022年	2021年	2020年	2019年	2018年	2017年	2016年	2015年	2014年
北京市	41540.9	41045.6	35943.3	35445.1	33106.0	29883.0	27041.2	24779.1	22926.0
天津市	16132.2	15685.1	14008.0	14055.5	13362.9	12450.6	11477.2	10879.5	10640.6
上海市	44809.1	43653.2	38963.3	37987.6	36011.8	32925.0	29887.0	26887.0	25269.8
河北省	41988.0	40397.1	36013.8	34978.6	32494.6	30640.8	28474.1	26398.4	25208.9
山西省	25583.9	22870.4	17835.6	16961.6	15958.1	14484.3	11946.4	11836.4	12094.7

接下来,将 DataFrame 的列名和数据分别转换为 Python 列表:

```
In [2]   year = proGDP.columns.tolist()
         vGDP = proGDP.values.tolist()
```

数据准备好后,创建图表对象,为其添加 X 轴和 Y 轴数据:

```
In [3]    from pyecharts.charts import Bar
          bar = Bar()
          bar.add_xaxis(xaxis_data = year)
          bar.add_yaxis(series_name = "北京", y_axis = vGDP[0],
              label_opts = opts.LabelOpts(is_show = True, position = "top"))
          bar.add_yaxis(series_name = "上海", y_axis = vGDP[2],
              label_opts = opts.LabelOpts(is_show = False))
```

其中,label_opts 用于控制数据标签的显示样式、位置、格式等属性。如果每个数据列的设置不同,则可以在 add_yaxis()方法中独立设置;如果各数据列统一,则可以在 set_global_opts()方法中统一设置。此处设置北京的数据在每个柱状的顶部显示数据标签,上海的数据标签不显示。

接下来,设置柱状图的配置项:

```
In [4]    from pyecharts import options as opts
          bar.set_global_opts(
              title_opts = opts.TitleOpts(title = "2014—2022北京上海GDP",
                  subtitle = "GDP: 亿元"),
              legend_opts = opts.LegendOpts(is_show = True),
              toolbox_opts = opts.ToolboxOpts(),
              tooltip_opts = opts.TooltipOpts()
          )
```

最后,在 Jupyter Notebook 中渲染图表:

```
In [5]    bar.render_notebook()
```

在 Pyecharts 中,可以通过链式操作设置图表的各种属性和选项,使代码更加简洁和易读。链式操作指的是在一个对象上连续调用多个方法,因为每个方法都返回该对象本身,所以可以连续调用多个方法。这种编程风格不仅提高了代码的可读性,还简化了设置图表的过程。

上述代码使用链式操作通常按如下形式书写:

```
In [6]    bar = (
              Bar()
              .add_xaxis(xaxis_data = year)
              .add_yaxis(series_name = "北京", y_axis = vGDP[0],
                  label_opts = opts.LabelOpts(is_show = True, position = "top"))
              .add_yaxis(series_name = "上海", y_axis = vGDP[2],
                  label_opts = opts.LabelOpts(is_show = False))
              .set_global_opts(
                  title_opts = opts.TitleOpts(title = "北京上海GDP",
                      subtitle = "GDP: 亿元"),
                  legend_opts = opts.LegendOpts(is_show = True),
                  toolbox_opts = opts.ToolboxOpts(),
                  tooltip_opts = opts.TooltipOpts()
              )
          )
          bar.render_notebook()
```

Pyecharts 的常用配置项及配置方法如表 5-30 所示。

表 5-30　Pyecharts 的常用配置项及配置方法

配　置　项	配　置　方　法
初始化配置项	图表类(init_opts ＝ opts.InitOpts(width='400px', height='300px'))
标题配置项	set_global_opts(title_opts＝opts.TitleOpts(　　title, 　　subtitle, 　　pos_right='20px', ♯标题位置 　　♯标题文字样式 　　title_textstyle_opts＝opts.TextStyleOpts(color='red', font_size＝12)))
图例配置项	set_global_opts(legend_opts＝opts.LegendOpts(　　is_show＝True,　　　　　　♯是否显示图例组件 　　pos_top='10px',　　　　　♯图例位置 　　orient='horizontal',　　　♯图例布局朝向，竖排为'vertical' 　　align='auto'　　　　　　♯对齐方式：auto、left、right))
提示框配置项	set_global_opts(the_tooltip_opts＝opts.TooltipOpts(　　is_show＝True,　　　　　　　　　　　♯是否显示提示框 　　trigger_on='mousemove|click',　　　　♯触发事件 　　♯提示框样式配置 　　border_color='black', 　　border_width＝3))
坐标轴配置项	set_global_opts(xaxis_opts＝opts.AxisOpts(　　name='', 　　axislabel_opts＝opts.LabelOpts(rotate＝－15)　　♯轴标签的倾斜角度))

◆ 5.6　Python 编程实践——消费大数据探索性分析

消费在经济和社会中具有重要意义，是推动经济增长的主要动力之一，消费需求的增长可以创造更多的就业机会，降低失业率。

大数据时代，随着互联网、智能设备和社交媒体的普及，用户的每一次点击、浏览和交易都被记录下来。企业通过数据采集技术不断收集消费者行为、偏好和反馈等信息，并通过大数据分析，能够深入洞察市场趋势，优化决策，提升用户体验，实现精准营销，从而在激烈的市场竞争中获得优势。

下面利用阿里移动推荐算法挑战赛提供的用户消费行为数据集，采用探索性数据分析方法对消费行为进行流量、转化率、用户价值等进行分析。该数据集包含了 2014 年"双 11"后（包括"双 12"在内）的 10 000 个用户在一个月内的 1200 多万条购物行为数据，商品总数量超过 287 万件，分布在 8916 个类目中。通过对这些样本进行数据分析，可以洞察购物趋势，识别"双 12"期间的消费模式及高峰期，了解促销活动的影响；可以洞察用户行为，分析用户的购物频率、回购率，识别高价值用户和流失风险；可以洞察不同品类的销售表现，揭示用户偏好，帮助商家优化库存和营销策略；等等。

5.6.1　数据集及其预处理

用户消费行为数据集文件为 User_Action.csv，主要字段如表 5-31 所示。

表 5-31　用户消费行为数据集的主要字段

字　　段	说　　明
user_id	用户标识（抽样，已脱敏）
item_id	商品标识（已脱敏）
behavior_type	用户对商品的行为类型，包括浏览、收藏、加购物车、购买，分别对应取值 1、2、3、4
item_category	商品分类标识（已脱敏）
time	行为时间（精确到小时）

使用 Pandas 加载数据集：

```
In [1]    data_user = pd.read_csv('./data/user_action.csv')
          data_user.head()
```

对应的输出结果为

	user_id	item_id	behavior_type	item_category	time
0	98047837	232431562	1	4245	2014-12-06 02
1	97726136	383583590	1	5894	2014-12-09 20
2	98607707	64749712	1	2883	2014-12-18 11
3	98662432	320593836	1	6562	2014-12-06 10
4	98145908	290208520	1	13926	2014-12-16 21

查看数据集的缺失情况：

```
In [2]    data_user.isnull().sum()
```

对应的输出结果为

```
user_id          0
item_id          0
behavior_type    0
item_category    0
time             0
dtype: int64
```

数据集中每个字段均无缺失。

继续查看数据集中数据的数量级，使用 Pandas 的 nunique()方法计算 DataFrame 列中唯一值的数量：

```
In [3]    print('整体数据的大小: ', len(data_user))
          print('数据集中用户数量: ', data_user['user_id'].nunique())
          print('数据集中商品数量: ', data_user['item_id'].nunique())
          print('数据集中商品类别数量: ', data_user['item_category'].nunique())
```

对应的输出结果为

> 整体数据的大小：12256906
> 数据集中用户数量：10000
> 数据集中商品数量：2876947
> 数据集中商品类别数量：8916

可见，数据集中的样本充足，能够支撑有效的数据探索分析。

数据集中的时间字段 time 是 YYYY-MM-DD HH 形式，将其分解为日期（date）和小时（hour）两个时间段，为以天为单位和以小时为单位的精准分析做好准备。分解后将原 time 字段删除。

```
In [4]    data_user['date'] = data_user['time'].map(
                                     lambda x: x.split(' ')[0])
          data_user['hour'] = data_user['time'].map(
                                     lambda x: x.split(' ')[1])
          data_user.drop('time', axis = 1, inplace = True)
          data_user.head()
```

对应的输出结果为

	user_id	item_id	behavior_type	item_category	date	hour
0	98047837	232431562	1	4245	2014-12-06	02
1	97726136	383583590	1	5894	2014-12-09	20
2	98607707	64749712	1	2883	2014-12-18	11
3	98662432	320593836	1	6562	2014-12-06	10
4	98145908	290208520	1	13926	2014-12-16	21

查看数据集的摘要信息：

```
In [5]    data_user.info()
```

对应的输出结果为

```
<class 'pandas.core.frame.DataFrame'>
RangeIndex: 12256906 entries, 0 to 12256905
Data columns (total 6 columns):
 #   Column         Dtype
---  ------         -----
 0   user_id        int64
 1   item_id        int64
 2   behavior_type  int64
 3   item_category  int64
 4   date           object
 5   hour           object
dtypes: int64(4), object(2)
memory usage: 561.1+ MB
```

数据集中，user_id、item_id 和 item_category 为整数类型。为了防止对其进行数学计算，并保持这些数据的编码属性，将它们的数据类型改为 object。同时，将 date 改为日期类型，将 hour 改为整数类型。

```
In [6]   data_user['user_id'] = data_user['user_id'].astype('object')
         data_user['item_id'] = data_user['item_id'].astype('object')
         data_user['item_category'] =
                              data_user['item_category'].astype('object')
         data_user['date'] = pd.to_datetime(data_user['date'])
         data_user['hour'] = data_user['hour'].astype('int64')
         data_user.dtypes
```

对应的输出结果为

```
user_id                    object
item_id                    object
behavior_type               int64
item_category              object
date                datetime64[ns]
hour                        int64
dtype: object
```

至此,完成数据集的预处理。

5.6.2　网站流量分析

网站流量分析的关键指标通常包括访问量、独立访问量、跳出率、平均访问时长、页面停留时间、转化率、复访率等,通过这些指标可以更好地了解用户行为,提高用户体验和转化率。

访问量(Page Views,PV)指网页被浏览的总次数,每次用户访问页面都会计数一次。PV 反映的是网站的整体流量和内容受欢迎程度。

独立访问量(Unique Visitors,UV)指在一定时间段内访问网站的独立用户数,无论其访问多少次,每个用户在该时间段内只计算一次。UV 用来衡量网站的真实用户基础和受众规模。

下面从宏观的角度探索以日为单位的访问量和独立访问量两个指标,进行流量分析。

1. 计算访问量

访问量是网页被用户浏览的总次数,因此在数据集中以日为单位,统计用户的数量即可。计算过程如下:

```
In [7]   daily_pv = data_user.groupby('date')['user_id'].count()
         daily_pv.head()
```

对应的输出结果为

```
date
2014-11-18    366701
2014-11-19    358823
2014-11-20    353429
2014-11-21    333104
2014-11-22    361355
Name: user_id, dtype: int64
```

将聚合计算的结果通过重置索引整理为规整的 DataFrame 结构:

```
In [8]   daily_pv = daily_pv.reset_index()
         daily_pv.head()
```

对应的输出结果为

	date	user_id
0	2014-11-18	366701
1	2014-11-19	358823
2	2014-11-20	353429
3	2014-11-21	333104
4	2014-11-22	361355

其中,user_id 字段为该日期用户的访问量,将该字段重命名为 daily_pv。

```
In [9]    daily_pv = daily_pv.rename(columns = {'user_id': 'daily_pv'})
          daily_pv.head()
```

对应的输出结果为

	date	daily_pv
0	2014-11-18	366701
1	2014-11-19	358823
2	2014-11-20	353429
3	2014-11-21	333104
4	2014-11-22	361355

2. 计算独立访问量

计算独立访问量时,每个用户在当日的所有访问只计一次,因此按日期分组后的用户计数需要去重,其他与访问量计算方法相同。计算的过程如下:

```
In [10]   daily_uv = data_user.groupby('date')['user_id']
                                           .apply(lambda x: x.nunique())
          daily_uv = daily_uv.reset_index()
          daily_uv = daily_uv.rename(columns = {'user_id':'daily_uv'})
          daily_uv.head()
```

对应的输出结果为

	date	daily_uv
0	2014-11-18	6343
1	2014-11-19	6420
2	2014-11-20	6333
3	2014-11-21	6276
4	2014-11-22	6187

3. 可视化访问量和独立访问量

使用折线图可视化访问量和独立访问量在一个月内的变化趋势,观测用户访问量的变化。

```
In [11]   fig, axes = plt.subplots(2, 1, sharex = True)     #两个子图,且共享 X 轴
          #使用 plot() 方法绘制折线图
```

```
axes[0].plot(daily_pv['date'], daily_pv['daily_pv'])
axes[1].plot(daily_uv['date'], daily_uv['daily_uv'])
#设置横坐标
xticks = daily_pv['date'][::3]                #每 3 个日期展示一个刻度
axes[1].set_xticks(xticks)
axes[1].set_xticklabels(xticks.dt.strftime('%Y-%m-%d'),rotation = 45)
#添加标题和标签
axes[0].set_title('Daily PV')
axes[1].set_title('Daily UV')
plt.tight_layout()                            #防止标签重叠
plt.show()
```

可视化结果如图 5-37 所示。

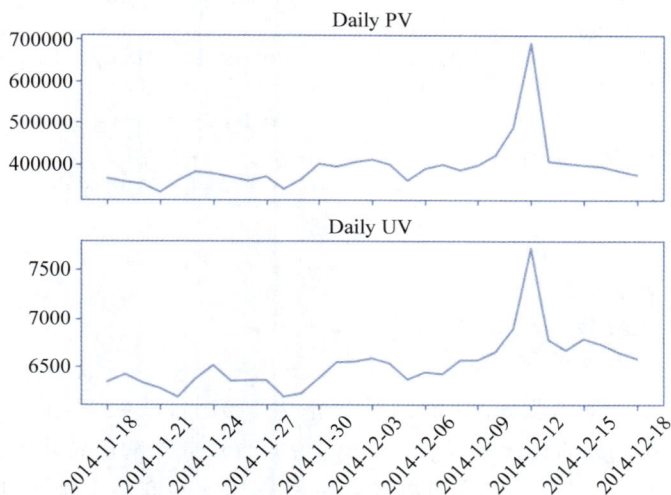

图 5-37　网站流量分析可视化结果

从可视化结果可以看出,访问量和独立访问量都在 2014-12-12 这一天出现了突变,显然是"双 12"促销带来的用户集中消费。通过可视化的方式可以直接得到这个结论。

类似地,可以基于小时进行访问量的分析,找到用户每天购物的高峰时段,分析消费人群的购物时间特征;同时也可以关注"双 12"这一天的访问高峰时段等。

5.6.3　转化率分析

购物消费的转化率分析主要关注从潜在客户到实际购买客户的转变过程。常见的分析方法是漏斗分析法,它关注每个环节的流失情况,例如从浏览访问到添加购物车再到购买的转化链路。

数据集将用户的行为分为浏览、收藏、加购(加入购物车)和购买 4 种。其中,收藏和加购都是用户对产品表现出兴趣的标志,都与用户的购买决策过程密切相关,尽管路径不同,但两者都可能最终促成购买,收藏可能引导用户再次访问,加购则直接指向即将完成的购买。因此,在漏斗分析过程中,将二者的数据合并,计算从浏览→收藏/加购→购买的链路转化率。首先进行用户行为计数:

```
In [12]    behavior_count =
                    data_user.groupby(['behavior_type'])['user_id'].count()
           behavior_count
```

对应的输出结果为

```
behavior_type
1    11550581
2      242556
3      343564
4      120205
Name: user_id, dtype: int64
```

然后计算转化率:

```
In [13]    click_num = behavior_count[1]
           favorite_add_num = behavior_count[2] + behavior_count[3]
           pay_num = behavior_count[4]
           print('从浏览 到 购买 转化率: {:.2%}'.format(pay_num/click_num))
           print('从浏览 到 收藏/加购 转化率: {:.2%}'
                            .format(favorite_add_num/click_num))
           print('从收藏/加购 到 购买 转化率:{:.2%}'
                            .format(pay_num/favorite_add_num))
```

对应的输出结果为

```
从浏览 到 购买 转化率: 1.04%
从浏览 到 收藏/加购 转化率: 5.07%
从收藏/加购 到 购买 转化率: 20.51%
```

可以观察到,从浏览到收藏/加购的转化率为 5.07%,从收藏/加购到购买转化率为 20.51%,而从浏览到购买的转化率只有 1.04%,说明收藏或加购后转化率很高,用户感兴趣的商品更容易达成交易。因此,商家可以针对收藏或加购的商品实施个性化推荐、促销、即将售罄提醒等策略,从而提高转化率。

下面继续探索"双 12"当天的购物转化率。

```
In [14]    data_user_double12 = data_user.loc[data_user['date'] == '2014-12-12']
           behavior_count = data_user_double12.groupby(['behavior_type'])
           ['user_id'].count()
           click_num = behavior_count[1]
           favorite_add_num = behavior_count[2] + behavior_count[3]
           pay_num = behavior_count[4]
           print('"双 12" 浏览 到 购买 转化率: {:.2%}'.format(pay_num/click_num))
           print('"双 12" 浏览 到 收藏/加购 转化率: {:.2%}'
                            .format(favorite_add_num/click_num))
           print('"双 12" 收藏/加购 到 购买 转化率: {:.2%}'
                            .format(pay_num/favorite_add_num))
```

对应的输出结果为

```
"双 12" 浏览 到 购买 转化率: 2.38%
"双 12" 浏览 到 收藏/加购 转化率: 5.45%
"双 12" 收藏/加购 到 购买 转化率: 43.63%
```

可以看出，"双 12"当天收藏/加购到购买的转化率是平时的两倍多；同时，从浏览到收藏/加购的转化率也高于平时，说明大促的营销活动对用户活跃度的转化起到了很好的推动作用。

5.6.4 用户价值分析

ARPU(Average Revenue Per User，每用户平均收入)是衡量每位活跃用户在特定时间内带来的平均收入的关键指标。其计算公式为

$$\text{ARPU} = \frac{\text{总收入}}{\text{活跃用户数}}$$

ARPU 的分子为总收入，但因为数据集中没有消费金额的相关数据，因此使用每日购买行为总数代替总收入；ARPU 的分母为活跃用户数，即进行了 4 种行为(浏览、收藏、加购和购买)中任意一种的全部用户。

为数据集添加 action_time 字段，每条记录的该字段初值为 1，代表一次与购物相关的行为，在此基础上统计每日每位用户各类行为的次数。

```
In [14]   data_user['action_times'] = 1
          data_user_arpu = data_user.groupby(
              ['date', 'user_id','behavior_type'])['action_times'].count()
          data_user_arpu = data_user_arpu.reset_index()
          data_user_arpu.head()
```

对应的输出结果为

	date	user_id	behavior_type	action_times
0	2014-11-18	4913	1	27
1	2014-11-18	4913	2	1
2	2014-11-18	7591	1	4
3	2014-11-18	12645	1	25
4	2014-11-18	54056	1	13

按照日期对数据分组，统计每天的 ARPU，即每个分组中购买行为的总次数与该组活跃用户数的比值。

```
In [15]   arpu = data_user_arpu.groupby('date').apply(
              lambda x: x[x.behavior_type == 4]['action_times'].sum()/
                                        x['user_id'].nunique())
          arpu = arpu. reset_index().rename(columns = {0: "ARPU"})
          arpu.head()
```

对应的输出结果为

	date	ARPU
0	2014-11-18	0.588050
1	2014-11-19	0.574143
2	2014-11-20	0.546660
3	2014-11-21	0.481358
4	2014-11-22	0.577016

对该数据进行可视化：

```
In [16]   plt.plot(arpu['date'], arpu['ARPU'])
          xticks = arpu['date'][::3]     #每 3 个日期展示一个刻度
          plt.xticks(xticks, xticks.dt.strftime('%Y-%m-%d'), rotation = 45)
          plt.title('ARPU')
          plt.show()
```

可视化结果如图 5-38 所示。

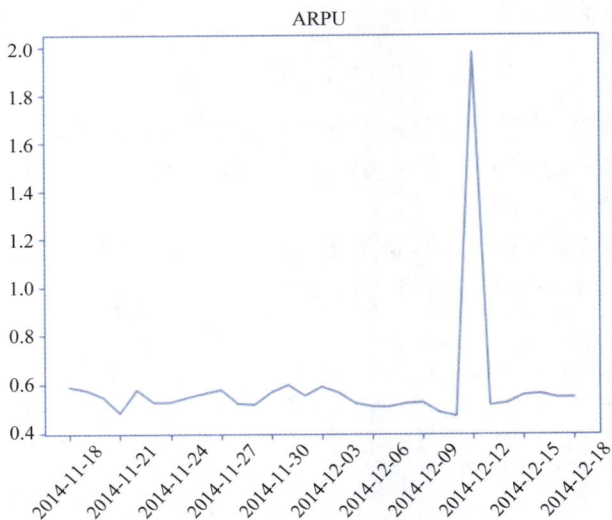

图 5-38　用户 ARPU 折线图

可以看到,活跃用户每天平均消费 0.5 次左右,"双 12"当天达到最高值(接近 2),是平时的 4 倍左右,表明用户会集中在大促日购买。

除此之外,通过计算每个用户的 ARPU,可以了解用户个体的消费贡献,从而制定个性化的营销策略;并且通过关注用户个体 ARPU 的变化趋势,及时分析 ARPU 增长或下降的原因,可以更有效地维护用户群体的稳定。

接下来,统计每天每个用户的 ARPU,并找出 ARPU 均值最高的几个用户,绘制他们的 ARPU 变化曲线,分析他们的消费趋势。代码如下:

```
In [17]   user_arpu = data_user_arpu.groupby(['date','user_id']).apply(
              lambda x: x[x.behavior_type == 4]['action_times'].sum() /
                  x['user_id'].nunique())
          user_arpu = arpu.reset_index().rename(columns = {0: "ARPU"})
          user_arpu.head()
```

对应的输出结果为

	date	user_id	ARPU
0	2014-11-18	4913	0.0
1	2014-11-18	7591	0.0
2	2014-11-18	12645	0.0
3	2014-11-18	54056	1.0
4	2014-11-18	79824	2.0

将用户在不同日期的 ARPU 指标求均值并排序：

```
In [18]    top5 = user_arpu.groupby('user_id')['ARPU'].mean()
                        .sort_values(ascending = False).reset_index().head()
           top5
```

对应的输出结果为

	user_id	ARPU
0	56970308	30.000000
1	122338823	26.096774
2	42281108	25.000000
3	123842164	20.935484
4	51492142	14.225806

以 user_id 为 51492142 的用户为例，其 ARPU 折线图如图 5-39 所示。

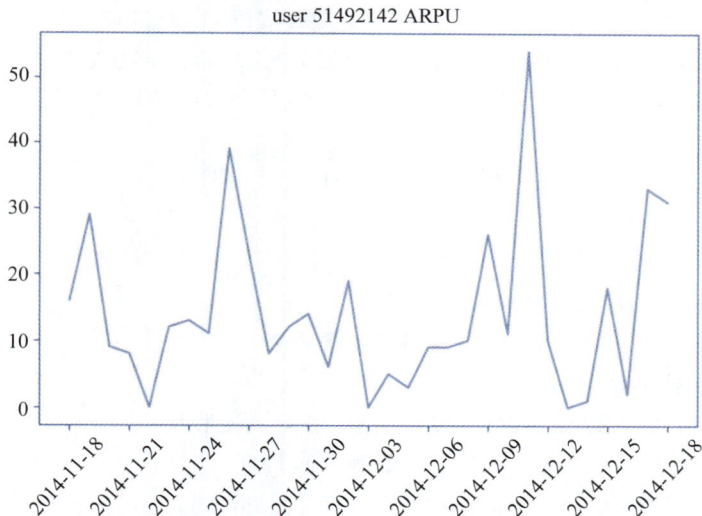

图 5-39　用户 ARPU 折线图

通过这组 ARPU 数据，可以观察到该用户的消费波动。总体上，该用户消费在某些日期显著增加（如 12 月 11 日达到 54），而在其他日期则明显下降（如 11 月 22 日和 12 月 3 日为 0）。这些波动可能与用户行为、市场活动或季节性因素相关。进一步分析消费波动的背后原因，可以帮助商家制定有效的策略，稳定和提升 ARPU。

基于该数据集还可以从很多角度继续深入挖掘，从而更好地认识数据的潜在价值，理解数据对决策的重要性。通过深入的数据探索，企业能够更好地理解市场动态和用户需求，做出更加科学的决策，从而提升竞争力和业务绩效。

◆ 5.7　本 章 小 结

本章介绍了数据可视化的基础知识以及使用 Matplotlib 库、Pandas 库的可视化接口、Seaborn 库和 Pyecharts 库绘制常用图表的方法。

　　理解数据可视化的目的和意义并为数据展示选择适宜的图表是可视化的起点,也是关键,应建立灵活运用各种可视化图表的能力,为后续数据探索以及机器学习任务服务。离散型数据通常使用柱状图、饼图等进行可视化,而连续型数据通常使用折线图、散点图、直方图、箱形图等进行可视化。

　　Matplotlib 的绘图过程大致包括创建画布/子图、绘制图表和显示/保存图表 3 个步骤。在绘制图表时,可以通过设置标题、图例、坐标轴和注释等图表元素丰富图表的信息。

　　Pandas 的可视化接口通过与数据框架直接交互,使数据可视化变得更加简单和高效,特别适合快速探索和分析数据。

　　Seaborn 基于 Matplotlib,提供了简洁的 API 和美观的图表,并内置了多种统计功能,可以直接从 DataFrame 中绘制柱状图和计数图,Seaborn 使得数据可视化更加高效,特别适合快速展示统计结果和探索数据特征。

　　Pyecharts 是基于百度 ECharts 的 Python 库,便于在 Python 环境中创建交互式图表,创建图表的过程可以使用链式操作,使表达更为简洁和灵活。

　　探索性数据分析是数据分析中一个至关重要的阶段,它通过描述性统计和可视化方法深入理解数据集的特征和结构。通过探索性数据分析,可以识别数据中的模式、趋势和异常值,从而为数据清洗和特征工程提供指导,为机器学习模型的构建奠定坚实基础。

◆ 5.8 习　　题

1. 数据可视化的作用是(　　　)。(多选)

A. 将数据以图形化的方式表达出来

B. 直观清晰地呈现数据的特征、趋势或关系等

C. 辅助数据分析或展示数据分析的结果

D. 帮助人们更好地理解数据、发现信息、进行沟通和决策

2. 在 Matplotlib 中,可以呈现图表中图例的函数是(　　　)。

A. set_legend()　　　B. legend()　　　C. add_legend()　　　D. create_legend()

3. 在 Pyecharts 中,用于设置图表标题的配置项是(　　　)。

A. init_opts　　　B. title_opts　　　C. legend_opts　　　D. toolbox_opts

4. 依据如下数据,绘制如图 5-40 所示的折线图,展示不同城市降雨量变化趋势。

```
cities = ['北京', '上海', '广州']
rainfall = np.array([[20, 25, 30, 22, 18, 15, 10],
                     [15, 18, 20, 16, 14, 12, 10],
                     [30, 32, 28, 35, 40, 38, 33]])
```

5. 依据如下电影类型的票房数据,绘制如图 5-41 所示的饼图,显示它们的票房占比情况。

```
types = ['动作片', '喜剧片', '科幻片', '爱情片', '恐怖片']
box_office = [200, 150, 100, 80, 70]
```

6. 设有如下一些国家的 GDP 和人均寿命数据,绘制如图 5-42 所示的散点图,展示每个国家 GDP 与人均寿命之间的关系,使用不同颜色和尺寸的点表示不同的洲。

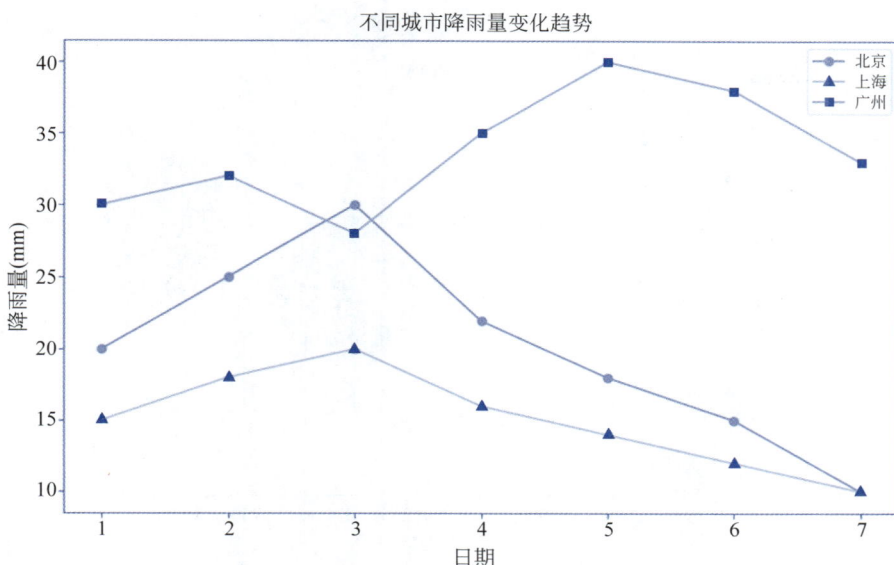

图 5-40　城市降雨量变化折线图

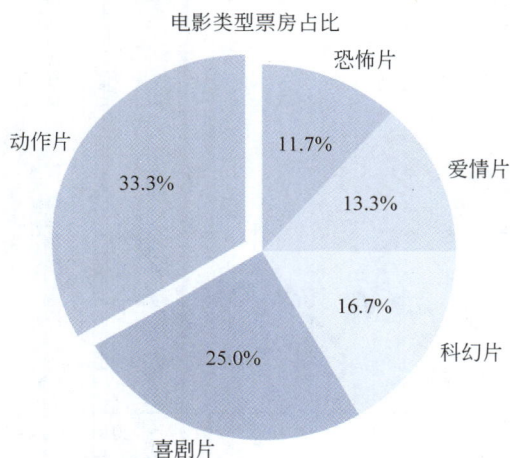

图 5-41　电影类型票房占比饼图

```
country =['China', 'Japan', 'USA', 'India', 'Germany', 'Russia']
gdp =[14340, 5080, 21430, 2870, 3860, 1660]
life_expectancy =[76.4, 84.6, 78.9, 69.7, 81.2, 72.5]
continent =['Asia', 'Asia', 'Americas', 'Asia', 'Europe', 'Europe']
```

7. 现有 2000—2017 年的 Google、Amazon 和 Apple 公司的股票数据文件（Google.csv、Apple.csv 和 Amazon.csv），每个文件都包含 7 列数据：Date（开盘日期）、Open（开盘价）、High（最高价）、Low（最低价）、Close（收盘价）、Adj_Close（调整收盘价）和 Volume（交易量）。整合 3 个公司的股票数据，并进行数据清洗后，绘制图 5-43 所示的股票调整收盘价趋势图。

8. 文件 Students.csv 中包含了一些学生数据：Gender（性别）、Age（年龄）、Province（生

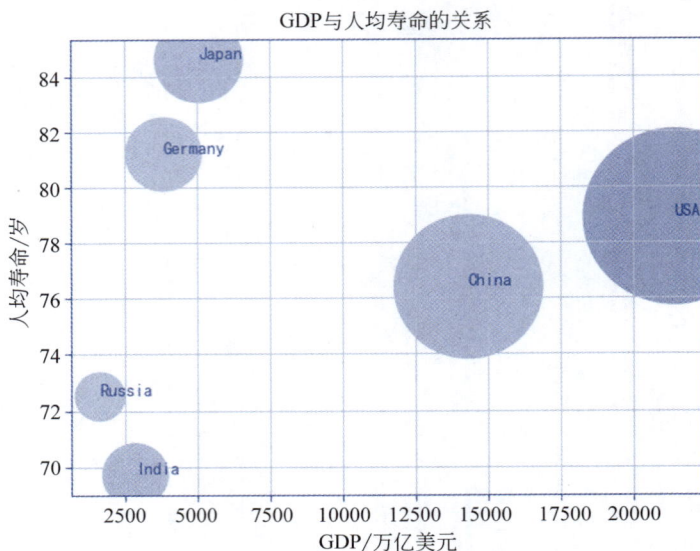

图 5-42　GDP 与人均寿命关系散点图

图 5-43　股票调整收盘价趋势图

源地)、Score(加权成绩)。读取数据,使用 Seaborn 可视化加权成绩分布和按性别分类的加权成绩分布,如图 5-44 和图 5-45 所示。

9. 文件 Car_Selling_Fact.csv 中包含了一组汽车销售数据,如图 5-46 所示。

统计每个厂商每年度的销量数据,并使用 Pyecharts 绘制带有时间轴的柱状图,如图 5-47 所示。点击年度,能够以互动的方式查看该年度的统计结果。

10. 探索性数据分析。

基于 5.6 节的阿里移动推荐算法挑战赛数据集,继续进行如下数据分析:

(1) 基于小时级别的访问流量分析,找到用户购物的高峰期,即访问量和独立访问量在哪一个时段出现峰值;对比"双 12"当天的访问流量数据,对比变化趋势。

(2) 购买是商家最为关注的行为,用可视化的方式展示以日为单位的用户购买商品的频次。

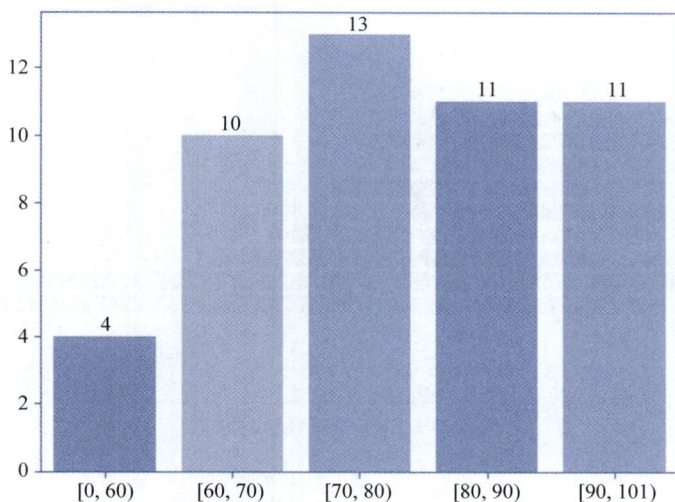

图 5-44　加权成绩分布

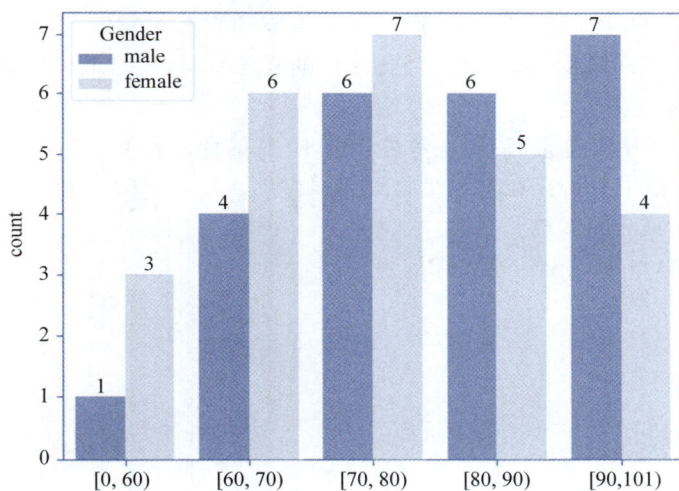

图 5-45　按性别分类的加权成绩分布

	车系	厂商	车类	品牌	车型	级别	价格	时间	销量	销售规模（亿）	省份	城市
0	韩系	东风悦达起亚	SUV	起亚	智跑	紧凑	17	2019/6/30	2955	5.0235	江苏	盐城
1	韩系	东风悦达起亚	SUV	起亚	智跑	紧凑	17	2019/5/31	5680	9.6560	江苏	盐城
2	韩系	东风悦达起亚	SUV	起亚	智跑	紧凑	17	2019/4/30	8707	14.8019	江苏	盐城
3	韩系	东风悦达起亚	SUV	起亚	智跑	紧凑	17	2019/3/31	13989	23.7813	江苏	盐城
4	韩系	东风悦达起亚	SUV	起亚	智跑	紧凑	17	2019/2/28	7360	12.5120	江苏	盐城

图 5-46　汽车销售数据

（3）在计算 ARPU 的过程中，分子使用的是购买累计次数。如果分子只统计购买行为对应的用户数，那么就能得到下单率。根据该方法统计用户的下单率。

（4）复购指对商品的重复购买行为。复购率的计算公式如下：

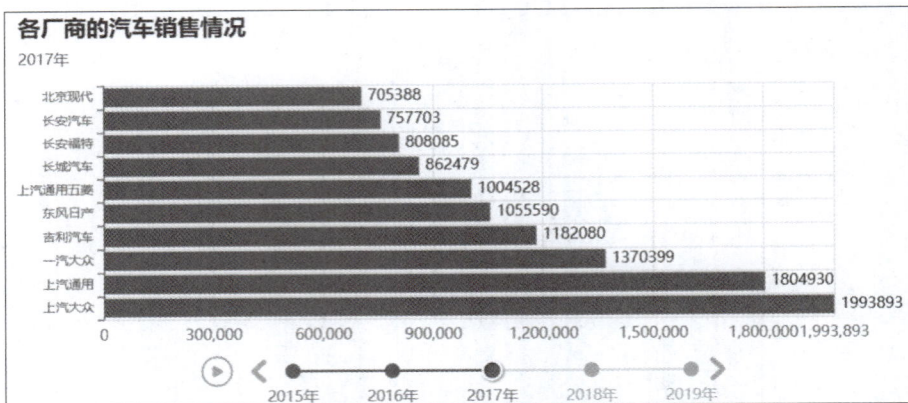

图 5-47 厂商年度销量柱状图

$$复购率 = \frac{复购用户数量}{有购买行为的用户数量}$$

基于该公式,计算用户在一个月内的复购率。

(5)除了对复购频次的统计,还可以进一步探究用户多久复购一次。该数据有助于商家在用户的复购时间间隔内采取策略,强化用户的复购意向,使之最终转化为实际收益。统计用户的复购时间间隔。

(6)统计数据集中浏览量、购买次数位于前 10 位的商品及商品品类。

(7)分析数据集中是否存在被大量收藏但很少加入购物车的商品。该数据可以供商家优化该商品的描述或定价策略。

基于该数据集,继续探索你感兴趣的各种问题。

机器学习基础

随着科学研究的基本手段从传统的理论＋实验走向理论＋实验＋计算，直至数据科学的提出，机器学习的重要性日益凸显。计算的目的是数据分析，数据科学的核心正是通过分析数据获取价值。机器学习可以大幅提升数据分析的效率和准确率，是智能数据分析技术的创新源泉，本章学习机器学习的基础知识。

◆ 6.1　机器学习概述

机器学习很遥远吗？机器学习很复杂吗？本节从机器学习的案例出发，介绍机器学习的框架和相关术语。

6.1.1　从案例看机器学习

清晨 7 点，扫地机器人准时从它的基站出发开始了新的一天的工作。它刚到家的那天，按照指令在家里跑了个遍，迅速给自己绘制了一张工作地图，从此以后每天就按照这张地图兢兢业业地工作，把家里打扫得一尘不染。它是一个有温度的家伙，能够和家里的猫（哲哲）和平相处，每当探测到它趴在哪儿一动不动的时候便会绕道而行，而哲哲则也对它习以为常、熟视无睹。于是，有一天它就画了这样一幅地图"告状"，因为哲哲的阻挡它没能打扫房间 2，如图 6-1 所示。

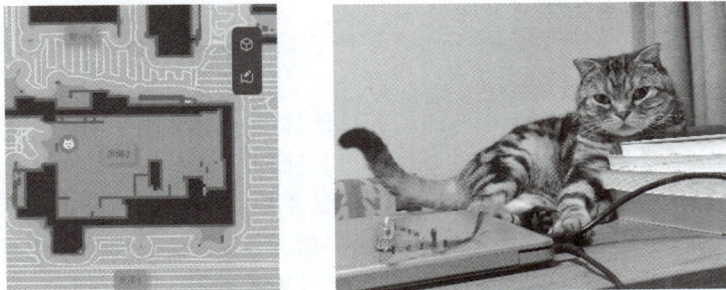

图 6-1　扫地机器人工作地图和家猫

上面这段话涉及基于机器学习的功能。例如，机器人的视觉系统可以进行目标检测和识别，能够找出它视觉范围内的所有感兴趣的目标（各种障碍），确定它们的位置，从而形成地图，并且对目标进行分类。机器人之所以判断是一只猫阻挡了它的行进，是基于经验得出的结论，这个家伙有毛，有耳朵，有胡须，一身虎皮纹路,体型不是很大,等等。当然,世界上有各种各样的猫,机器人都应该能准确识别出来。

机器学习正是这样一门学科,致力于研究如何通过计算的手段,利用经验改善系统自身的性能,例如通过大量的学习识别各种各样的物体。在计算机系统中,经验通常以数据的形式存在。机器学习所研究的主要内容是如何利用计算从数据中产生模型,即研究基于数据通过什么样的算法生成模型。当模型成熟后,面对新的情况(例如扫地机器人在家门口看见一双鞋)就会给出相应的判断(例如在地图上画一双鞋)。

机器学习的过程如图 6-2 所示。首先将已知数据集交给某种算法,通过训练、测试对模型进行逐步修正,最终完成建模;应用模型时,将新的数据作为输入,通过模型计算得到预测结果。

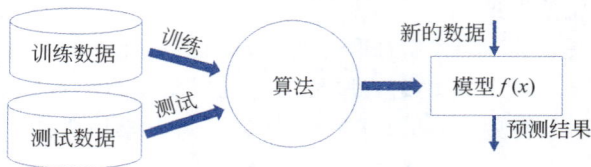

图 6-2　机器学习的过程

模型的本质就是一个函数,可用 $f(x)$ 表示,这个函数的自变量是数据集中的每个数据,函数值即模型预测的结果。这个函数的复杂程度与数据的维度、问题的复杂度有关,可能是一个线性或非线性的数学表达式,也可能是无法直接用数学形式表示但依然可以进行预测的超复杂函数。机器学习的过程就是获取这个函数的过程。

6.1.2　机器学习分类

机器学习完成的任务主要包括分类、回归和聚类等。

如果通过模型预测的是离散值,例如"美短""英短",此类学习任务称为分类(classification);如果预测的是连续值,例如猫的年龄(0.5、3、6.5 等),此类学习任务称为回归(regression)。除此之外,还可以对猫进行聚类(clustering),即将训练集中的猫分为若干组,这些自动形成的组可能对应一些潜在的概念划分,如"折耳猫""非折耳猫",甚至"家猫""野猫"。

根据学习任务的不同,机器学习方法分为监督学习(supervised learning)、无监督学习(unsupervised learning)等。

在监督学习中,数据集中所有的训练数据都带有标签,监督学习从给定的有标签的训练数据中学习到一个函数,常见任务包括分类与回归。分类的主要任务是将数据划分到合适的类别中。回归主要用于预测数值型数据,如获取一条数据拟合曲线。分类和回归之所以称为监督学习,是因为这类算法利用已有的标签数据指导模型的学习过程。以猫狗的识别分类为例,如图 6-3 所示,训练数据集中每一张图片都有标签说明这是一只猫还是一只狗,通过大量的学习,模型习得了猫、狗各自的特征,并且知道它们究竟是什么,实现了对猫、狗进行分辨。

图 6-3　监督学习示例

在无监督学习中,数据集中所有的训练数据都没有标签,既没有类别信息也没有目标值。无监督学习需要根据样本间的统计规律对样本集进行分析,常见任务是聚类。例如,还是一组猫、狗的图片,如图 6-4 所示,但是此时每一张图片都没有标签,也就是说不知道它们是猫还是狗,经过大量的学习后,模型可以根据猫、狗各自的特征将它们分门别类,此时虽然猫的图片、狗的图片分别归属到不同类别,但是模型其实并不知道它们到底是什么。

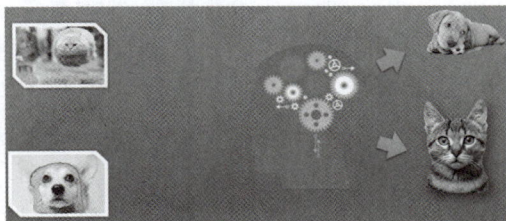

图 6-4　无监督学习示例

各种机器学习任务都可以由相应的机器学习算法实现。机器学习任务及主要算法如表 6-1 所示。

表 6-1　机器学习任务及主要算法

学习任务	主要功能	类　　型	常用算法
分类	对已有数据进行分类,将给定样本放入相应类别	监督学习	逻辑回归 朴素贝叶斯 K 近邻 支持向量机 决策树 随机森林 XGBoost 神经网络
回归	用函数拟合已知数据,从而预测未知样本目标值	监督学习	线性回归 多项式回归 K 近邻回归 Lasso 回归 岭回归 支持向量回归 决策树回归 随机森林回归 神经网络回归
聚类	将样本划分为若干类别	无监督学习	K 均值聚类 AP 聚类 DBSCAN 聚类

后续各章将介绍分类和回归任务的主要机器学习算法。

6.1.3　机器学习基本术语

在机器学习中,算法是用来训练模型的方法;模型是机器学习算法用已知数据训练出的结果,是算法的输出。

在机器学习中有两种参数：算法参数和模型参数。模型 $f(x)$ 可以看作通过训练得到的、由参数 x 表示的某种函数。模型参数简称为参数，用于描述一个具体的模型。

在使用算法对模型进行训练的过程中，也需要设定一些参数，如训练集和测试集的划分比例、用于优化算法的学习率、决策树的数量或深度、神经网络的激活函数等。为了区别于模型参数，这些算法参数被称为超参数（hyperparameter）。超参数用于控制机器学习过程从而确定模型参数。

一般来讲，机器学习算法的结果（模型）以黑盒的方式存在，因此通常不关心模型具体的参数取值，而是关注机器学习算法的超参数，因为这些参数在很大程度上影响模型的学习效果。机器学习过程中经常提及的调参即指通过调整超参数的方式取得更优的模型，超参数往往需要通过多次试验和调整获取最优的组合。

以 K 近邻算法（K Nearest Neighbors，KNN）为例，它通过测量不同特征值之间的距离进行分类，具体的算法将在第 8 章中讲解。使用 K 近邻算法完成分类任务时，Scikit-learn库中该算法的部分超参数如表 6-2 所示。

表 6-2　K 近邻算法的部分超参数

超参数及其默认值	作用及意义
n_neighbors＝5	将距离最近的 n_neighbors 个样本中出现次数最多的类别作为新样本的类别，默认值为 5
weights＝'uniform'	weights 参数指定如何为近邻分配权重。默认值 uniform 表示为每个近邻分配统一的权重，distance 表示距离越近权重越大。此外，可以自定义距离函数用来计算权重
algorithm＝'auto'	algorithm 参数指定如何选择距离算法。默认值 auto 根据数据特点自动选择一个最好的距离算法。还可以指定其他算法，如 BallTree、KDTree、Brute-force 等

调整超参数需要对机器学习算法有足够的理解，只有基于算法的细节才能有的放矢地进行调参工作。

6.1.4　机器学习关键技术

机器学习的过程中有 3 个关键技术，分别是数据表示、训练模型以及测试模型，如图 6-5所示。

图 6-5　机器学习的关键技术

数据表示是将参加机器学习的数据集中的数据对象进行特征化表示，并成为可以输入算法的合理数据结构。特征（feature）通常是从原始数据中提取的有用信息，特征的选择和提取非常关键。在实际应用中，特征选择和提取往往是机器学习中非常重要和耗时的任务。

训练模型指应用某种机器学习算法从训练数据集中通过学习得到模型。训练的目标是使该模型不仅适用于训练数据,也能够适用于未知的新数据,也就是使模型具有泛化(generalization)能力。

测试模型是对于测试集中新的数据样本,利用学到的模型进行预测和评价,从而确认模型或者返回前一阶段继续训练模型,甚至回到数据表示阶段进行特征调整。测试是评价模型和指导训练过程的重要一环。

◇ 6.2　样本的表示

数据是机器学习的驱动力,也是机器学习的起点。本节介绍如何将现实世界中的事物表示为可以提供给机器学习算法的合理数据。

6.2.1　特征向量

要进行机器学习,必须先有数据。一组描述事物的记录的集合称为数据集。数据集中的每条记录是关于一个对象的描述,称为样本。反映对象在某方面的表现或性质的项目被称为特征或者属性(attribute);属性形成的空间称为样本空间。由于样本空间中每个点对应一个向量,所以也将一个样本称为特征向量。

例如,一只猫是一个对象,品种、花纹、年龄是描述它的 3 个属性,"美短""银虎斑纹"和 6 岁是对应的属性值。品种、花纹、年龄作为 3 个坐标轴,构成描述一只猫的三维空间,该特征向量可以表示为("美短","银虎斑纹",6)。

一般地,令 $D=\{\boldsymbol{x}_1,\boldsymbol{x}_2,\cdots,\boldsymbol{x}_m\}$ 表示包含 m 个样本的数据集,每个样本由 n 个属性描述,则每个样本 $\boldsymbol{x}_i=[x_{i1},x_{i2},\cdots,x_{in}]$ 是 n 维样本空间中的一个向量,其中 x_{ij} 是 $\boldsymbol{x}_i$ 在第 j 个属性上的取值,n 称为样本 $\boldsymbol{x}_i$ 的维数(dimensionality)。

6.2.2　特征工程

有这样一句话广为流传:数据和特征决定了机器学习的上限,而模型和算法只是逼近这个上限。通常,不同的机器学习算法对结果的准确率影响有限,而好的数据集和特征工程才是影响模型的本质。

如全球百科(GLOPEDIA)所述,特征工程(feature engineering)是利用领域知识从原始数据中提取特征的过程。其动机是利用这些额外的特征提高机器学习结果的质量,而不是只提供原始数据给机器学习过程。

特征工程为机器学习建模提供输入,每个样本表示为特征向量,所有样本的特征向量组成特征矩阵,其流程如图 6-6 所示。

在实际生产环境中,业务数据并非如想象那样完美,可能存在各种问题,例如信息遗漏、上报异常、信息暂时无法获取(如医疗数据中并非所有病人的所有临床检验结果都能在给定时间内得到,致使一部分特征值空缺)、有些对象的某个或某些特征不存在(如未婚者的配偶姓名、儿童的固定收入)等。为了让模型能够学习到真实的行为规律,需要对已经构造的原始特征进行预处理,清洗脏数据(如缺失

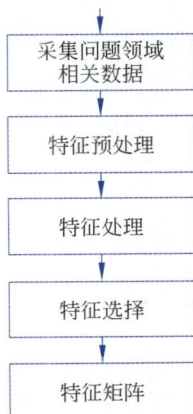

采集问题领域
相关数据

↓

特征预处理

↓

特征处理

↓

特征选择

↓

特征矩阵

图 6-6　特征工程流程

值、异常值、重复值等),清洗的方法如 4.4 节所述。

特征处理是将数据转换为可用于机器学习的数值特征,例如分类数据的数值表示、自然语言处理中文本数据的数值表示以及数值型数据的归一化处理等。总之,在计算机世界中只有 0 和 1 两种数字,各种特征最终都要表示为由 0 和 1 组成的适用于机器学习算法的数据,并且要保证这些数值表示的特征计算的合理性。

但是,并不是所有特征都需要参与机器学习。以人类性别识别的二分类问题为例,假设采集到的关于每个对象的特征包括身高、体重、声频、头发长短、出生日期、家庭住址、籍贯等。显然,这些特征中,出生日期、家庭住址、籍贯与性别的判断无关,在特征选择阶段可以被剔除。

特征工程的结果是所有样本的特征向量组成的特征矩阵,如图 6-7 所示。矩阵中不能包含空值,且每个数据都必须为数值类型。

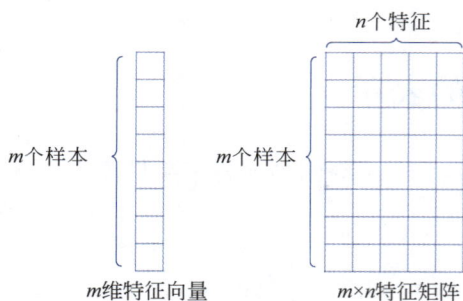

图 6-7　特征向量和特征矩阵

需要注意的是,Python 机器学习主要使用 Scikit-learn 库,该库中所有算法的输入必须是二维的,即使只有一个特征,也要将其表示为二维结构。若原始数据是一维的,可以利用 NumPy 库的 reshape() 方法调整维度。例如:

```
In [1]    import numpy as np
          a = np.array([1, 2, 3, 4, 5])
          a.shape                    #一维数组
```

对应的输出结果为

```
(5,)
```

```
In [2]    b = a.reshape(-1, 1)        #调整维度
          b
```

对应的输出结果为

```
array([[1],
       [2],
       [3],
       [4],
       [5]])
```

```
In [3]    b.shape                     #二维数组
```

对应的输出结果为

```
(5, 1)
```

以上过程如图 6-8 所示。

6.2.3　特征处理

特征处理是将数据转换为可用于机器学习的数值特征。

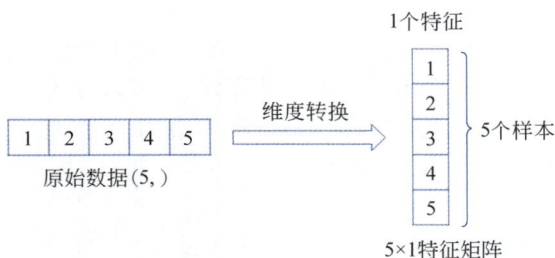

图 6-8 只有一个特征值的特征矩阵的构建

1. 分类型特征和独热编码

在机器学习算法中,经常遇到分类特征,它们的取值是一些符号或事物的名称,如人的性别(男、女)、籍贯(北京、河北、广东等)、特长(篮球、琵琶、街舞、游泳等)。这些特征值不是连续的,而是离散的、无序的,需要对其进行数字化处理。

如何进行数字化呢?以籍贯特征["北京","河北","广东"]为例,如果设

```
"北京" = 1
"河北" = 2
"广东" = 3
```

则特征值 x、y 之间的距离 $d(x,y)$ 为

$$d("北京","河北") = 1$$
$$d("北京","广东") = 2$$
$$d("河北","广东") = 1$$

在分类、回归、聚类等机器学习算法中,特征值之间的距离的计算或者相似度计算非常重要。显然,上述特征值之间的距离计算是不合理的,因为类别之间本是无序的。

这类特征的处理通常使用独热(one-hot)编码法。假设特征有 N 个定性值,则将这个特征扩展为 N 个特征,当原始特征值为第 i 个定性值时,第 i 个扩展特征赋值为 1,其他扩展特征赋值为 0。可以这样理解,对于每个特征,如果它有 N 个定性值,那么经过独热编码后,就变成了 N 个二元特征,且这些特征互斥。例如,籍贯特征有 3 个定性值,因此将其扩展为 3 个二进制表示的特征,分别为 001、010 和 100。

使用独热编码将离散特征的取值扩展到了欧几里得空间,离散特征的某个取值对应欧几里得空间的某个点,因此独热编码使特征值之间的距离计算更加合理。例如,设

```
"北京" = (1, 0, 0)
"广东" = (0, 1, 0)
"河北" = (0, 0, 1)
```

则特征值 x、y 之间的距离 $d(x,y)$ 为

$$d("北京","河北") = \sqrt{2}$$
$$d("北京","广东") = \sqrt{2}$$
$$d("河北","广东") = \sqrt{2}$$

独热编码的优点是合理地实现了分类型数据的数值表示,并在一定程度上扩展了特征。例如,性别本身是一个特征,经过独热编码后变成了男或女两个特征。但是,当特征类别较多时,经过独热编码会变得过于稀疏,使特征的计算量增大。

2. 二元型特征

二元型特征是分类特征中的一种特殊情况,只有两个类别或状态,其编码分别用 0、1 表示。例如,人的抽烟习惯有抽烟和不抽烟两个状态,邮件可以分为垃圾和非垃圾邮件两种。

如果二元型特征的两个特征值同等重要,则称为对称的(如性别的取值男、女);否则是不对称的(如疾病的化验结果值阳性、阴性)。

3. 序数型特征

序数型特征指的是有序但无尺度的特征。例如,表示学历特征时,"高中""专科""本科""硕士""博士"这些特征值彼此之间是有顺序关系的,但它们之间的差是未知的。

这些特征编码时常用整数表示,并保证不丢失原始有序的信息量。例如,将学历特征的值"高中""专科""本科""硕士""博士"分别设定为 0、1、2、3、4,将顾客满意度特征的值"5 星""4 星""3 星""2 星""1 星"分别设定为 5、4、3、2、1。

4. 数值型特征和归一化处理

数值型特征是可直接度量的量,用整数或浮点数值表示,例如温度(10℃、−1℃)、人的身高(1.75m、1.6m)等。

在处理数值型特征时,需要注意不同量纲的问题。即,如果不同特征的值的数量级不同,则不应直接放在一起计算,需要进行去量纲的归一化处理,消除特征值的数量级对结果的影响,避免数值过大导致计算问题,使特征之间具有可比性,加快机器学习算法的收敛。当然,事物都具有两面性,经过归一化处理后会丢失原始特征的一些信息。尽管如此,其带来的好处(如提高模型的稳定性和性能)仍然使归一化处理是值得的。

常用的归一化方法有线性归一化和标准归一化。

1) 线性归一化

线性归一化方法适用于数值比较集中的情况,利用特征的最大值和最小值进行归一化处理,公式如下:

$$x' = \frac{x - \min(x)}{\max(x) - \min(x)}$$

它的缺陷是:如果最大值和最小值不稳定,则很容易使得归一化结果不稳定,进而导致算法计算结果也不稳定,实际应用中可以用经验常量值替代最大值和最小值。

2) 标准归一化

在完全随机的情况下,可以假设数据是符合标准正态分布的,也就是均值为 0,标准差为 1。标准归一化的公式如下:

$$x' \leftarrow \frac{x - \mu}{\sigma}$$

其中,$\mu \leftarrow \frac{\text{sum}(x)}{m}$,$\sigma \leftarrow \sqrt{\frac{1}{m}\sum_{j=1}^{m}(x_j - \mu)^2}$,$m$ 为样本的个数。

例如,甲、乙、丙、丁、戊 5 个样本的身高、体重、腰围和胸围 4 个特征的值如下:

	身高 /cm	体重 /kg	腰围 /cm	胸围 /cm
甲	158	60	68	86
乙	165	70	73	90
丙	166	63	70	88
丁	169	71	75	91
戊	171	68	78	94

因为它们的量纲不同,计算前应先进行归一化处理。对身高特征值采用标准归一化方法的计算过程如下：

$$\mu = \frac{(158 + 165 + 166 + 169 + 171)}{5} = 165.8$$

$$\sigma = \sqrt{\frac{(158 - 165.8)^2 + (165 - 165.8)^2 + (166 - 165.8)^2 + (169 - 165.8)^2 + (171 - 165.8)^2}{5}}$$

$$= 4.445$$

$$\frac{158 - 165.8}{4.445} = -1.75$$

$$\frac{165 - 165.8}{4.445} = -0.18$$

$$\frac{166 - 165.8}{4.445} = 0.04$$

$$\frac{169 - 165.8}{4.445} = 0.72$$

$$\frac{171 - 165.8}{4.445} = 1.17$$

◈ 6.3　模型的选择和训练

当对数据集中的样本完成特征处理后,就进入机器学习的模型训练过程。训练过程包括选择模型、选择损失函数以及采用某种方法不断降低损失,从而得到满足性能的模型。

6.3.1　模型的选择

机器学习的模型非常多,例如表 6-1 中针对不同的学习任务列举了一些常用算法,每一种算法在数据集上运行的输出就是模型。所谓模型的选择即挑选一种机器学习算法,确定要针对什么样的任务、是否需要预测目标变量的值、要寻找哪类规律。

例如,有以下 3 个任务：预测明天下雨的概率,预测图片里的动物类型,对购物者按照消费行为进行分组。前两个任务需要预测目标变量的值,属于监督学习;而购物者的分组则不需要预测目标变量的值,只需要将有相似消费行为的客户聚类在一起即可,属于无监督学习。

确定使用监督学习算法之后,需要进一步确定目标变量的类型,如果目标变量是离散值,如"是/否""猫/狗/猪""红/黄/黑"等,则可以选择分类算法;如果目标变量是连续型的数值,如明天下雨的概率、房屋的房价等,则需要选择回归算法。

上述方法是大多数情况下通用的机器学习算法选择策略,但是这只能在一定程度上缩小算法的选择范围。为了选出更好的算法,还要尝试对不同算法的性能、效果进行评估、比较。一般来说,发现最好的算法是反复试错的迭代过程。

图 6-9～图 6-13 依次展示了本书后续章节将陆续介绍的线性回归模型、K 近邻模型、支持向量机模型、决策树模型和随机森林模型。

随着学习的深入,读者将能够了解每种算法的特点,从而针对问题对模型做出更合适的选择。

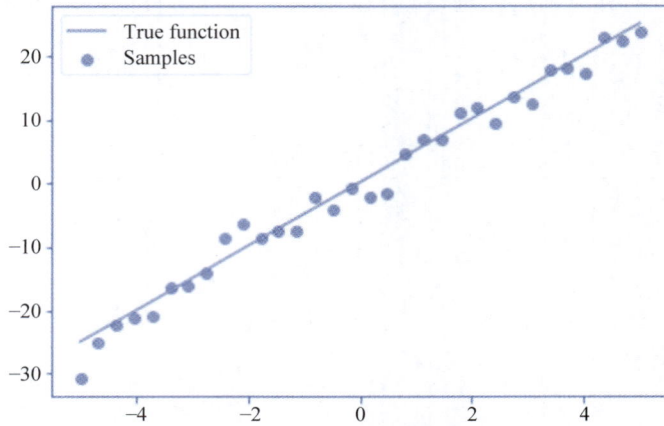

图 6-9　线性回归模型

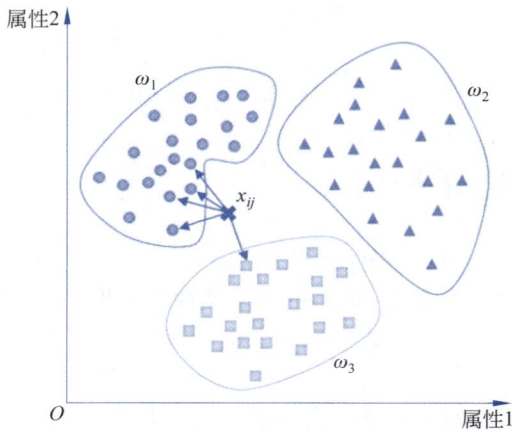

图 6-10　K 近邻模型

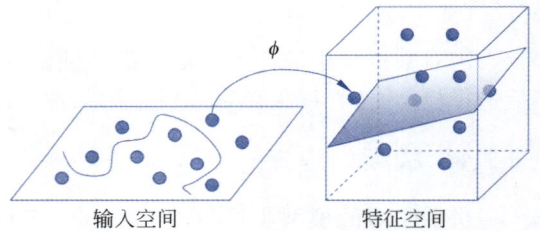

图 6-11　支持向量机模型

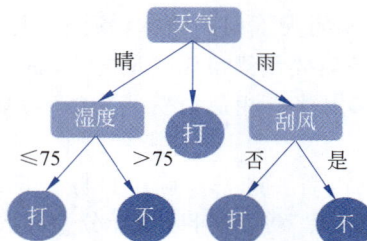

图 6-12　决策树模型

6.3.2　损失函数的选择

　　确定了要使用哪种机器学习算法并开始训练模型后,每个样本经过计算会得到一个预测值,预测值和真实值的差值就称为损失,因此需要确定一个评价预测值好坏的依据,从而指导训练的走向,这就是损失函数(loss function)。损失函数用来评价模型的预测值和真实值不一样的程度,损失函数的选择非常关键,损失函数越好,通常训练得到的模型的性能也

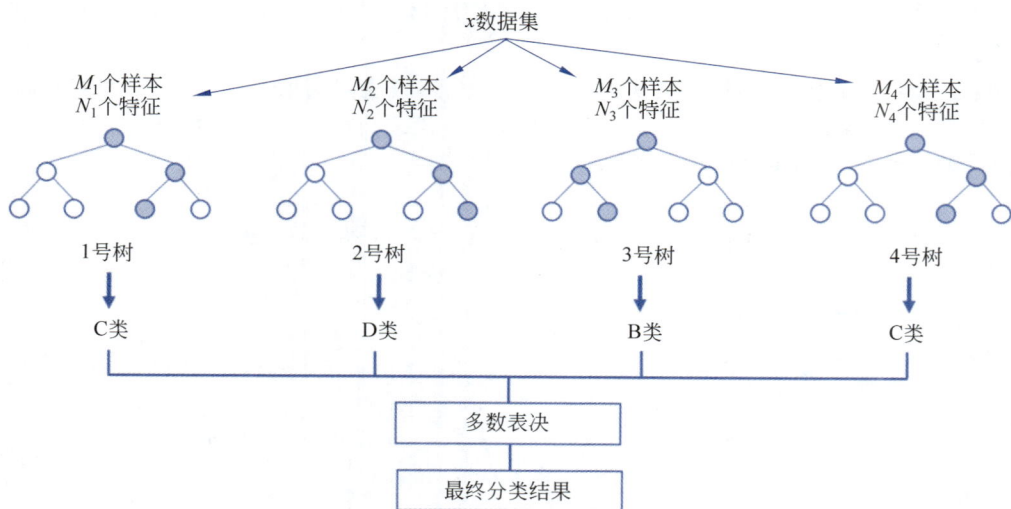

图 6-13 随机森林模型

越好。

在机器学习中,输入的特征通过模型得到预测值,这个过程称为向前传播(forward pass);要减小预测值和真实值之间的差,则需要更新模型中的参数,这个过程称为向后传播(backward pass)。损失函数在两种传播之间起到承上启下的作用,"承上"是指在向前传播完成后计算预测值和真实值的差值;"启下"是指将差值作为向后传播的输入数据,从而引导更新模型参数。

下面介绍常用的损失函数。为了表述方便,使用数理统计名词"残差"表示每个观测数据预测值和实际值之间的差。

1. 平均绝对损失函数

平均绝对误差(Mean Absolute Error,MAE)损失函数对于 m 个样本的计算公式如下:

$$\text{Loss}(\widetilde{y}, \hat{y}) = \sum_{i=1}^{m} |\widetilde{y}_i - \hat{y}_i|$$

其中,$\widetilde{y}_i$ 表示样本 i 的真实值,$\hat{y}_i$ 表示样本 i 的预测值,它计算的是所有样本的残差绝对值之和。

2. 均方误差损失函数

均方误差(Mean Squared Error,MSE)损失函数的计算公式如下:

$$\text{Loss}(\widetilde{y}, \hat{y}) = \frac{1}{m} \sum_{i=1}^{m} (\widetilde{y}_i - \hat{y}_i)^2$$

均方误差指所有样本残差的平方和的均值。均方误差损失函数广泛应用于回归问题,用于度量样本到回归曲线的距离,通过最小化均方误差使样本更好地拟合回归曲线。均方误差损失函数的值越小,表示预测模型描述的样本数据具有越好的精确度。它的优点是计算成本低且具有明确的物理意义。

3. 交叉熵损失函数

在进行分类任务时,机器学习算法通常基于概率生成结果。算法会计算样本属于每个分类的概率,并根据这些概率判断样本的最终分类,即样本将被分配到概率最大的分类中。

例如,根据 GPA、托福成绩、GRE 成绩、大学排名等特征预测研究生申请者能否被录取,这是一个二分类问题,如果计算所得的概率大于 0.5,则划分为"录取"类,否则归入"不录取"类。

假设有 4 个样本(圆圈代表真实值是录取,三角形代表真实值是不录取),使用当前模型参数计算后的概率取值如图 6-14(a)所示,其中直线代表目前模型找到的分类标准,上方为被录取的样本,下方为不被录取的样本。

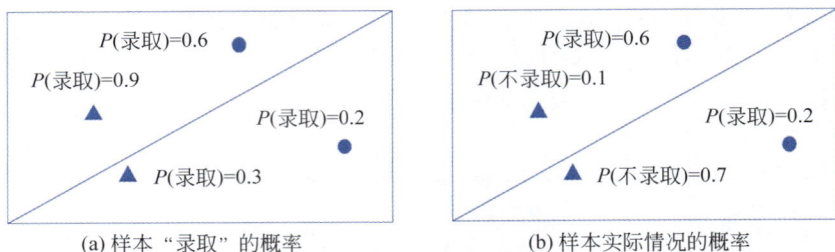

(a) 样本"录取"的概率　　　　　　　(b) 样本实际情况的概率

图 6-14　样本的概率结果 1

可以看出,目前有两个样本的计算结果是错误的,为 P(录取)=0.9 的 ▲ 样本和 P(录取)=0.2 的 ● 样本。

那么,如何使用概率评估当前模型的损失并对其进行改善呢? 基于概率计算的机器学习算法按照"实际情况"对应概率最大的方式选择模型。

首先计算模型中样本实际情况对应的概率:
$$P(▲正确) = P(▲样本不被录取的概率) = 0.7$$
$$P(▲错误) = P(▲样本不被录取的概率) = 0.1$$
$$P(●正确) = P(●样本被录取的概率) = 0.6$$
$$P(●错误) = P(●样本被录取的概率) = 0.2$$

因此,
$$P(模型) = 0.7 \times 0.1 \times 0.6 \times 0.2 = 0.0084$$

以上 4 个样本的实际情况的概率如图 6-14(b)所示。

再假设 4 个样本全部分类正确,它们的计算结果如图 6-15(a)所示,它们的实际情况的概率如图 6-15(b)所示。

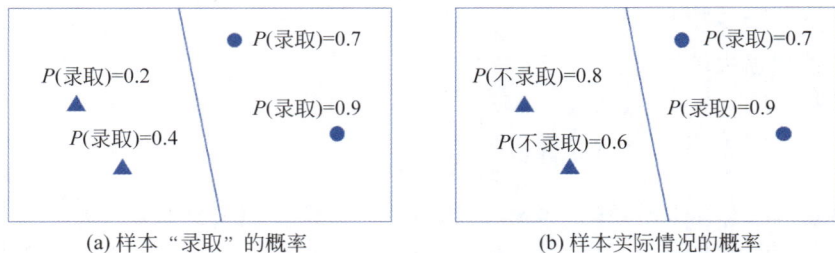

(a) 样本"录取"的概率　　　　　　　(b) 样本实际情况的概率

图 6-15　样本的概率结果 2

该模型的目前表现为
$$P(模型) = 0.8 \times 0.6 \times 0.7 \times 0.9 = 0.3024$$

因此,如图 6-16 所示,两个模型按照实际情况对应的概率最大的方式进行选择,后者的性能好于前者。

因为概率为 0~1 的数字,很多样本的概率乘积会导致数值非常小,因此使用对数运算

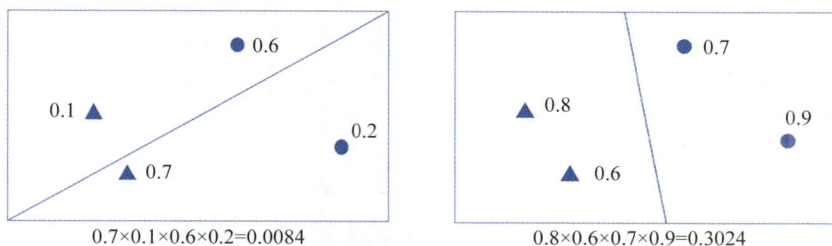

图 6-16　两个模型的概率对比

将乘积改为求和运算；同时，因为 0～1 的数值的对数为负，因此对计算结果继续取负，使其变为正数。两个模型的计算结果如图 6-17 所示。这个计算结果称为交叉熵。

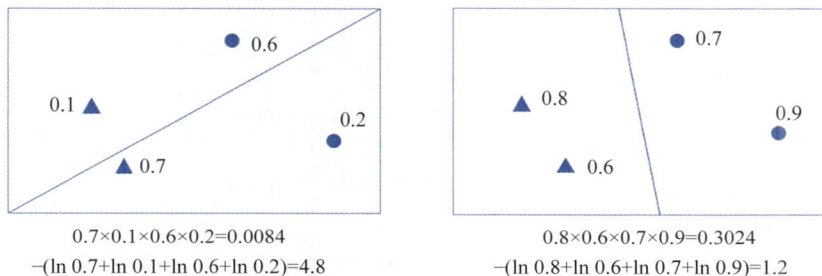

图 6-17　两个模型的交叉熵对比

交叉熵(cross entropy)是信息论中的一个概念，在机器学习中用于评估当前训练得到的概率分布与真实概率分布之间的差异。交叉熵损失函数刻画了输出概率与期望概率之间的相似度，交叉熵的值越小，则二者越接近。

交叉熵损失函数提供了一种有效的方式评估和优化分类模型的表现。通过最小化交叉熵，可以提高模型的准确性，使其输出的概率分布更好地反映真实标签的概率分布。

二分类问题的交叉熵损失函数也称对数损失函数，公式如下：

$$\text{Loss}(p,q) = -\frac{1}{m}\sum_{i=1}^{m}\left[p_i \ln q_i + (1-p_i)\ln(1-q_i)\right]$$

其中，p 为真实概率分布，q 为预测概率分布。为了消除样本数量的影响，对损失计算求均值。

【例 6-1】　使用二分类交叉熵损失函数计算图 6-14(a)模型的误差。

将图 6-14(a)中 4 个样本的真实概率分布和模型的预测概率分布归纳为表 6-3。

表 6-3　4 个样本的真实概率和预测概率

样　　本	真实概率分布 p	预测概率分布 q
$P(\bullet)$	1	0.6
$P(\bullet)$	1	0.2
$P(\blacktriangle)$	0	0.9
$P(\blacktriangle)$	0	0.3

$$\text{Loss} = \frac{-(1\times\ln 0.6 + 1\times\ln 0.2 + (1-0)\times\ln(1-0.9) + (1-0)\times\ln(1-0.3))}{4}$$

$$= \frac{-(\ln 0.6 + \ln 0.2 + \ln 0.1 + \ln 0.7)}{4}$$

$$= 1.2$$

多分类问题的交叉熵损失函数公式如下：

$$\text{Loss}(p, q) = -\frac{1}{m} \sum_{i=1}^{m} \sum_{j=1}^{n} p_{ij} \ln q_{ij}$$

其中，n 为分类的个数，p_{ij} 和 q_{ij} 分别为第 i 个样本属于第 j 个类别的真实概率和预测概率。

【例 6-2】 根据表 6-4 所示的模型计算结果，使用多分类交叉熵损失函数计算误差。

表 6-4　多分类模型样本真实值和预测值列表

样　本	真实概率分布 p	预测概率分布 q	预测是否正确
1	0 0 1	0.3 0.3 0.4	正确
2	0 1 0	0.3 0.4 0.3	正确
3	1 0 0	0.1 0.2 0.7	错误

显然，表 6-4 所示是一个三分类问题，按照公式计算如下：

$$\text{Loss}(样本 1) = -(0 \times \ln 0.3 + 0 \times \ln 0.3 + 1 \times \ln 0.4) = 0.91$$

$$\text{Loss}(样本 2) = -(0 \times \ln 0.3 + 0 \times \ln 0.3 + 1 \times \ln 0.4) = 0.91$$

$$\text{Loss}(样本 3) = -(1 \times \ln 0.1 + 0 \times \ln 0.2 + 0 \times \ln 0.7) = 2.3$$

$$\text{Loss} = \frac{0.91 + 0.91 + 2.3}{3} \approx 1.37$$

交叉熵损失函数在逻辑回归、神经网络中都有着广泛的应用。

6.3.3　梯度下降

损失函数提供了预测值与真实值之间的差异，但是这个差异如何指导模型参数的更新呢？训练的目标是找到最小的误差值，从而得到与真实值误差最小的预测值。

1. 梯度下降的原理

在简单的线性方程中，可以通过判断"预测值与真实值相比是大了还是小了"决定权重是增加还是减少。但是，在更为复杂的非线性环境中如何处理呢？

假设一维问题是一条直线，那么二维问题就是一个平面，而三维问题就是一个曲面。可以将曲面理解为有山峰也有低谷的地形，误差最小的地方就是低谷处，训练的目标是使算法找到这个低谷。为了找到这个低谷，研究者提出了梯度下降（Gradient Descent，GD）的思想。

图 6-18 展示了梯度下降的原理。误差就像是山，目标是走到山下。下山最快的路应该是最陡峭的那个方向，所以需要寻找能够使误差最小化的方向，即梯度方向。

以一元函数为例，梯度是斜率的另一个名称，要计算斜率，就要转向微积分，即求导。函数 $f(x)$ 的导数 $f'(x)$ 是 $f(x)$ 在 x 这一点的斜率。例如，$f(x) = x^2$，x^2 的导数是 $f'(x) = 2x$，在 $x = 2$ 这个点的斜率 $f'(2) = 4$，如图 6-19 所示。

2. 梯度下降指导模型更新

设线性模型 $\hat{y} = \sum_{i} w_i x_i + b$，其中 x_i 为特征值，w_i 和 b 为模型参数。

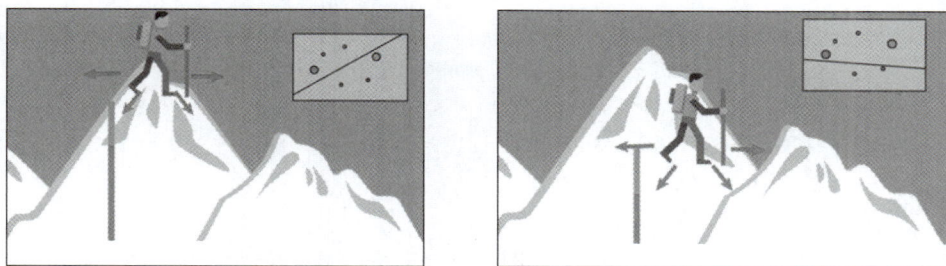

图 6-18　梯度下降的原理

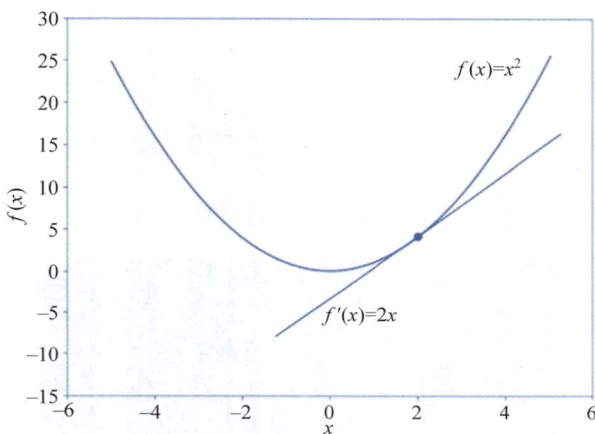

图 6-19　函数及其梯度示例

以均方误差损失函数为例，计算过程如下。为了计算简便，令常数 $m=2$。

$$\text{Error}=\frac{1}{2}(y-\hat{y})^2=\frac{1}{2}(y-\hat{y}(\omega_i,b))^2$$

误差函数是与模型参数相关的多变量函数，梯度可以理解为误差函数对模型各参数求偏导 $\dfrac{\partial E}{\partial w_i}$ 和 $\dfrac{\partial E}{\partial b}$，即用微积分寻找误差函数中任意一点的梯度。

导数计算的链式法则如下：

$$\frac{\partial}{\partial z}p(q(z))=\frac{\partial p}{\partial q}\cdot\frac{\partial q}{\partial z}$$

记 $\hat{y}(\omega_i)=\sum\limits_i w_i x_i,\ q(\omega_i)=y-\hat{y}(\omega_i)$

则 $\text{Error}=\dfrac{1}{2}q(\omega_i)^2$

$$\frac{\partial E}{\partial w_i}=\frac{\partial}{\partial w_i}\frac{1}{2}q(\omega_i)^2=\frac{\partial E}{\partial q}\times\frac{\partial q}{\partial w_i}=q(\omega_i)\frac{\partial q}{\partial w_i}=(y-\hat{y}(\omega_i))\frac{\partial(y-\hat{y}(\omega_i))}{\partial w_i}$$

$$=-(y-\hat{y}(\omega_i))\frac{\partial\hat{y}(\omega_i)}{\partial w_i}$$

$$=-(y-\hat{y}(\omega_i))\frac{\partial}{\partial w_i}(\sum_i w_i x_i)$$

其中：

$$\frac{\partial}{\partial w_1}[w_1x_1+w_2x_2+\cdots+w_nx_n]=x_1+0+\cdots+0=x_1$$

$$\frac{\partial}{\partial w_2}[w_1x_1+w_2x_2+\cdots+w_nx_n]=0+x_2+0+\cdots+0=x_2$$

以此类推：

$$\frac{\partial}{\partial w_i}(\Sigma w_ix_i)=x_i,\quad 即 \quad \frac{\partial E}{\partial w_i}=-(y-\hat{y}(w_i))x_i$$

梯度是函数值在该位置增长最快的方向。为了降低误差,则沿着梯度的反方向下降,从而更新模型中的参数。

$$w'_i=w_i+\Delta w_i=w_i-\frac{\partial E}{\partial w_i}=w_i+(y-\hat{y}(w_i))x_i$$

更新模型参数时,通常使用学习率控制梯度下降的幅度,如图 6-20 所示。学习率代表在每一次迭代过程中梯度向损失函数最优解移动的步长。学习率过低将导致算法需要大量迭代才能收敛;学习率过高则可能越过最小值,导致算法不收敛。

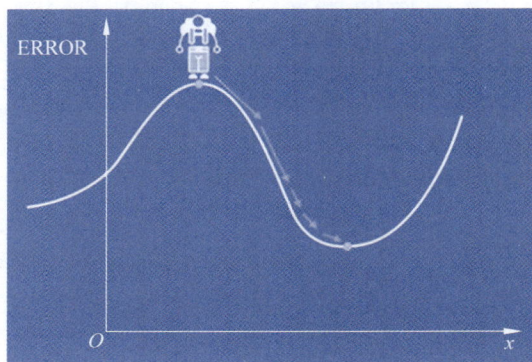

图 6-20　学习率

引入学习率 η,模型参数的更新公式实际为

$$w'_i=w_i+\eta\Delta w_i=w_i+\eta(y-\hat{y}(w_i))x_i$$

更新模型中的常数项 b 的过程与之相似。

$$\Delta b=-\frac{\partial E}{\partial b}=-(y-\hat{y}(w_i))$$

更新参数时

$$b'=b+\eta\Delta b=b+\eta(y-\hat{y}(w_i))$$

3. 梯度下降计算过程

梯度下降的实现步骤如下：

1　随机设置一些权值 $w_1,w_2,\cdots,w_n$ 和参数 b
2　进行若干轮训练,每轮对所有样本 $X_1,X_2,\cdots,X_n$ 执行以下操作
 2.1　计算预测值 $\hat{y}$
 2.2　更新 $w_i,w'_i=w_i+\eta(y-\hat{y})x_i$

2.3 更新 $b, b' = b + \eta\,(y - \hat{y})$

2.4 计算本轮误差, 误差足够小时停止训练

假设有这样一组数据:

$x = [35, 40, 45, 65, 74, 80, 120, 140, 230, 300, 400, 500, 600]$

$y = [150, 170, 190, 200, 224, 245, 320, 400, 640, 780, 900, 1100, 1300]$

其分布如图 6-21 所示。

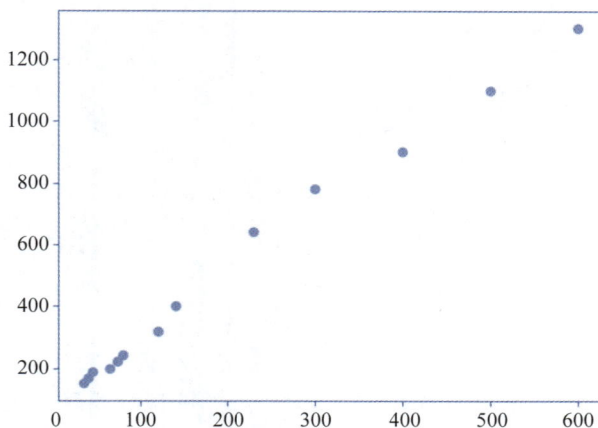

图 6-21 数据分布散点图

根据其特征, 现使用梯度下降方法拟合一条直线。代码如下:

```python
import numpy as np
#计算函数值
def fun(x, weights, bias):
    return np.dot(x, weights)+bias


#均方差损失函数
def error(y, y_predict):
    return np.sum((y-y_predict) ** 2)/len(y)
#梯度下降的一步计算
def update_weights(x, y, weights, bias, learnrate):
    y_predict = fun(x, weights, bias)
    #计算梯度
    gradient_coef = y-y_predict
    #更新参数
    weights += learnrate * gradient_coef * x
    bias += learnrate * gradient_coef
    return weights, bias
#训练过程
def train(features, targets, epochs, learnrate):
    #n_records为样本数,n_features为特征数
    n_records, n_features = features.shape
    #随机给出模型参数
    weights = np.random.normal(scale = 1/n_features ** .5, size = n_features)
```

```
            bias = 0
            plt.plot(features, weights * features+bias, "g--")        #初始拟合线
            for e in range(epochs):                                   #展开多轮训练
                #所有样本参与训练,每个样本训练后调整一次参数
                for x, y in zip(features, targets):
                    weights, bias = update_weights(x, y, weights, bias, learnrate)
                #计算本轮误差,观测误差变化,误差足够小时可以结束训练
                out = fun(features, weights, bias)
                loss = np.mean(error(targets, out))
                print("Train loss: ", loss)
                if e % (epochs/10) == 0:                               #分10次显示拟合线
                    plt.plot(features, weights * features+bias, "r--")
            #训练全部结束后显示最终的拟合线
            plt.plot(features, weights * features+bias, "black")
    if __name__ == "__main__":
        X = [35, 40, 45, 65, 74, 80, 120, 140, 230, 300, 400, 500, 600]
        y = [150, 170, 190, 200, 224, 245, 320, 400, 640, 780, 900, 1100, 1300]
        epochs = 100                                                   #训练轮数
        learnrate = 0.0000001                                          #学习率
        train(X, y, epochs, learnrate)                                 #训练
```

这个问题的本质是用一条直线对样本点进行拟合,称为回归计算。上面利用梯度下降的思想完成了计算,其训练过程如图 6-22 所示,一开始的拟合线误差很大,在梯度下降的过程中误差不断缩小,最终得到最优的拟合线。

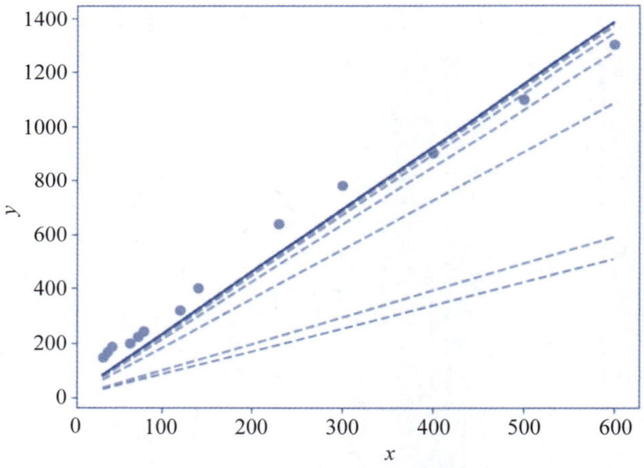

图 6-22　线性回归的梯度下降训练过程

梯度下降是机器学习训练模型过程中的重要方法。

◇ 6.4　模型评估度量标准

通过训练确定了模型及其参数,但是这个过程都只针对训练数据,对于模型是否能够对训练数据之外的数据仍然有效需要进行评估。

6.4.1　过拟合和欠拟合

模型的预测值与样本的真实值之间的差异称为误差,训练集上的误差称为训练误差,新样本上的误差称为泛化误差。训练的目标是得到泛化误差最小的模型。

对于训练能够做到的是努力使训练误差最小化。但是,新样本是未知的。为了让模型在新样本上同样能表现良好,应该从训练样本中尽可能学习到适用于所有潜在样本的“普遍规律”,从而在遇到新样本时做出正确的判断。

当模型把训练样本学得“太好了”的时候,很可能把训练样本中的一些局部性质当成了所有潜在样本都会具有的一般性质,导致模型的泛化性能下降,称为过拟合(overfitting);与过拟合相对的是欠拟合(underfitting),指对训练样本的一般性质尚未学好。

图 6-23 给出了拟合的各种情况,过拟合导致模型的泛化性能下降,而欠拟合导致模型的预测能力下降。

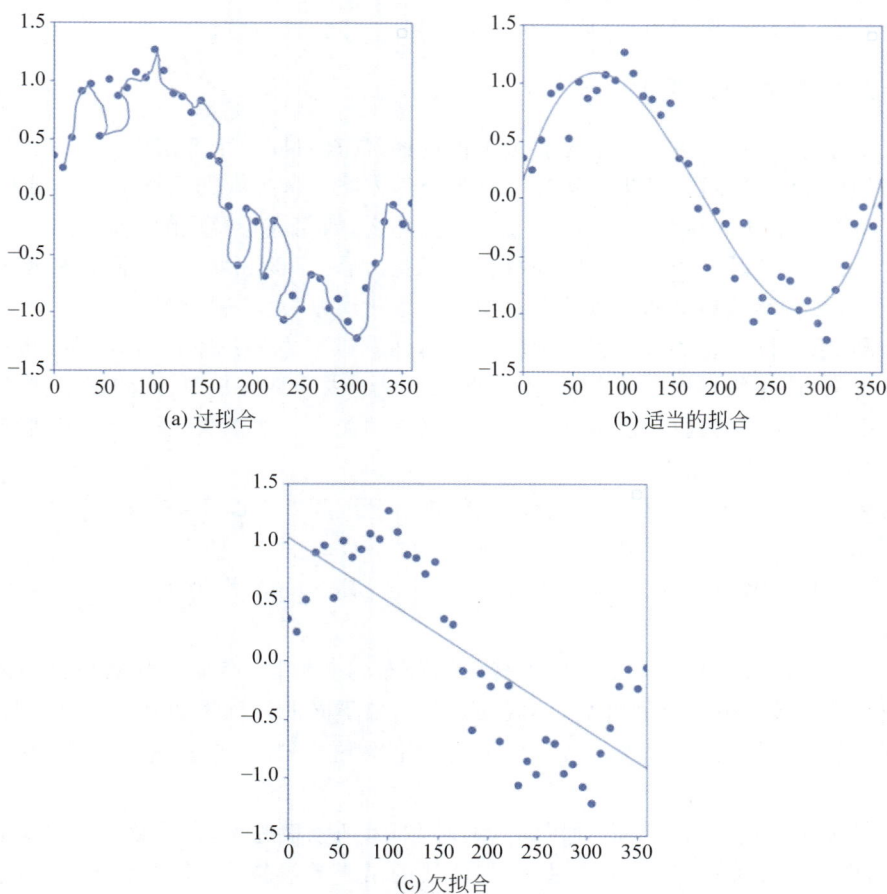

(a) 过拟合　　(b) 适当的拟合

(c) 欠拟合

图 6-23　拟合的各种情况

过拟合是由于学习能力过于强大造成的,把训练样本中包含的不一般的特性学习到了;而欠拟合则通常是学习能力低下造成的。模型的复杂度与预测误差的关系如图 6-24 所示。随着模型复杂度的升高,虽然训练误差越来越小,但泛化误差却快速增大,这就是过拟合的表现。因此,模型的复杂度需要一个限度,既不能过于简单,也不能过于复杂。

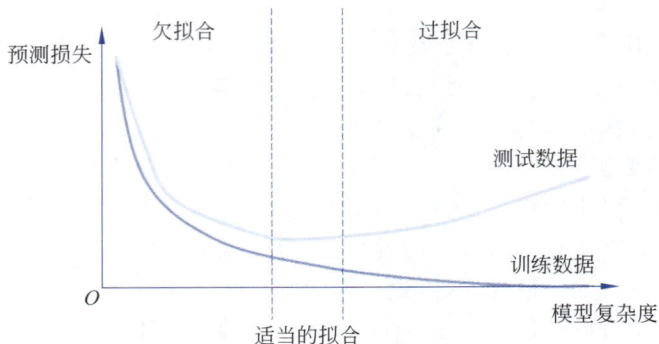

图 6-24　模型的复杂度与预测误差的关系

欠拟合通常可以通过一些措施弥补学习能力不足的问题。而过拟合则是机器学习中面临的关键障碍,无法彻底避免,只能做到尽量缓解。

6.4.2　数据集的划分策略

在现实任务中,往往有很多学习算法可供选择,甚至对同一个算法配置不同的参数也会产生不同的模型,如何对模型进行选择呢?理想的方案是选择候选模型中泛化误差小的,但是泛化误差基于未知的新样本,无法直接获取。那么,如何进行模型的评估呢?

通常,采用实验测试的方法,即从数据集中划分出一个测试集,用于测试模型对新样本的泛化能力,并将测试集上的测试误差近似看作泛化误差,对其进行评估。

划分测试集时应尽可能令其与训练集互斥,即测试样本尽量不出现在训练集中。以学生的学习为例,训练集好比是课本,学生根据课本里的内容掌握知识;而测试集就是考卷,考的是平常都没有见过的题目,以考查学生举一反三的能力。如果测试样本用于训练,则得到的是过于"乐观"的评估结果。

数据集既要用于训练又要用于测试,如何进行分配呢?下面介绍 3 种常见的划分方法。

1. 留出法

留出法直接将数据集划分为两个互斥的集合,其中一个作为训练集,另一个作为测试集。

训练集和测试集的划分要尽可能保持数据分布的一致性,避免因数据划分引入额外的偏差。在保证了数据分布一致性后,不同的划分给出不同的训练集和测试集,模型评估的结果也会存在差异。因此,留出法一般需要采用若干次随机划分,重复进行评估,并对结果取平均值。

留出法对训练集和测试集进行比例分配时,如果训练集过大,会导致模型更倾向于训练集,评估结果不够准确;如果测试集过大,则评估的结果差异较大,降低了评估的真实性,所以通常的做法是将 2/3～4/5 的样本用于训练,剩余样本用于测试。

留出法仅适用于数据集样本量较大的情况。样本量较小时训练集会更小,模型不具备充分学习的条件,会导致测试误差偏大,对泛化误差的估计过于"悲观"。

2. K 折交叉验证法

K 折交叉验证首先将数据集随机近似等分为不相交的 K 份,称为 K 折;然后令其中的

$K-1$ 份作为训练集, 剩余的一份作为测试集。与留出法相似, 为了减小因为样本划分不同而引入的差别, K 折交叉验证通常要随机重复 p 次, 获得 p 组训练集和测试集, 进行 p 次训练和测试, 最终计算 p 个测试结果的平均值。

交叉验证法评估结果的稳定性很大程度上取决于 K 值, 实际应用中一般采取 10 次 10 折交叉验证, 如图 6-25 所示。

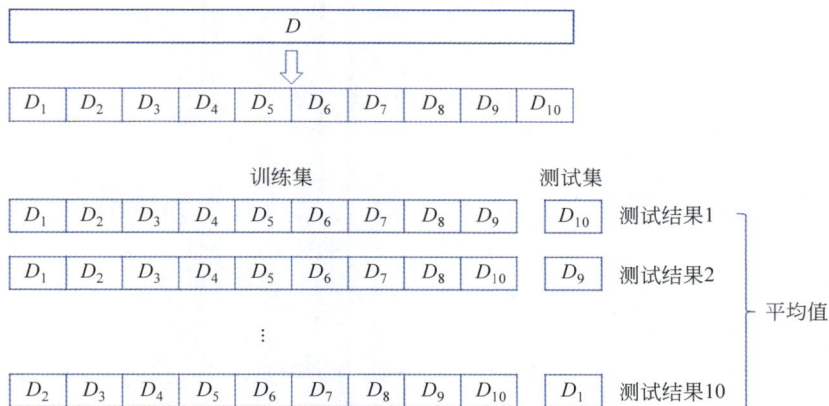

图 6-25 10 次 10 折交叉验证示意图

3. 验证集

机器学习算法中都有超参数需要设定, 超参数配置不同, 模型的性能往往也有差别。如何进行调参呢?

测试集用于最终评估模型的好坏, 在测试集上得到的指标可以体现模型的效果如何。但是, 调整模型的超参数时不能使用测试集, 否则会导致模型对测试集过拟合, 使测试集失去评估的客观性和准确性, 相当于在考试前泄漏了考题。

为此, 数据集被划分为 3 部分: 训练集、验证集和测试集。其中, 验证集用于调参、选择最优模型; 最后再使用测试集评估选择的模型, 得到一个客观的评价指标。

验证集不参与训练, 只用于在训练过程中检验模型的状态和收敛情况, 根据模型在验证集上的表现决定哪组超参数拥有最好的性能。验证集在训练过程中还可以用来监控是否发生过拟合, 一般来说, 验证集表现稳定后, 若继续训练, 训练集表现继续上升, 但验证集出现不升反降的情况, 通常就是发生了过拟合, 因此验证集也用来判断何时应该停止训练。

验证集就好比是学习后的作业, 通过作业可以知道不同学生的学习情况。

6.4.3 分类问题的模型评估

在分类问题中, 评估模型性能的常用指标包括查准率、查全率、准确率、F1 分数(F1-score)等。

1. 查准率和查全率

分类问题中, 判定错误的样本数占样本总数的比例称为错误率, 相应地 1-错误率称为准确率。有些情况下, 错误率不能表达问题的评估需求。例如, 搜索引擎返回了一些搜索页面, 错误率衡量的是有多少比例的页面被错判: 所有样本中应该搜索出来的页面没有返回, 不应该搜索出来的页面被返回。但是, 如果关心的问题是"返回的页面有多少是真正相关的"或者"所有相关页面中有多少被搜索到了",那么错误率显然就不够用了,查准率(precision)和查全率(recall)更适用于此类需求的性能度量。

如图 6-26 所示,在二分类问题中,可以将样本根据其真实类别和预测类别的组合划分为真正例(True Positive,TP)、假正例(False Positive,FP)、真反例(True Negative,TN)和假反例(False Negative,FN)4 个集合。其中,True 和 False 表示预测的正确与否;Positive 和 Negative 表示样本预测是正例还是反例。例如,TP 表示样本本身是正例且预测正确的分类集合。

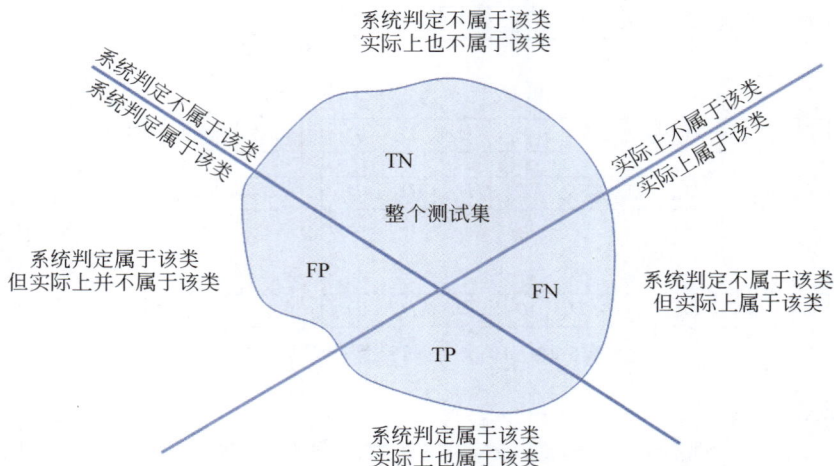

系统判定不属于该类
实际上也不属于该类

系统判定不属于该类
系统判定属于该类

实际上属于该类
实际上属于该类

TN
整个测试集

系统判定属于该类
但实际上并不属于该类

FP

FN

系统判定不属于该类
但实际上属于该类

TP

系统判定属于该类
实际上也属于该类

图 6-26 二分类问题的判定划分

由 TP、TN、FP、FN 4 个集合可以组成二分类问题混淆矩阵,如表 6-5 所示。

表 6-5 二分类问题混淆矩阵

真 实 值	预 测 值	
	反 例	正 例
反例	TN	FP
正例	FN	TP

查准率的定义为

$$Precision = \frac{TP}{TP + FP}$$

查准率从预测的角度计算预测为正例的样本中实际为正例的比率,衡量命中正例的能力。

查全率的定义为

$$Recall = \frac{TP}{TP + FN}$$

查全率从实际发生的角度计算实际为正例的样本被正确判定的比率,衡量覆盖正例的能力。

查准率和查全率是一对矛盾的度量。一般来说,查准率高时,查全率往往偏低;而查全率高时,查准率往往偏低。例如,如果希望搜索引擎尽可能多地将相关页面都选出来(查全率高),那么可以将所有的页面全都选中,但这样查准率就会降低;如果希望选出来的相关页面尽可能多(查准率高),那么可以只挑选有把握的页面,但这样就会漏掉一些相关页面,导致查全率降低。

如果希望检索内容中绝大部分是真正想要的,则查准率越高越好,体现的是"宁漏勿错"的思想。例如,在垃圾邮件识别的场景中,宁可不将其识别为垃圾邮件,也不能因为错误判断而使用户接收不到邮件。

如果希望与检索内容相关的信息尽可能多地检索出来,则查全率越高越好,体现的是"宁错勿漏"的思想。例如,在灾难预测的场景中,宁可将其识别为灾难,也不能因为漏掉灾难而造成未能及时避险的损失。

因为在一些应用中对查准率和查全率的重视程度不同,所以可以使用 F1 分数对查准率与查全率计算调和平均值:

$$\frac{1}{F1} = \frac{1}{2}\left(\frac{1}{P} + \frac{1}{R}\right)$$

即

$$F1 = \frac{2 \times P \times R}{P + R} = \frac{2 \times TP}{\text{样本总数} + TP - TN}$$

相对于算术平均值,调和平均值引入了惩罚机制,即使其中某个取值非常高,均值也不会偏向它。F1 分数的最小值是 0,最大值是 1,更接近查准率和查全率的最小值,其值越大则意味着模型越好。

它更一般的形式是 F_β,公式如下:

$$F_\beta = \frac{(1 + \beta^2) \times P \times R}{(\beta^2 \times P) + R}$$

其中,β 为正数,代表权重,度量查全率对查准率的相对重要性。如果 $\beta = 1$,则是标准的 F1 分数,二者重要性相同;如果 $\beta > 1$,则查全率有更大影响;如果 $\beta < 1$,则查准率有更大影响。

【例 6-3】 设有表 6-6 所示的样本,计算查准率和查全率。

表 6-6 性别判定样本示例

样 本	真 实 值	预 测 值
1	男	男
2	女	女
3	男	男
4	男	女
5	女	女

假设性别男为正例,性别女为反例,则该问题的混淆矩阵如表 6-7 所示。

查准率 Precision＝2/(2＋0)＝100％,预测是男生、实际也是男生的比率为 100％,体现了预测结果用处的大小。

查全率 Recall＝2/(2＋1)≈66.7％,实际是男生的被预测出来 66.7％,体现了结果的完整度。

表 6-7　性别判定问题的混淆矩阵

真　实　值	预　测　值	
	反　例	正　例
反例	2	0
正例	1	2

F1＝(2×1×0.667)/(1+0.667)≈0.8,F1 分数综合了查准率和查全率两方面的性能,该指标证明模型的性能良好。

2. ROC 曲线

基于评估指标选择恰当的图形工具,更有利于直观和精细地刻画模型的预测性能。ROC(Receiver Operating Characteristic,受试者工作特征)曲线是二分类预测模型图形化评估的首选工具。

ROC 曲线的纵轴是真正例率(True Positive Rate,TPR),横轴是假正例率(False Positive Rate,FPR)。

$$TPR = \frac{TP}{TP + FN} \quad FPR = \frac{FP}{FP + TN}$$

对照表 6-5 的混淆矩阵,TPR 即查全率,体现正例被正确预测的比例,FPR 体现的是反例被预测为正例的比例。

很多分类模型的计算结果是一个实数或者概率预测,根据这个预测值与分类阈值进行比较,大于或等于阈值为正类,否则为负类。设阈值为 0.6,大于或等于该值的样本划为正类,小于该值的样本划为负类。如果将阈值减小到 0.5,则可以识别出更多的正类,提高了TPR;但同时更多的反例被当作了正例,即 FPR 也提高了。ROC 曲线可以形象的表述这一变化。

ROC 曲线按照如下方式得到。根据模型的预测值对样本进行排序,排在最前面的是最可能是正例的样本,排在最后面的是最不可能是正例的样本。按照该顺序把每个样本作为正例预测,依次计算出 TPR 和 FPR,分别作为纵轴和横轴。图 6-27 给出了 ROC 曲线的示意图,左上角的(0,1),即 TPR＝1、FPR＝0,代表了所有正例都排在所有反例之前的完美分类;右下角的(1,0),即 TPR＝0、FPR＝1,代表了所有反例都排在所有正例之前的最糟糕的分类;对角线反映的是随机预测的结果,即分类器什么也没有学到。

从 FPR 和 TPR 的定义可以理解,TPR 越高,FPR 越小,ROC 曲线就越靠近左上角,分类模型的性能越好,相当于在 FPR 刚刚开始增加的时候 TPR 很快达到一个较高水平。

模型之间进行比较时,如果一个模型的 ROC 曲线被另一个模型的曲线完全"包住",则可断言后者的性能优于前者。但如果两个曲线出现交叉,则难以判断孰优孰劣,此时可以比较 ROC 曲线下的面积,即 AUC(Area Under Curve),它也是评价分类器性能的指标之一。AUC 的取值范围是 0～1,取值越大,分类器的性能越好。

ROC曲线

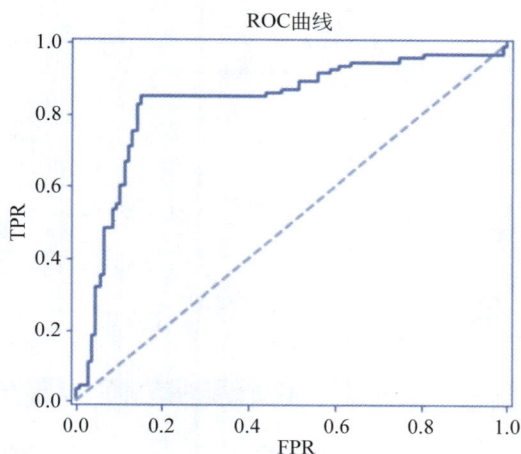

图 6-27　ROC 曲线示意图

6.5　Scikit-learn 库

Scikit-learn 库基于 NumPy、SciPy、Pandas、Matplotlib、Seaborn 等开发,是主流的开源机器学习库,封装了大量经典及最新的机器学习模型,并提供了案例和数据。Scikit-learn 库高度集成,并做了易用性的封装,是简单且高效的数据挖掘、数据分析工具。

Scikit-learn 库作为第三方库需下载、安装后使用,命令如下:

```
pip install scikit-learn
```

安装完成后,可以通过 import sklearn 导入该库并使用其功能。其官网地址为 http://Scikit-learn.org。

6.5.1　Scikit-learn 概述

Scikit-learn 库包含 6 个任务模块和一个数据导入模块。6 个任务模块分别为分类、回归、聚类、降维、模型选择和数据预处理,如图 6-28 所示。

1. 分类(Classification)模块

分类用于确定数据的所属类别,属于监督学习,最常见的应用场景包括垃圾邮件检测和图像识别等。Scikit-learn 库实现的算法包括 K 近邻、逻辑回归、支持向量机(Support Vector Machines,SVM)、决策树、随机森林和多层感知机(Multi-Layer Perceptron,MLP)神经网络等。

因为 Scikit-learn 库不支持深度学习和 GPU 加速,所以 MLP 神经网络不适用于处理大规模数据的场景。

2. 回归(Regression)模块

回归用于预测与给定对象相关联的连续值,属于监督学习,常见的应用场景包括预测药物反应、股票价格趋势等。Scikit-learn 库实现的算法包括支持向量回归(Support Vector Regression,SVR)、岭回归、Lasso 回归、贝叶斯回归和多项式回归等,涵盖了所有回归问题开发的需求。

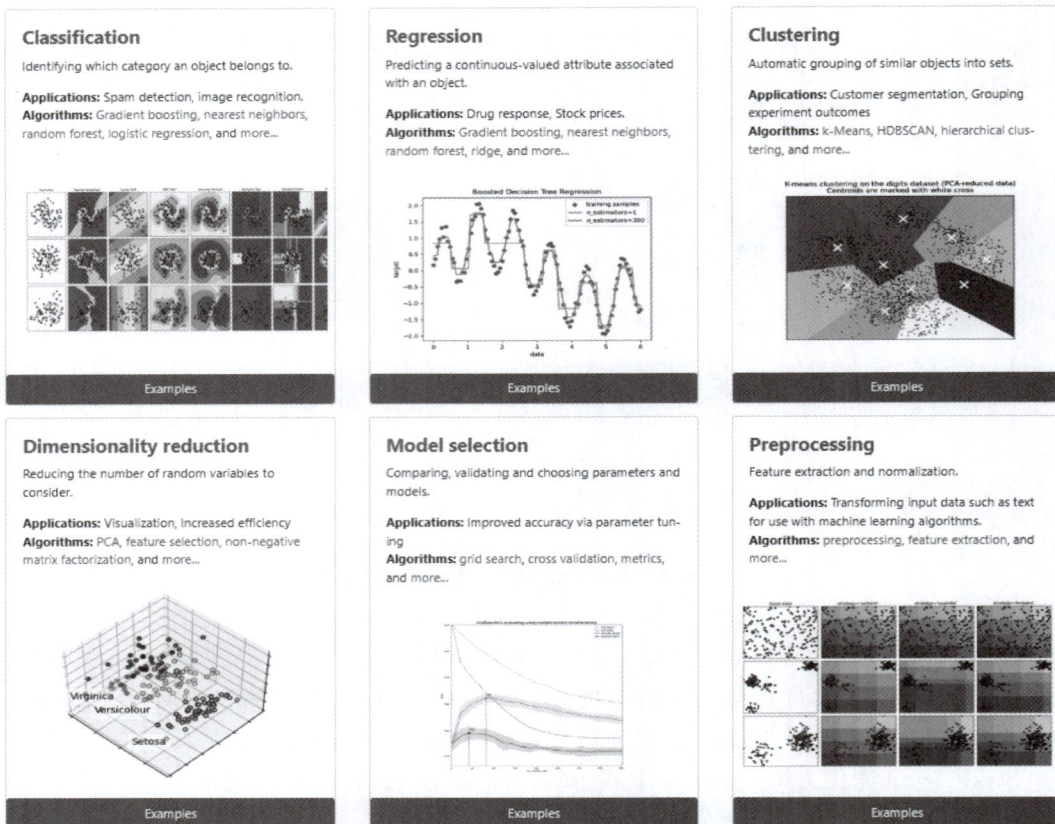

Classification

Identifying which category an object belongs to.

Applications: Spam detection, image recognition.
Algorithms: Gradient boosting, nearest neighbors, random forest, logistic regression, and more...

Examples

Regression

Predicting a continuous-valued attribute associated with an object.

Applications: Drug response, Stock prices.
Algorithms: Gradient boosting, nearest neighbors, random forest, and more...

Examples

Clustering

Automatic grouping of similar objects into sets.

Applications: Customer segmentation, Grouping experiment outcomes
Algorithms: k-Means, HDBSCAN, hierarchical clustering, and more...

Examples

Dimensionality reduction

Reducing the number of random variables to consider.

Applications: Visualization, Increased efficiency
Algorithms: PCA, feature selection, non-negative matrix factorization, and more...

Examples

Model selection

Comparing, validating and choosing parameters and models.

Applications: Improved accuracy via parameter tuning
Algorithms: grid search, cross validation, metrics, and more...

Examples

Preprocessing

Feature extraction and normalization.

Applications: Transforming input data such as text for use with machine learning algorithms.
Algorithms: preprocessing, feature extraction, and more...

Examples

图 6-28　Scikit-learn 库的 6 个任务模块

3. 聚类（Clustering）模块

聚类指自动识别具有相似属性的给定对象，将其分组为集合，属于无监督学习，最常见的应用场景包括顾客分类画像、试验结果分组等。Scikit-learn 库实现的算法包括 K 均值聚类、谱聚类、均值偏移聚类、分层聚类和基于密度的噪声应用空间聚类（Density-Based Spatial Clustering of Applications with Noise，DBSCAN）等。

4. 数据降维（Dimensionality reduction）模块

降维指使用主成分分析（Principal Component Analysis，PCA）、截断奇异值分解（Singular Value Decomposition，SVD）、语义分析、非负矩阵分解（Non-negative Matrix Factorization，NMF）、特征选择等技术，减少要考虑的变量的个数，从而提高运行速度。其主要应用场景包括可视化处理、自然语言处理、信息检索等。

5. 模型选择（Model selection）模块

模型选择指通过调整参数对模型进行比较、验证、选择，从而确定精度最佳的模型。Scikit-learn 库提供了交叉验证、网格搜索、各种模型评估的度量函数、验证曲线等。

6. 数据预处理（Preprocessing）模块

数据预处理指数据特征的提取和归一化，是机器学习过程的第一步，也是最重要的一个环节。特征提取指将文本或图像数据转换为可用于机器学习的数字变量。归一化指将数据转换为均值为 0、方差为 1 的新变量，因为大多数情况下做不到均值绝对为 0，因此会设置一个可接受的范围,如 0～1。

6.5.2 Scikit-learn 库数据导入

机器学习离不开数据,Scikit-learn 库提供了一些数据集,分为 3 类。

1. 内置数据集

内置数据集规模较小,已经集成在 Scikit-learn 库的安装包中,如表 6-8 所示。

表 6-8 Scikit-learn 库内置数据集

序 号	数据集名称	调 用 方 式	数 据 描 述
1	鸢尾花数据集	load_iris()	多分类任务数据集
2	波士顿房价数据集	load_boston()	经典回归任务数据集
3	糖尿病数据集	load_diabetes()	经典回归任务数据集
4	手写数字数据集	load_digits()	多分类任务数据集
5	乳腺癌数据集	load_breast_cancer()	简单经典的二分类任务数据集
6	体能训练数据集	load_linnerud()	经典多变量回归任务数据集

【例 6-4】 导入和查看鸢尾花数据集。

从 sklearn.datasets 子模块加载鸢尾花数据集、创建数据对象的代码如下:

```
In [1]    from sklearn.datasets import load_iris
          iris = load_iris()
```

该数据集包含了 3 种不同类型的鸢尾花的各 50 个样本,从花萼(sepal)的宽度和长度、花瓣(petal)的宽度和长度 4 个特征描述样本,用于多分类问题。

该数据集中包含了若干属性,可以通过 iris.keys()语句查看:

```
In [2]    iris.keys()              #查看数据集的属性
```

对应的输出结果为

```
dict_keys(['data', 'target', 'frame', 'target_names', 'DESCR', 'feature_names',
'filename'])
```

其中,data、target 和 feature_names 分别对应数据集中的特征值、目标值和特征名称。

```
In [3]    iris.data[:5]            #查看数据集的特征值
```

对应的输出结果为

```
array([[5.1, 3.5, 1.4, 0.2],
       [4.9, 3. , 1.4, 0.2],
       [4.7, 3.2, 1.3, 0.2],
       [4.6, 3.1, 1.5, 0.2],
       [5. , 3.6, 1.4, 0.2]])
```

```
In [4]    iris.feature_names      #查看数据集中特征的名字
```

对应的输出结果为

```
['sepal length (cm)', 'sepal width (cm)', 'petal length (cm)', 'petal width (cm)']
```

In [5]	iris.target[:5]	#查看数据集中的目标值

对应的输出结果为

```
array([0, 0, 0, 0, 0])
```

In [5]	iris.target_names	#查看目标值对应的名字

对应的输出结果为

```
['setosa' 'versicolor' 'virginica']
```

其中,setosa 为山鸢尾,versicolor 为杂色鸢尾,virginica 为维吉尼亚鸢尾。

导入其他数据集时,将 load_iris 做相应修改即可。

2. 可下载数据集

Scikit-learn 库提供了加载更大规模的数据集的工具,在必要时可以选择下载,如表 6-9 所示。

表 6-9　Scikit-learn 库可下载数据集

序号	数据集名称	调用方式	数据描述
1	人脸数据集	fetch_olivetti_faces()	40 类 400 张人脸图像,提供了 4096 个特征项
2	20 个新闻组文本数据集	fetch_20newsgroups() fetch_20newsgroups_vectorized()	20 个新闻分类,18 846 条新闻样本
3	野外人脸识别数据集	fetch_lfw_people()	13 233 张 JPG 图片,5749 个分类标签
4	森林覆盖类型	fetch_covtype()	581 012 个样本,7 个分类标签
5	路透社语料库第一卷	fetch_rcv1()	路透社 804 414 个新闻报道的档案,103 个分类标签
6	DARPA 入侵检测系统(IDS)评估数据集	fetch_kddcup99()	麻省理工学院林肯实验室的模拟网络攻击行为记录,4 898 431 个样本,23 个分类标签
7	加州住房数据集	fetch_california_housing()	美国加州住房数据,20 640 个样本,标签值为房价中值,用于回归问题

加载数据集、创建数据对象的过程与内置数据集相似,只是第一次执行时会触发下载操作。

3. 随机生成数据集

Scikit-learn 库还提供了各种随机样本生成器,如分类和聚类的生成器、回归生成器等,可用于构建大小和复杂性可控的人工数据集。具体可以查看 Scikit-learn 库的文档。

6.5.3　Scikit-learn 数据预处理

在 sklearn.processing 子模块下包含了 Scikit-learn 库的很多数据预处理方法,下面介绍最常用的归一化和独热编码。

1. 归一化处理

如 6.2.3 节所述,数据集的标准化是很多机器学习算法的共同要求,预处理模块提供了 StandardScaler 类和 MinMaxScaler 类,分别进行标准归一化和线性归一化。StandardScaler 类的 API 如下:

```
class sklearn.preprocessing.StandardScaler( *, copy = True, with_mean = True,
with_std = True)
```

StandardScaler 类的常用方法如表 6-10 所示。

表 6-10　StandardScaler 类的常用方法

方　　法	说　　明
fit()	学习数据的统计特性,计算并存储特征的均值和标准差
transform()	对数据进行标准归一化转换,返回转换后的数据
fit_transform()	结合了 fit() 和 transform() 的功能

注意,fit()、transform() 和 fit_transform() 方法的输入都应该是二维的。

【例 6-5】　对身高数据[158,165,166,169,171]进行标准化处理。

步骤 1:将数据构建为 Scikit-learn 库所需的二维形式。

```
In [1]    data = np.array([158, 165, 166, 169, 171]).reshape(-1, 1)
```

步骤 2:导入预处理模块。

```
In [2]    from sklearn import preprocessing
```

步骤 3:创建实现标准归一化的对象。

```
In [3]    scalar = preprocessing.StandardScaler()
```

步骤 4:调用 fit() 方法传入数据,训练标准归一化模型。

```
In [4]    encoder = scalar.fit(data)
```

步骤 5:调用 transformer() 方法对数据进行转换。

```
In [5]    encoder.transform(data)
```

对应的输出结果为

```
array([[-1.75469296],
       [-0.17996851],
       [ 0.04499213],
       [ 0.71987403],
       [ 1.1697953 ]])
```

其中,步骤 4 和步骤 5 也可以使用 fit_transform() 方法合并为一个步骤:

```
In [6]    scalar.fit_transform(data)      #训练+转换
```

MinMaxScaler 类默认将数据归一化到[0,1]区间。其 API 如下:

```
class sklearn.preprocessing.MinMaxScaler(feature_range = (0, 1), *, copy =
True, clip = False)
```

如果要归一化到指定区间,可以通过参数 feature_range(min,max) 进行设置。

【例 6-6】 将数据线性归一化到[0,5]区间。

代码如下:

```
from sklearn import preprocessing
data =[[100.5, 5.3], [80, 3], [90, 2], [78, 1]]                    #二维数据
scalar = preprocessing.MinMaxScaler(feature_range = (0, 5))        #指定区间
scalar.fit_transform(data)                                         #训练+转换
```

归一化的结果如下:

```
array([[5.         , 5.         ],
       [0.44444444 , 2.3255814 ],
       [2.66666667 , 1.1627907 ],
       [0.,           0.         ]])
```

2. 独热编码

当特征值是分类型特征时,使用预处理模块中的 OneHotEncoder 类进行独热编码。

【例 6-7】 对籍贯数据进行独热编码。

代码如下:

```
import numpy as np
from sklearn import preprocessing                #导入数据预处理模块
data = np.array(["北京", "河北", "广东"]).reshape(-1, 1)
#创建独热编码器
encoder = preprocessing.OneHotEncoder()
#训练和应用编码器进行编码
newdata = encoder.fit_transform(data).toarray()
```

编码结果如下:

```
array([[1., 0., 0.],
       [0., 0., 1.],
       [0., 1., 0.]])
```

6.5.4 Scikit-learn 库划分数据集

模型训练过程中,通常会把数据集划分为训练集、验证集和测试集,其中,训练集用于训练模型,验证集用于调参、选择最优模型,而测试集则用于检验模型的性能。sklearn.model_selection 子模块提供了对数据集进行划分的方法。

1. 留出法的实现

train_test_split()方法从样本中随机按比例选取训练集和测试集。其语法格式如下:

```
sklearn.model_selection.train_test_split( * arrays, test_size = None, train_
size = None, random_state = None, shuffle = True, stratify = None)
```

train_test_split()方法的常用参数如表 6-11 所示。

train_test_split()方法的返回值如表 6-12 所示。

表 6-11　train_test_split() 方法的常用参数

参　　　数	说　　　明
arrays	要划分的数组或矩阵，可以将特征（X）和目标（y）合并在一起，也可以分开传递
test_size	测试集样本的占比，不指定 train_size 参数时默认取值为 0.25
random_state	随机种子。在重复试验时保持随机种子不变，可以保证每次得到相同的划分
shuffle	指定是否在划分前将数据打乱，默认为 True

表 6-12　train_test_split() 方法的返回值

返　回　值	说　　　明
X_train	生成的训练集的特征值
X_test	生成的测试集的特征值
y_train	生成的训练集的目标值
y_test	生成的测试集的目标值

【例 6-8】　划分鸢尾花数据集。

```
from sklearn.datasets import load_iris
from sklearn.model_selection import train_test_split
iris = load_iris()
X = iris.data                                    #特征集
y = iris.target                                  #目标值集
X_train, X_test, y_train, y_test = train_test_split(X, y, test_size = 0.2,
                                                random_state = 10)
print(X_train.shape, y_train.shape)
print(X_test.shape, y_test.shape)
```

鸢尾花数据集总样本数为 150。因为指定测试集的比例为 20%，所以测试集样本数为 30。划分后的输出如下：

```
(120, 4) (120,)
(30, 4) (30,)
```

在划分的同时，数据集已被随机打乱。

如果需要验证集，则可以先将数据集划分为训练集和测试集，然后对训练集进行再次划分，从中得到验证集。

2. K 折交叉验证的实现

sklearn.model_selection 中的 KFold 类可以将数据集分为互斥的 K 折，每次循环取其中的一折作为测试集，其他的作为训练集。KFold 类的 API 如下：

```
class sklearn.model_selection.KFold(n_splits = 5, *, shuffle = False, random_
state = None)
```

KFold 类的常用参数如表 6-13 所示。

表 6-13 **KFold 类的常用参数**

参　　数	说　　明
n_splits	K 值，需大于或等于 2
shuffle	指定是否在划分前将数据打乱，默认为 False
random_state	随机种子，当 shuffle 为 True 时，random_state 生效

创建 KFold 对象后，调用 split()方法可以获取每一折的训练集和测试集索引。

【例 6-9】 使用 KFold 类进行 2 折交叉验证划分。

代码如下：

```python
import numpy as np
from sklearn.model_selection import KFold
X = ["a", "b", "c", "d"]
kf = KFold(n_splits = 2)
for i, (train, test) in enumerate(kf.split(X)):
    print("Fold {}:".format(i+1))
    print(" Train: index = {}".format(train))
    print(" Test: index = {}".format(test))
```

4 个样本进行两次 2 折交叉验证划分，其结果如下：

```
Fold 1:
  Train: index = [2 3]
  Test: index = [0 1]
Fold 2:
  Train: index = [0 1]
  Test: index = [2 3]
```

StratifiedKFold()方法与 KFold 类相似，但前者针对分类问题会同时实现对目标值 y 的划分。

【例 6-10】 使用 StratifiedKFold()方法进行 2 折交叉验证划分。

代码如下：

```python
import numpy as np
from sklearn.model_selection import StratifiedKFold
X = np.array([[1, 2], [3, 4], [1, 2], [3, 4]])
y = np.array([0, 0, 1, 1])
skf = StratifiedKFold(n_splits = 2)              #2 折交叉验证
for i, (train, test) in enumerate(skf.split(X, y)):
    print("Fold {}:".format(i+1))
    print(" Train: index = {}".format(train))
    print(" Test: index = {}".format(test))
```

划分结果如下：

```
Fold 1:
  Train: index = [1 3]
  Test:  index = [0 2]
```

```
Fold 2:
  Train: index =[0 2]
  Test:  index =[1 3]
```

从运行结果上可以看出,StratifiedKFold()方法在划分数据集时同时考虑了目标值 y 的均衡分布。

6.5.5　Scikit-learn 机器学习建模

Scikit-learn 对各种功能进行了顶层封装,将分类模型、回归模型、聚类、降维模型和预处理器等统称为估计器(estimator)。正如在 Python 中"万物皆对象"一样,在 Scikit-learn 中"万物皆估计器"。这种统一的接口为 Scikit-learn 库中的机器学习算法提供了便捷的使用体验,降低了学习难度。

Scikit-learn 机器学习建模的过程分为导入模型类、创建模型对象、训练和预测 3 个阶段,以线性回归、K 近邻和支持向量机 3 个算法为例,机器学习建模过程如表 6-14 所示。

表 6-14　Scikit-learn 库机器学习建模过程

模　型	导入模型类	创建模型对象	训练和预测
线性回归	from sklearn.linear_model import LinearRegression	model = LinearRegression()	● 训练 监督学习: model.fit(X_train, y_train) 无监督学习: model.fit(X_train)
K 近邻	from sklearn.neighbors import KNeighborsClassifier	model = KNeighborsClassifier(n_neighbors=15, weights='uniform')	
支持向量机	from sklearn.svm import SVC	model = SVC(C = 1, kernel = 'linear')	● 预测: model. predict(X_test)

【例 6-11】　使用 K 近邻算法对鸢尾花数据集进行分类预测。

```
from sklearn.datasets import load_iris
from sklearn.model_selection import train_test_split
from sklearn.neighbors import KNeighborsClassifier    #导入 K 近邻分类模型
iris = load_iris()
X = iris.data
y = iris.target
X_train, X_test, y_train, y_test = train_test_split(X, y, test_size = 0.2)
#创建模型对象(K近邻分类算法,n_neighbors 和 weights 为算法的超参数)
model = KNeighborsClassifier(n_neighbors = 15, weights = "uniform")
#训练模型
model.fit(X_train, y_train)                            #监督学习
#使用训练好的模型进行预测
y_pred = model.predict(X_test)
```

6.5.6 使用 Scikit-learn 评估分类模型

Scikit-learn 为模型评估提供了多种相应的功能。

二分类问题的混淆矩阵等评估指标可以通过 Scikit-learn 库的 metrics 模块进行计算。

metrics 模块中常用的分类评估方法如表 6-15 所示。

表 6-15　metrics 模块中常用的分类评估方法

评 估 内 容	调 用 方 法
准确率	from sklearn.metrics import accuracy_score accuracy_score(y_true, y_pred)
查准率	from sklearn.metrics import precision_score precision = precision_score(y_true, y_pred, average='binary')
查全率	from sklearn.metrics import recall_score recall = recall_score(y_true, y_pred, average='binary')
F1 分数	from sklearn.metrics import f1_score f1 = f1_score(y_true, y_pred, average='binary')
分类报告	from sklearn.metrics import classification_report report = classification_report(y_true, y_pred)
混淆矩阵	from sklearn.metrics import confusion_matrix cm = confusion_matrix(y_true, y_pred)
ROC 曲线和 AUC	from sklearn.metrics import roc_curve, auc fpr, tpr, thresholds = roc_curve(y_true, y_scores) ♯ y_scores 是预测的概率 auc = auc(fpr, tpr)

【例 6-12】 评估模型。

设某模型的训练目标值和预测目标值如下,其中,数据的目标值 1 代表性别“男”,0 代表性别“女”。

```
In [1]    import numpy as np
          target = np.array([1, 0, 1, 1, 0])      #男,女,男,男,女
          predict = np.array([1, 0, 1, 0, 0])      #男,女,男,女,女
```

利用 metrics 模块中的 classification_report()方法对该预测结果进行评估。

```
In [2]    from sklearn.metrics import classification_report
          print(classification_report(target, predict))
```

对应的输出结果为

```
              precision    recall  f1-score   support

           0       0.67      1.00      0.80         2
           1       1.00      0.67      0.80         3

    accuracy                           0.80         5
   macro avg       0.83      0.83      0.80         5
weighted avg       0.87      0.80      0.80         5
```

利用 metrics 模块的 confusion_matrix()方法返回混淆矩阵。

```
In [3]    from sklearn.metrics import confusion_matrix
          confusion_matrix(target, predict)      #混淆矩阵
```

对应的输出结果为

```
array([[2, 0],
       [1, 2]], dtype = int64)
```

通过 metrics 模块获取准确率、查准率、查全率等信息。

```
In [4]    from sklearn.metrics import accuracy_score
          accuracy_score(target, predict)        #准确率
```

对应的输出结果为

```
0.8
```

```
In [5]    from sklearn.metrics import precision_score
          precision_score(target, predict)        #查准率
```

对应的输出结果为

```
1.0
```

```
In [6]    from sklearn.metrics import recall_score
          recall_score(target, predict)           #查全率
```

对应的输出结果为

```
0.67
```

利用 metrics 模块中的 roc_curve()方法可以获取 ROC 曲线相关数据,包括 FPR、TPR 和 AUC 等。

```
In [7]    import matplotlib.pyplot as plt
          from sklearn.metrics import roc_curve, auc
          #计算假正例率(FPR)、真正例率(TPR)
          fpr, tpr, _ = roc_curve(target, predict)
          roc_auc = auc(fpr, tpr)                    #计算 AUC
          plt.plot(fpr, tpr, 'b', label = 'AUC = {:.2%}'.format(roc_auc))
          plt.xlabel('False Positive Rate')     #坐标轴标签
          plt.ylabel('True Positive Rate')      #坐标轴标签
          plt.title('ROC')
          plt.legend(loc = 'lower right')
```

对应的输出结果如图 6-29 所示。

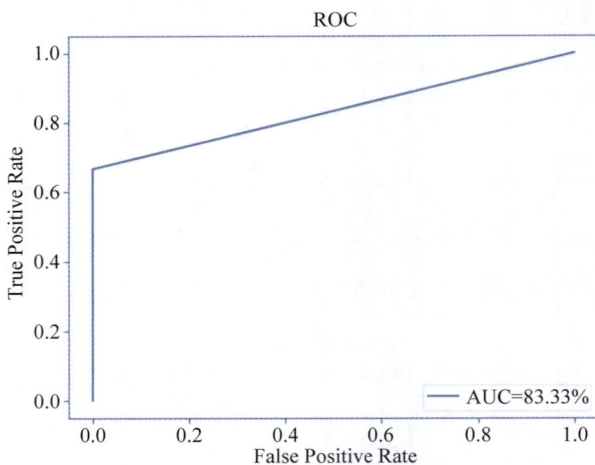

图 6-29 ROC 曲线

◇ 6.6 本章小结

典型的机器学习过程如图 6-30 所示。该过程从数据特征的表示开始，对数据集进行划分后，利用训练集进行模型的训练后，可以通过测试集对模型的性能进行评估。如果模型的表现不理想，可以通过验证集调整超参数或更换模型。如果模型性能依然无法提升，则需考虑重新进行数据特征的表示。

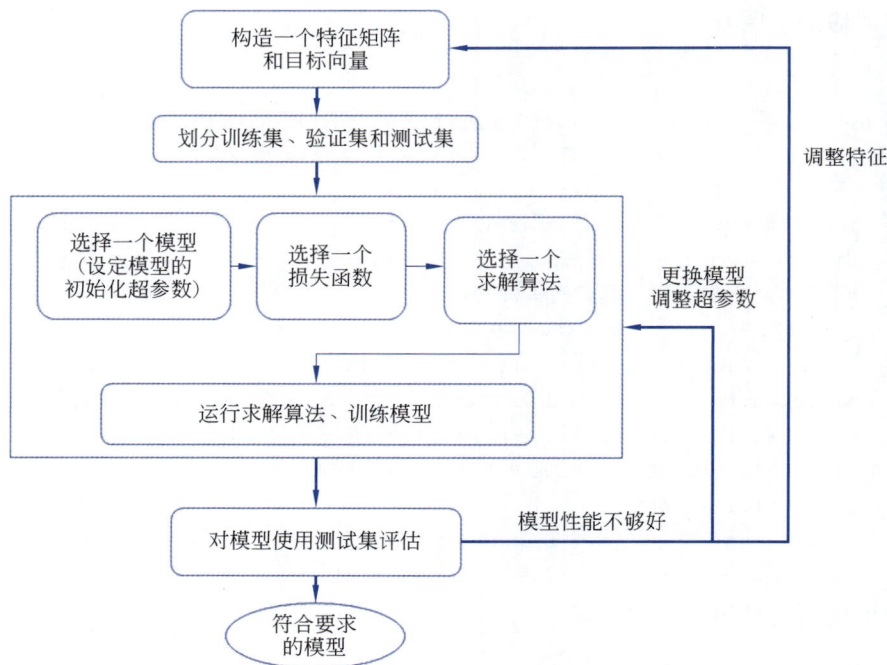

图 6-30 典型的机器学习的过程

Scikit-learn 是 Python 经典的机器学习库,能够将机器学习理论知识应用于实践,包括了数据集的导入、数据预处理、数据集划分、机器学习建模以及模型评估等各环节。

◆ 6.7 习 题

1. 给树叶打上标签再让模型进行学习训练的方法属于( )。

   A. 无监督学习　　　B. 半监督学习　　　C. 监督学习　　　D. 强化学习

2. 机器学习的第一步是( )。

   A. 数据采集　　　B. 特征提取　　　C. 交叉验证　　　D. 模型训练

3. 下列关于回归和分类问题的说法中正确的是( )。

   A. 回归问题和分类问题都有可能发生过拟合

   B. 回归问题和分类问题的评估都使用查准率和查全率

   C. 输出变量为有限个离散变量的预测问题是回归问题

   D. n 个样本组成的数据集,一半用于训练,另一半用于测试,则训练误差和测试误差之间的差不会随 n 的增大而变化

4. 能够解决欠拟合的方法是( )。

   A. 增加训练集数据量　　　　　　　B. 对模型进行剪裁

   C. 增加训练过程的迭代次数　　　　D. 增加正则化参数

5. 下列关于查全率和查准率的说法中正确的是( )。

   A. 查全率和查准率存在互逆关系

   B. 查全率和查准率之间无关系

   C. 查全率和查准率成正比

   D. 好的检索系统可以做到查全率和查准率都达到 100%

6. Scikit-learn 库提供的模型采用统一的 API,用于训练模型的方法是( )。

   A. fit()　　　　B. predict()　　　　C. transform()　　　D. fit_transform()

7. 分别说出以下各问题属于机器学习中的哪一类。

   房价预测、客户流失预测、犬种预测、股价预测、根据用户在网站上的行为为其画像。

8. 分别说出以下各问题的机器学习模型的评估应侧重于查准率还是查全率。

   搜索引擎、医疗诊断、海啸预测。

9. 根据表 6-16 所示的数据,编写 Python 程序使用多分类交叉熵损失函数计算模型误差。

表 6-16 题 9 数据

样　本	预测概率分布	真实概率分布	是 否 正 确
1	0.2 0.2 0.4 0.2	0 0 1 0	正确
2	0.2 0.4 0.1 0.3	0 1 0 0	正确
3	0.1 0.2 0.6 0.1	1 0 0 0	错误

10. 某模型对西瓜的甜与不甜进行预测,真实值和预测值如表 6-17 所示,其中 1 表示瓜

甜,0 表示瓜不甜。编写 Python 程序计算模型的查准率、查全率和 F1 分数,并评价该模型的性能。

表 6-17　题 10 数据

样　　本	真　实　值	预　测　值
1	1	1
2	1	0
3	1	1
4	1	1
5	1	1
6	0	1
7	0	1
8	0	0
9	0	0
10	0	0

11. 使用 Class_Probability.csv 文件中的数据,编写 Python 代码绘制 ROC 曲线。

回 归 分 析

回归分析问题是机器学习要解决的问题之一。在生活中也存在着很多回归分析问题,如某地区房价的预测、某学生高考成绩的预测、某地区感染病毒人数的预测、某公司年营业收入的预测等。回归分析是一种预测性的建模技术,它研究的是变量之间的函数关系,它的因变量为连续型数据。

本章介绍回归分析的算法原理以及几种常用的回归分析方法。

◇ 7.1　回归分析概述

在回归分析中,变量分为预测变量和反应变量,预测变量是对反应变量产生影响的变量,也称自变量;反应变量也称为因变量、目标变量,是受到影响的变量。回归分析的主要应用场景是找出自变量和因变量之间的函数关系。

7.1.1　线性回归分析原理

如何建立二者之间的函数关系呢?

最小二乘法(least squares method)是回归分析方法最早的实现方式,其主要思想是:选择未知参数,使得观测值和预测值之差的平方和达到最小。其中,观测值为采用某种计量方法得出的值,是机器学习所基于的数据;预测值为通过模型预测得到的值。二者的差称为残差(residual)。

设第 i 个样本的特征值 x_i 对应的观测值为 y_i,预测值为 $\hat{y}_i$,则最小二乘法的目的是使 $\sum_{i=1}^{n}(y_i - \hat{y}_i)^2$ 最小。以一元线性回归模型为例,设 $\hat{y}_i = \omega_1 x_i + \omega_0$(一条直线),则

$$\sum_{i=1}^{n}(y_i - \hat{y}_i)^2 = \sum_{i=1}^{n}(y_i - \omega_1 x_i - \omega_0)^2$$

为使其最小,可将其视为以系数 ω_0 和 ω_1 为变量的函数,将其对 ω_0 和 ω_1 分别求偏导,令导数为 0,求出 ω_0 和 ω_1。

$$\frac{\partial \sum_{i=1}^{n}(y_i - \hat{y}_i)^2}{\partial \omega_0} = -2\sum_{i=1}^{n}(y_i - \omega_1 x_i - \omega_0) = 0$$

$$\frac{\partial \sum_{i=1}^{n}(y_i - \hat{y}_i)^2}{\partial \omega_1} = -2 \sum_{i=1}^{n} x_i (y_i - \omega_1 x_i - \omega_0) = 0$$

令

$$\bar{x} = \frac{1}{n} \sum_{i=1}^{n} x_i, \quad \bar{y} = \frac{1}{n} \sum_{i=1}^{n} y_i$$

即

$$\sum_{i=1}^{n} x_i = n\bar{x}, \quad \sum_{i=1}^{n} y_i = n\bar{y}$$

解方程组后可得

$$\omega_1 = \frac{n \sum_{i=1}^{n} x_i y_i - \sum_{i=1}^{n} x_i \sum_{i=1}^{n} y_i}{n \sum_{i=1}^{n} x_i^2 - \left(\sum_{i=1}^{n} x_i\right)^2} = \frac{\sum_{i=1}^{n} x_i y_i - n\bar{x}\bar{y}}{\sum_{i=1}^{n} x_i^2 - n\bar{x}^2}$$

$$\omega_0 = \bar{y} - \omega_1 \bar{x}$$

即,根据各样本的特征值和目标值即可计算得到回归分析的解析解,无须迭代优化。

7.1.2 回归算法评价方法

回归算法常用的评价指标有以下两个。

1. 决定系数

对于线性回归分析,决定系数(R-Square)通过数据的变化表征一个拟合的好坏,用于衡量自变量对因变量的解释能力。决定系数越接近 1,表明函数的自变量对因变量 y 的解释能力越强,这个模型对数据拟合得也越好;越接近 0,表明模型对数据拟合得越差。例如,决定系数 0.9 的物理解释是因变量 90% 的变化可以由自变量组合进行解释。

决定系数的公式如下:

$$R^2 = 1 - \frac{\sum_{i=1}^{n}(y_i - \hat{y}_i)^2}{\sum_{i=1}^{n}(y_i - \bar{y})^2}$$

分子是观察值与预测值残差的平方,分母是观察值离散度的平方,二者相除消除了原始数据离散度的影响。

2. 均方误差

均方误差(Mean Square Error,MSE)是方差的平均值,公式如下:

$$\text{MSE} = \frac{1}{n} \sum_{i=1}^{n}(y_i - \hat{y}_i)^2$$

◆ 7.2 一元线性回归分析

回归分析的方法有很多,按照自变量的个数分为一元回归分析和多元回归分析,而回归通常指的都是线性回归(linear regression)。本节介绍一元线性回归分析。

如果自变量只有一个,且最高次幂为 1,则称其为简单线性回归,它根据自变量 x 和因

变量 y 的相关关系,建立 x 与 y 的线性回归方程。

$$y = \omega_1 x + \omega_0$$

其中,ω_0 和 ω_1 称为回归系数,ω_1 为斜率,ω_0 为截距。

简单线性回归模型将产生一条最佳拟合线,即回归线。

如果一个因变量只受一个因素影响,或者所受影响的因素很多,但其中只有一个因素起决定性作用,则可用简单线性回归进行预测分析,例如房屋的面积对价格的影响、人的血脂对血压的影响、工龄对年薪的影响等问题。

实现回归分析常用的 Python 第三方库有 Statsmodels、Scikit-learn 等。

7.2.1　简单线性回归与 Statsmodels 建模

Statsmodels(http://www.statsmodels.org)是一个包含统计模型、统计测试和统计数据挖掘功能的库,它为每一个模型生成丰富的统计结果,并且便于查看,同时它不像 Scikit-learn 库那样要求自变量必须是二维数据,因此回归分析常使用 Statsmodels。

在 statsmodels.regression.linear_model 模块中包含了普通最小二乘(Ordinary Least Squares,OLS)、加权最小二乘(Weighted Least Squares,WLS)、广义最小二乘(Generalized Least Squares,GLS)等线性回归模型。

Statsmodels 库的导入方式有两种。

(1) 传统方式,即从指定的模块导入所需模型等,例如:

```
from statsmodels.regression.linear_model import OLS
from statsmodels.tools.tools import add_constant
OLS(…)
add_constant(…)
```

(2) Statsmodels 库为各种模型的使用提供了统一的接口,可以导入该接口,利用接口使用所需模型等,例如:

```
import statsmodels.api as sm
sm.OLS(…)
sm.add_constant(…)
```

可见,虽然 OLS 和 add_constant 所处模块不同,但使用统一接口均可完成引用。这种导入操作更为便捷,是 Statsmodels 库的常用形式。

【例 7-1】　员工的工龄与薪资预测分析。

本例数据来自 Salary.csv 文件,取自 Kaggle 平台。该数据集给出了工作年限为 1.2～10.6 年的 30 名员工的薪资数据。

通过该回归分析可以对个人薪资进行合理估计,如进行人力资源预算等。

下面使用 Statsmodels 库中的简单线性回归方法,在 Jupyter Notebook 中进行数据建模分析。

步骤 1:导入数据集。

```
In [1]    import pandas as pd
          salary = pd.read_csv('./data/Salary.csv')
```

步骤 2:探索性分析数据集。

```
In [2]    salary.head()
```

对应的输出结果为

	Unnamed: 0	YearsExperience	Salary
0	0	1.2	39344.0
1	1	1.4	46206.0
2	2	1.6	37732.0
3	3	2.1	43526.0
4	4	2.3	39892.0

其中，YearsExperience 和 Salary 是研究对象。

```
In [3]    salary.shape
```

对应的输出结果为

```
(30, 3)
```

```
In [4]    salary.describe()
```

对应的输出结果为

	Unnamed: 0	YearsExperience	Salary
count	30.000000	30.000000	30.000000
mean	14.500000	5.413333	76004.000000
std	8.803408	2.837888	27414.429785
min	0.000000	1.200000	37732.000000
25%	7.250000	3.300000	56721.750000
50%	14.500000	4.800000	65238.000000
75%	21.750000	7.800000	100545.750000
max	29.000000	10.600000	122392.000000

```
In [5]    salary.info()
```

对应的输出结果为

```
<class 'pandas.core.frame.DataFrame'>
RangeIndex: 30 entries, 0 to 29
Data columns (total 3 columns):
 #   Column           Non-Null Count   Dtype
---  ------           --------------   -----
 0   Unnamed: 0       30 non-null      int64
 1   YearsExperience  30 non-null      float64
 2   Salary           30 non-null      float64
dtypes: float64(2), int64(1)
memory usage: 848.0 bytes
```

绘制 YearsExperience 和 Salary 的散点图，观察二者的数据关系。

```
In [6]    plt.scatter(salary.YearsExperience, salary.Salary)
          plt.xlabel("Years of Experience")
          plt.ylabel("Salary")
          plt.show()
```

对应的输出结果如图 7-1 所示。

通过图 7-1 的所示散点图可以看出，自变量 YearsExperience 和因变量 Salary 之间存在线性关系，可以进行线性回归分析。

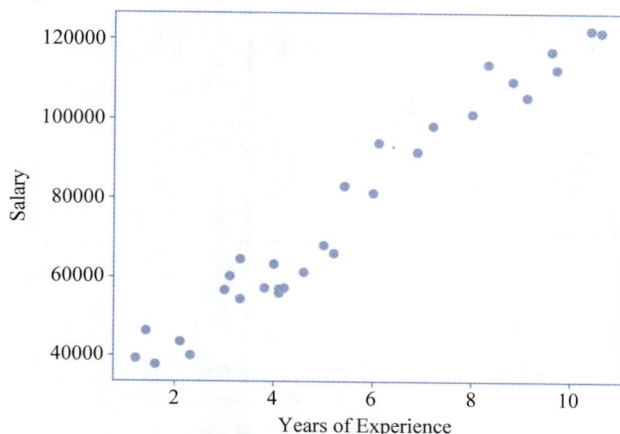

图 7-1　例 7-1 的散点图

步骤 3：数据准备。

进行线性回归建模前，应准备好模型所需特征矩阵 $\boldsymbol{X}$ 和目标向量 $\boldsymbol{y}$。

```
In [7]    X = salary.YearsExperience        #自变量
          y = salary.Salary                 #因变量
          X = sm.add_constant(X)            #为自变量添加常数项(截距)
          X.head()
```

对应的输出结果为

	const	YearsExperience
0	1.0	1.2
1	1.0	1.4
2	1.0	1.6
3	1.0	2.1
4	1.0	2.3

在线性回归模型 $\boldsymbol{y}=\omega_1\boldsymbol{X}+\omega_0$ 中，常数项代表了当前自变量为 0 时因变量的取值，即截距。如果线性回归模型中需要截距，则必须引入常数项。Statsmodels 库的 add_constant() 方法的功能是为 $\boldsymbol{X}$ 新增一列，该列的名称为 const，并且每行的取值都为 1。

步骤 4：线性回归建模。

OLS() 方法的原型如下：

```
statsmodels.regression.linear_model.OLS(endog, exog = None, missing = 'none',
hasconst = None, ** kwargs)
```

OLS() 方法的常用参数如表 7-1 所示。

表 7-1　OLS() 方法的常用参数

参　　　数	说　　　明
endog	因变量
exog	自变量

建模过程如下：

```
In[8]    model = sm.OLS(y, X)          #创建普通最小二乘法模型
         results = model.fit()         #对模型进行训练,并获取拟合结果
```

fit()方法的返回值为模型拟合后的统计数据。

步骤 5:模型评价。

调用 summary()方法显示统计摘要信息:

```
In[9]    results.summary()
```

对应的输出结果如图 7-2 所示。

OLS Regression Results

Dep. Variable:	Salary	R-squared:	0.957
Model:	OLS	Adj. R-squared:	0.955
Method:	Least Squares	F-statistic:	622.5
Date:	Wed, 11 Oct 2023	Prob (F-statistic):	1.14e-20
Time:	20:09:31	Log-Likelihood:	-301.44
No. Observations:	30	AIC:	606.9
Df Residuals:	28	BIC:	609.7
Df Model:	1		
Covariance Type:	nonrobust		

	coef	std err	t	P>|t|	[0.025	0.975]
const	2.485e+04	2306.654	10.772	0.000	2.01e+04	2.96e+04
YearsExperience	9449.9623	378.755	24.950	0.000	8674.119	1.02e+04

Omnibus:	2.140	Durbin-Watson:	1.648
Prob(Omnibus):	0.343	Jarque-Bera (JB):	1.569
Skew:	0.363	Prob(JB):	0.456
Kurtosis:	2.147	Cond. No.	13.6

图 7-2　回归模型的统计摘要

如图 7-3 所示,统计摘要中的这两行数据分别代表了模型参数 YearsExperience 和 const(截距)的统计结果,coef 列为它们的回归系数,即拟合直线方程为 Salary $= 9449.9623 \times$ YearsExperience$+24\,850$。

	coef	std err	t	P>|t|	[0.025	0.975]
const	2.485e+04	2306.654	10.772	0.000	2.01e+04	2.96e+04
YearsExperience	9449.9623	378.755	24.950	0.000	8674.119	1.02e+04

图 7-3　统计摘要中的模型参数

回归系数还可以通过拟合结果的 params 属性查看:

```
In[10]    results.params
```

对应的输出结果为

```
const                  24848.203967
YearsExperience         9449.962321
dtype: float64
```

在图 7-3 中还显示,YearsExperience 的 $P>|t|$ 的取值为 0,具有统计显著性。

$P>|t|$ 的取值也称 P 值(P-value),它越趋近 0,说明该变量越具有统计显著性,即因

变量与它的相关性越强。一般置信水平为 0.05，小于 0.05 时表明该自变量与因变量之间存在统计上的显著关系。P 值可以通过拟合结果的 pvalues 属性查看：

```
In [11]    results.pvalues
```

对应的输出结果为

```
const               1.816526e-11
YearsExperience     1.143068e-20
dtype: float64
```

显然，YearsExperience 具有统计显著性。

如图 7-4 所示，该回归模型的决定系数 R-squared（即 R^2）为 0.957，说明 95.7% 的薪资可以由工龄解释。

Dep. Variable:	Salary	R-squared:	0.957
Model:	OLS	Adj. R-squared:	0.955

图 7-4　统计摘要中的决定系数

决定系数可以通过拟合结果的 rsquared 属性查看：

```
In [12]    results.rsquared
```

对应的输出结果为

```
0.9569566641435086
```

步骤 6：观测拟合情况。

利用数据可视化，将真实数据与拟合直线绘制在一幅图中进行比较。

```
In [13]    y_predict = results.predict()                      #使用模型进行预测
           plt.scatter(salary.YearsExperience, salary.Salary)
           plt.xlabel("Years of Experience")
           plt.ylabel("Salary")
           plt.plot(salary.YearsExperience, y_predict)        #绘制拟合曲线
           plt.show()
```

对应的输出结果如图 7-5 所示。

从输出结果可以看出，一元线性回归基本上拟合了数据的趋势，但仍存在优化的空间。

7.2.2　解析法实现最小二乘法

本节利用 7.1.1 节所述的最小二乘法原理，根据各样本的特征值和目标值计算回归分析的解析解。已知 $\boldsymbol{y} = \omega_1 \boldsymbol{X} + \omega_0$ 的回归系数如下：

$$\omega_1 = \frac{\sum\limits_{i=1}^{n} x_i y_i - n\bar{x}\,\bar{y}}{\sum\limits_{i=1}^{n} x_i^2 - n\bar{x}^2}$$

$$\omega_0 = \bar{y} - w_1 \bar{x}$$

现使用例 7-1 的数据编写 Python 代码完成最小二乘法计算，计算回归系数。

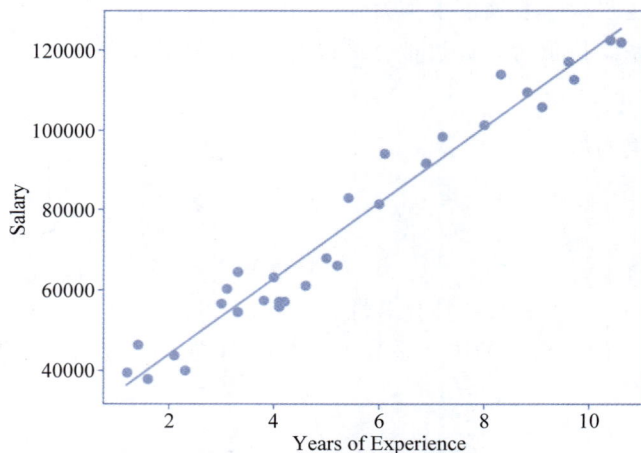

图 7-5　模型的拟合效果

```
import numpy as np
import pandas as pd
#计算线性回归方程系数
def linearRegression(X, y):
    xmeans, ymeans = np.mean(X), np.mean(y)
    aNumerator = np.sum(X * y) - len(X) * xmeans * ymeans
    aDenominator = np.sum(X ** 2) - len(X) * xmeans ** 2
    a = aNumerator / aDenominator
    b = ymeans - a * xmeans
    return a, b
#主方法
def main():
    salary = pd.read_csv("./data/Salary.csv")
    y = salary.Salary
    X = salary.YearsExperience
    a, b = linearRegression(X, y)
    print(a,b)
main()
```

程序的运行结果为

```
9449.96232145507,24848.20396652323
```

与 Statsmodels 库的计算结果一致,验证了一元线性回归解的可解析性。

7.2.3　多项式回归

如图 7-5 所示,回归模型依然存在优化的空间,下面采用多项式回归建模。

假设因变量 y 与自变量 x、x^2、x^3 存在线性关系,构建模型:

$$y = \beta_0 + \beta_1 x + \beta_2 x^2 + \beta_3 x^3$$

步骤 1：数据准备。

在多项式回归中,特征矩阵 X 由 3 部分组成,即 x、x^2 和 x^3,通过 NumPy 库的 column_ stack()方法创建特征矩阵。

```
In [1]    x = salary.YearsExperience
          y = salary.Salary
          X = np.column_stack((x, np.power(x, 2), np.power(x, 3)))
          X[:3]
```

对应的输出结果为

```
array([[1.2 , 1.44 , 1.728],
       [1.4 , 1.96 , 2.744],
       [1.6 , 2.56 , 4.096]])
```

与一元线性回归相同,使用 Statsmodels 库的 add_constant()方法为多项式回归方程添加截距。

```
In [2]    X = sm.add_constant(X)
          X[:3]
```

对应的输出结果为

```
array([[1.  , 1.2 , 1.44 , 1.728],
       [1.  , 1.4 , 1.96 , 2.744],
       [1.  , 1.6 , 2.56 , 4.096]])
```

步骤 2:多项式回归建模及评价。

```
In [3]    model = sm.OLS(y, X)
          results = model.fit()
          results.summary()
```

对应的输出结果如图 7-6 所示。

从图 7-6 可以看到,拟合曲线为 $y = 38\,960 - 1142.2663x + 2136.2266x^2 - 122.9154x^3$,其中,$x^2$ 和 x^3 两项具有统计显著性特征,决定系数提高至 0.964。

步骤 3:观测拟合情况。

使用多项式回归模型进行数据预测,并将真实数据与拟合曲线绘制在一幅图中进行比较。

```
In [4]    y_predict = results.predict()
          plt.rcParams['font.family'] = "simHei"
          plt.scatter(x, y)
          plt.plot(x, y_predict)
          plt.title('工龄与薪资的多项式回归分析')
          plt.xlabel('Years of Experience')
          plt.ylabel('Salary')
```

拟合效果如图 7-7 所示。

从可视化的结果看,采用多项式回归分析的拟合效果有所提升。

7.2.4　线性回归与 Scikit-learn 建模

Scikit-learn 库采用机器学习的方法进行建模,需要将数据集拆分为训练集和测试集。

OLS Regression Results					
Dep. Variable:		Salary	R-squared:		0.964
Model:		OLS	Adj. R-squared:		0.959
Method:		Least Squares	F-statistic:		229.4
Date:		Thu, 12 Oct 2023	Prob (F-statistic):		8.11e-19
Time:		14:20:01	Log-Likelihood:		-298.93
No. Observations:		30	AIC:		605.9
Df Residuals:		26	BIC:		611.5
Df Model:		3			
Covariance Type:		nonrobust			

	coef	std err	t	P>|t|	[0.025	0.975]
const	3.896e+04	7688.914	5.067	0.000	2.32e+04	5.48e+04
x1	-1142.2663	5083.196	-0.225	0.824	-1.16e+04	9306.393
x2	2136.2266	985.130	2.168	0.039	111.264	4161.189
x3	-122.9154	56.520	-2.175	0.039	-239.093	-6.737

Omnibus:	2.261	Durbin-Watson:	2.053
Prob(Omnibus):	0.323	Jarque-Bera (JB):	1.849
Skew:	0.470	Prob(JB):	0.397
Kurtosis:	2.228	Cond. No.	4.21e+03

图 7-6　多项式回归模型统计摘要

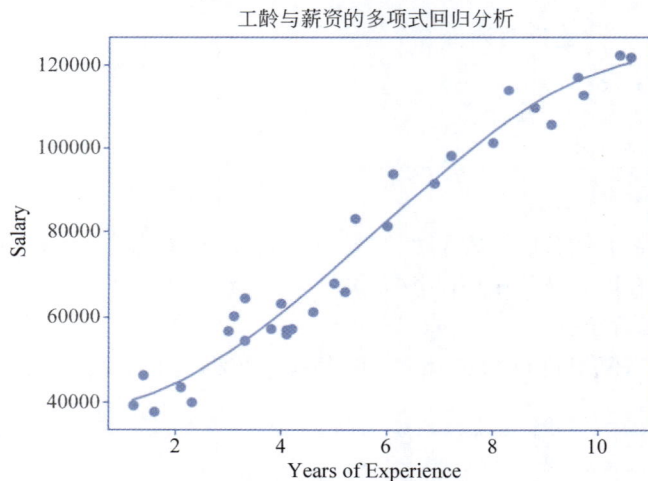

图 7-7　多项式回归模型的拟合效果

下面使用 Scikit-learn 库完成例 7-1 的一元线性回归建模。

步骤 1：准备数据。

```
In [1]    import pandas as pd
          salary = pd.read_csv("./data/Salary.csv")
          salary['intercept'] = 1              #手动添加截距列
          salary.head()
```

读取数据集后，为其添加截距列，对应的输出结果为

	Unnamed: 0	YearsExperience	Salary	intercept
0	0	1.2	39344.0	1
1	1	1.4	46206.0	1
2	2	1.6	37732.0	1
3	3	2.1	43526.0	1
4	4	2.3	39892.0	1

步骤 2：拆分训练集和测试集。

```
In [2]   from sklearn.model_selection import train_test_split
         fetures = salary[['YearsExperience','intercept']]
         target = salary['Salary']
         X_train, X_test, y_train, y_test =
                          train_test_split(fetures, target, test_size = 0.3)
         print(X_train.shape)
```

对应的输出结果为

```
(21, 2)
```

30％的数据划入测试集,现在的训练集的大小为(21，2),即 21 条数据用于训练,9 条数据用于测试。

步骤 3：建模和训练模型。

使用训练集对模型进行训练。

```
In [3]   from sklearn.linear_model import LinearRegression
         model = LinearRegression()
         model.fit(X_train, y_train)
```

步骤 4：查看模型参数。

```
In [4]   model.coef_
```

对应的回归系数输出为

```
array([9719.00915203,   0.      ])
```

```
In [5]   model. intercept
```

对应的回归模型的截距输出为

```
22304.822411404966
```

步骤 5：模型预测。

使用 predict()方法进行预测。

```
In [6]   model.predict(X_test)
```

对应的输出结果为

```
array([100056.89562764, 92281.68830602, 33967.63339384, 61180.85901952,
35911.43522425, 54377.5 526131 , 107832.10294927, 51461.84986749, 42714.74163067])
```

假设要预测一个 20 年工龄的员工的薪资,则首先组织好数据,将其表示为模型所需特征值的二维结构。

```
In [7]    #[20, 1]中的两个数字分别代表工龄和截距
          X_pred = np.array([20, 1]).reshape(-1, 2)
          X_pred.shape
```

对应的输出结果为

```
(1, 2)
```

经过 reshape()操作,X_pred 的维度为(1, 2),符合 Scikit-learn 库的输入要求。

```
In [8]    model.predict(X_pred)
```

对应的输出结果为

```
array([216685.005452])
```

即 20 年工龄的员工的薪资约为 216 685。

步骤 6:模型评价。

调用 score()方法获取模型的决定系数。

```
In [9]    model.score(X_test, y_test)
```

对应的输出结果为

```
0.9654161593601149
```

从数据上看,模型的解释度有效。

◆ 7.3   多元线性回归分析

当线性回归分析中自变量的数量超过一个时,称为多元线性回归(Multiple Linear Regression)分析。

7.3.1   多元线性回归与 Statsmodels 建模

多元线性回归在简单线性回归的基础上增加了更多的自变量,表达形式如下:

$$y = \omega_0 + \omega_1 X_1 + \omega_2 X_2 + \cdots + \omega_k X_k$$

其中,$X_1, X_2, \cdots, X_k$ 是自变量,$\omega, \omega_1, \cdots, \omega_k$ 等是未知系数。

多元线性回归要求各自变量与因变量之间存在线性关系,同时自变量之间的相关性应尽可能低。在多元线性回归中,会涉及多个自变量。模型中与因变量线性相关的变量越多,模型的解释度就越高;模型中自变量彼此线性相关的越多,模型的解释度就越低。

决定系数 R^2 用于评价模型的解释度,但 R^2 容易受到样本个数和模型自变量个数的影响。在多元线性回归中,会使用调整后的 R^2 评价回归模型的优劣程度。调整后的 R^2 定义如下:

$$R^2 \text{adjusted} = 1 - \frac{(n-i)(1-R^2)}{n-p}$$

当有截距项时 i 为 1,反之为 0;n 为用于拟合该模型的样本个数;p 为模型自变量个数。

调整后的 R^2 加入了样本个数与模型自变量个数,以消除样本个数和模型自变量个数的影响。需要注意的是,在样本个数和模型自变量个数不变的情况下,评价模型解释度的仍

旧是 R^2；当回归分析加入或者去除某个自变量后观察模型解释度时，应观测调整后的 R^2。

【例 7-2】　广告效果分析。

本例数据来自 Company.csv 文件，取自 Kaggle 平台。该数据集给出了 200 条不同途径投放的产品广告金额和销售额数据，广告的投放途径包括电视（TV）、广播（Radio）和报纸（Newspaper）。

本例旨在分析电视、广播和报纸 3 种媒体的广告投入与销售额之间的关系，通过该分析可以对销售额进行合理估计，从而指导广告投入的预算。该问题属于多元线性回归问题。

下面使用 Statsmodels 库在 Jupyter Notebook 中进行数据建模分析。

步骤 1：导入数据集。

```
In [1]    import pandas as pd
          data = pd.read_csv("./data/Company.csv")
          data.head()
```

对应的输出结果为

	TV	Radio	Newspaper	Sales
0	230.1	37.8	69.2	22.1
1	44.5	39.3	45.1	10.4
2	17.2	45.9	69.3	12.0
3	151.5	41.3	58.5	16.5
4	180.8	10.8	58.4	17.9

步骤 2：探索性分析数据集。

```
In [2]    data.shape
```

对应的输出结果为

```
(200, 4)
```

输出显示一共有 200 条数据。

```
In [3]    data.info()
```

对应的输出结果为

```
<class 'pandas.core.frame.DataFrame'>
RangeIndex: 200 entries, 0 to 199
Data columns (total 4 columns):
 #   Column     Non-Null Count  Dtype
---  ------     --------------  -----
 0   TV         200 non-null    float64
 1   Radio      200 non-null    float64
 2   Newspaper  200 non-null    float64
 3   Sales      200 non-null    float64
dtypes: float64(4)
memory usage: 6.4 KB
```

输出显示数据集中每列数据均无缺失。

步骤 3：观察变量间的相关性。

通过计算变量之间的相关系数，可以初步判断它们之间的线性相关性。常用的相关系数是皮尔逊相关系数，其取值范围为 −1～1。相关系数接近 1 表示强正相关，接近 −1 表示强负相关，接近 0 表示无相关性。

```
In [4]    data.corr()
```

TV、Radio、Newspaper、Sales 之间的相关系数如图 7-8 所示。TV 与 Sales 之间的线性关系最为显著,Newspaper 与 Sales 的线性关系最不显著,且 TV、Radio、Newspaper 彼此之间不存在线性相关,符合多元线性回归建模条件。

	TV	Radio	Newspaper	Sales
TV	1.000000	0.054809	0.056648	0.901208
Radio	0.054809	1.000000	0.354104	0.349631
Newspaper	0.056648	0.354104	1.000000	0.157960
Sales	0.901208	0.349631	0.157960	1.000000

图 7-8　广告投入数据集中变量之间的相关系数

观察变量间的相关性,还可以使用散点图。下面使用 Seaborn 库绘制散点图,可视化 TV、Radio、Newspaper、Sales 之间的关系。kind 参数设置为 reg,为非对角线上的散点图拟合出一条回归线,更直观地呈现变量之间的关系。观察的重点在于寻找 TV、Radio、Newspaper 与因变量 Sales 之间是否存在线性相关以及 TV、Radio、Newspaper 3 个自变量之间是否不存在线性相关。

```
In [5]    import seaborn as sns
          sns.pairplot(data, kind = "reg")
```

散点图如图 7-9 所示,观测结论与相关系数的结论相同。

步骤 4:数据准备。

```
In [6]    import statsmodels.api as sm
          X = data[['TV','Radio','Newspaper']]
          X_c = sm.add_constant(X_train)          #加入截距
          y = data['Sales']
```

步骤 5:线性回归建模。

```
In [7]    model = sm.OLS(y, X_c)
          results = model.fit()
```

步骤 6:模型评价。

```
In [8]    results.summary()
```

对应的输出结果如图 7-10 所示。

如图 7-10 所示,该多元线性回归的决定系数 R^2 为 0.903,自变量 Newspaper 的 P 值过高,不具有统计显著性,TV 和 Radio 具有统计显著性,回归方程为

$$sales = 0.0544 \times TV + 0.107 \times Radio + 0.0003 \times Newspaper + 4.6251$$

7.3.2　多重共线性问题

在多元线性回归问题中,如果自变量之间存在精确的相关关系或高度相关关系则称为多重共线性(multicollinearity),多重共线性会导致模型估计失真或难以准确估计。

假设模型中两个自变量具有线性相关性(完全共线性),例如:

$$x_2 = \alpha x_1$$

则

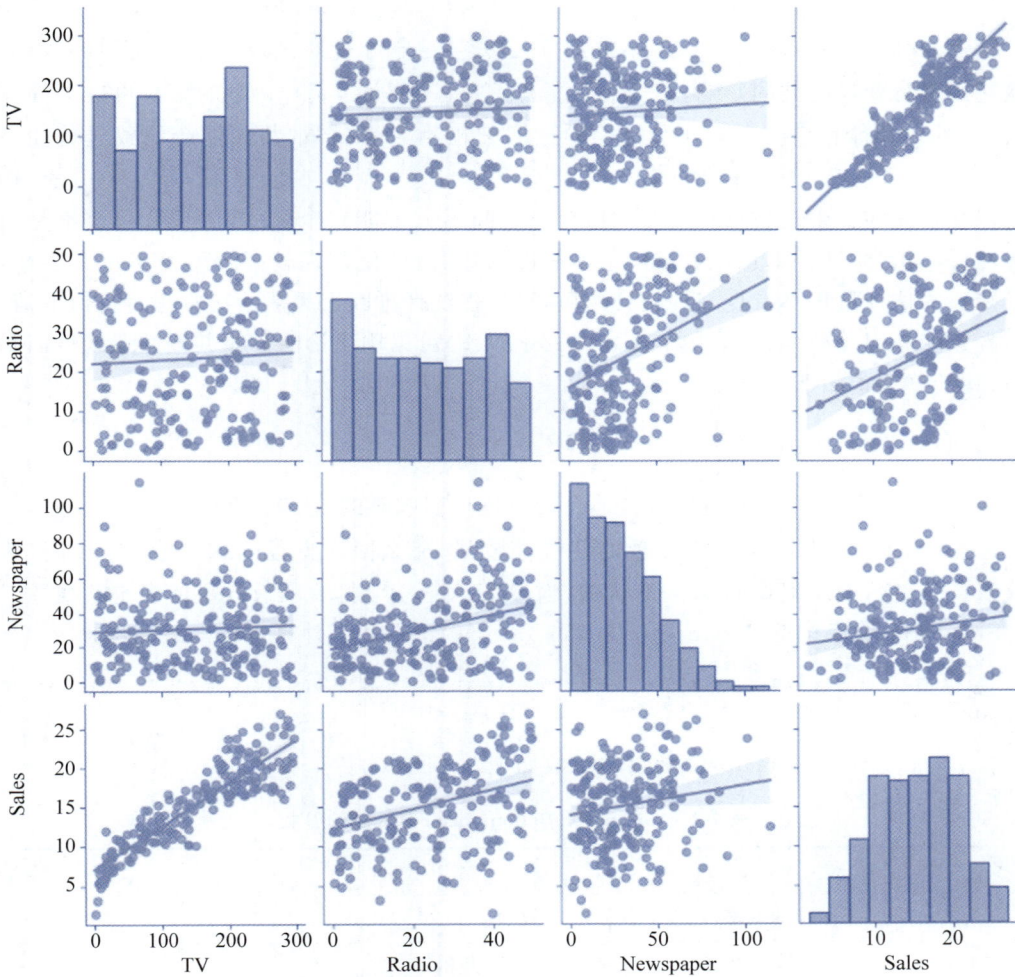

图 7-9　广告投入数据集的数据散点图

OLS Regression Results

Dep. Variable:	Sales	R-squared:	0.903
Model:	OLS	Adj. R-squared:	0.901
Method:	Least Squares	F-statistic:	605.4
Date:	Fri, 13 Oct 2023	Prob (F-statistic):	8.13e-99
Time:	11:16:42	Log-Likelihood:	-383.34
No. Observations:	200	AIC:	774.7
Df Residuals:	196	BIC:	787.9
Df Model:	3		
Covariance Type:	nonrobust		

	coef	std err	t	P>|t|	[0.025	0.975]
const	4.6251	0.308	15.041	0.000	4.019	5.232
TV	0.0544	0.001	39.592	0.000	0.052	0.057
Radio	0.1070	0.008	12.604	0.000	0.090	0.124
Newspaper	0.0003	0.006	0.058	0.954	-0.011	0.012

图 7-10　统计数据摘要

$$y = \omega_0 + \omega_1 x_1 + \omega_2 x_2 + \cdots + \omega_k x_k = \omega_0 + (\omega_1 + \alpha\omega_2)x_1 + \cdots + \omega_k x_k$$

显然,此时模型参数 ω_1 和 ω_2 不能独立反映它们与自变量 x_1 和 x_2 之间的关系,而是反映它们对自变量的共同影响,ω_1 和 ω_2 失去了应有的含义,$\omega_1 + \alpha\omega_2$ 的结果可能会导致自变量 x_1 的解释性相反。完全共线性会导致回归预测无解,多重共线性会导致显著性检验失去意义。

但在实际问题中,当自变量较多时,变量之间不太可能完全独立。因此,只要不是完全共线性,多重共线性并不意味着任何基本假设的违背,即使出现较高程度的多重共线性,最小二乘法的估计量仍具有良好的统计性质,只是在统计推断上无法给出真正有价值的信息。

方差膨胀因子(Variance Inflation Factor,VIF)可以用于诊断多重共线性对线性回归的影响,其计算公式如下:

$$\text{VIF} = \frac{1}{1 - R_i^2}$$

R_i 表示把自变量 x_i 作为因变量与其他自变量进行回归时的决定系数 R^2。

显然,如果自变量与其他自变量的共线性较强,那么回归方程的 R^2 就会比较高,从而导致该自变量的 VIF 比较高。一般认为,当 VIF 大于 10 时,说明有严重的多重共线性。

Statsmodels 库中的 variance_inflation_factor() 函数用于计算 VIF。其 API 如下:

```
statsmodels.stats.outliers_influence.variance_inflation_factor(exog, exog_idx)
```

variance_inflation_factor() 函数的参数如表 7-2 所示。

表 7-2　variance_inflation_factor()函数的参数

参　　数	说　　明
exog	自变量矩阵,通常对其添加常数项
exog_idx	要计算 VIF 的自变量的索引(从 0 开始)

7.3.3　Python 编程实践——汽车价格预测

【例 7-3】　汽车价格的预测分析。

本例数据来自 Car.csv 文件,该数据集给出了 205 条汽车 10 项指标及汽车销售价格数据,通过回归分析可以找出对汽车价格影响较高的指标,从而对价格进行合理的预测,便于进行市场推广等。

Car.csv 数据集中的汽车指标如表 7-3 所示。

表 7-3　Car.csv 数据集中的汽车指标

序　　号	指　　标	含　　义
1	CarName	汽车品牌
2	wheelbase	轴距
3	carlength	车长

续表

序 号	指 标	含 义
4	carwidth	车宽
5	carheight	车高
6	curbweight	车重
7	cylindernumber	气缸数量
8	enginesize	发动机尺寸
9	compressionratio	压缩比
10	horsepower	马力

下面在 Jupyter Notebook 中进行数据建模分析,同时展示多重共线性的发现及处理方法。

步骤 1:导入数据集。

In [1]
```
import pandas as pd
data = pd.read_csv("./data/Car.csv")
data.head()
```

对应的输出结果为

	CarName	wheelbase	carlength	carwidth	carheight	curbweight	cylindernumber	enginesize	compressionratio	horsepower	price
0	alfa-romero giulia	88.6	168.8	64.1	48.8	2548	4	130	9.0	111	13495.0
1	alfa-romero stelvio	88.6	168.8	64.1	48.8	2548	4	130	9.0	111	16500.0
2	alfa-romero Quadrifoglio	94.5	171.2	65.5	52.4	2823	6	152	9.0	154	16500.0
3	audi 100 ls	99.8	176.6	66.2	54.3	2337	4	109	10.0	102	13950.0
4	audi 100ls	99.4	176.6	66.4	54.3	2824	5	136	8.0	115	17450.0

In [2]
```
data.shape
```

对应的输出结果为

```
(205, 11)
```

步骤 2:数据预处理。

因汽车品牌与价格之间无直接联系,所以将其删除。

In [3]
```
data.drop(['CarName'], axis = 1, inplace = True)
```

因为各数值指标的量纲不同,计算前先对其进行归一化处理。

In [4]
```
from sklearn.preprocessing import StandardScaler
scaler = StandardScaler()
df = pd.DataFrame()
df[data.columns] = scaler.fit_transform(data)
df.head()
```

对应的输出结果为

	wheelbase	carlength	carwidth	carheight	curbweight	cylindernumber	enginesize	compressionratio	horsepower	price
0	−1.690772	−0.426521	−0.844782	−2.020417	−0.014566	−0.352887	0.074449	−0.288349	0.174483	0.027391
1	−1.690772	−0.426521	−0.844782	−2.020417	−0.014566	−0.352887	0.074449	−0.288349	0.174483	0.404461
2	−0.708596	−0.231513	−0.190566	−0.543527	0.514882	1.502032	0.604046	−0.288349	1.264536	0.404461
3	0.173698	0.207256	0.136542	0.235942	−0.420797	−0.352887	−0.431076	−0.035973	−0.053668	0.084485
4	0.107110	0.207256	0.230001	0.235942	0.516807	0.574572	0.218885	−0.540725	0.275883	0.523668

步骤 3：数据集划分。

将数据集按照 70% 的数据用于训练、30% 的数据用于测试的比例进行划分，并将训练集中的特征变量和目标变量拆分到两个数据集中。

```
In [5]   from sklearn.model_selection import train_test_split
         import statsmodels.api as sm
         df_train, df_test = train_test_split(df, test_size = 0.3,
                                              random_state = 100)
         X_train = df_train.drop(['price'], axis = 1)
         X_train_c = sm.add_constant(X_train)      #添加截距项
         y_train = df_train['price']
```

步骤 4：线性回归建模。

建模并评估模型中各特征的 P 值和 VIF 值。

```
In [6]   lr = sm.OLS(y_train, X_train_c).fit()
         lr.summary()
```

模型的统计摘要如图 7-11 所示。

OLS Regression Results

Dep. Variable:	price	R-squared:	0.832
Model:	OLS	Adj. R-squared:	0.820
Method:	Least Squares	F-statistic:	73.05
Date:	Wed, 25 Oct 2023	Prob (F-statistic):	4.14e-47
Time:	20:35:43	Log-Likelihood:	-72.033
No. Observations:	143	AIC:	164.1
Df Residuals:	133	BIC:	193.7
Df Model:	9		
Covariance Type:	nonrobust		

	coef	std err	t	P>|t|	[0.025	0.975]
const	0.0142	0.036	0.400	0.690	-0.056	0.084
wheelbase	0.0517	0.092	0.563	0.575	-0.130	0.234
carlength	-0.1148	0.099	-1.159	0.249	-0.311	0.081
carwidth	0.1674	0.083	2.014	0.046	0.003	0.332
carheight	0.0276	0.052	0.531	0.597	-0.075	0.131
curbweight	0.2019	0.128	1.576	0.117	-0.051	0.455
cylindernumber	-0.0462	0.074	-0.627	0.532	-0.192	0.100
enginesize	0.3934	0.127	3.095	0.002	0.142	0.645
compressionratio	0.0608	0.044	1.367	0.174	-0.027	0.149
horsepower	0.2850	0.086	3.302	0.001	0.114	0.456

Omnibus:	38.174	Durbin-Watson:	1.758
Prob(Omnibus):	0.000	Jarque-Bera (JB):	104.880
Skew:	1.027	Prob(JB):	1.68e-23
Kurtosis:	6.559	Cond. No.	11.3

图 7-11 汽车价格预测模型的统计摘要

从图 7-11 所示的 P 值来看,有些变量似乎并不重要(在存在其他变量的情况下),需要放弃一些变量。

接下来计算特征变量的 VIF 值。

```
In [7]    from statsmodels.stats.outliers_influence import
                                            variance_inflation_factor

          def getVIF():
              vif = pd.DataFrame()
              vif['Features'] = X_train.columns
              vif['VIF'] = [variance_inflation_factor(X_train.values, i)
                              for i in range(X_train.shape[1])]
              vif['VIF'] = round(vif['VIF'], 2)
              vif = vif.sort_values(by = "VIF", ascending = False)
              return vif
          getVIF()
```

特征变量的 VIF 值如图 7-12 所示。

步骤 5:筛选变量。

多元线性回归建模时,可以按照一些规则筛选自变量。本例采取如下规则:除非所有变量的 P 值和 VIF 值均处于可接受范围(设 P 值小于 0.05,VIF 值小于 5),否则根据以下标准每次删除一个变量。

(1) 删除 P 值和 VIF 值均高的变量。

(2) 对于高 P 值、低 VIF 值或者低 P 值、高 VIF 值的变量,首先删除具有高 P 值的变量。

依据上述标准(1),首先删除 P 值高(0.575)且 VIF 值也高(6.87)的 wheelbase,重新建模,查看 P 值和 VIF 值。

Features	VIF
4	curbweight	14.63
6	enginesize	12.64
1	carlength	8.50
0	wheelbase	6.87
8	horsepower	6.17
2	carwidth	6.09
5	cylindernumber	5.03
3	carheight	2.20
7	compressionratio	1.49

图 7-12　特征变量的 VIF 值

```
In [8]    X_train.drop(['wheelbase'], axis = 1, inplace = True)
          X_train_c = sm.add_constant(X_train)
          lr = sm.OLS(y_train, X_train_c).fit()
          lr.summary()
          getVIF()
```

再次建模发现特征 cylindernumber 的 P 值(0.529)和 VIF 值(5.03)均高,将其删除。以此类推,删除 P 值和 VIF 值均高的 carlength,删除 P 值高的 carheight,删除 P 值高的 compressionratio;删除 VIF 值高的 curbweight。

经过多次手动调整后,剩余 3 个特征的 P 值及 VIF 值均处于可接受范围,建模结束,最终选择的特征变量如图 7-13 所示。

建模时保留了车宽、发动机尺寸和马力 3 个特征变量。车宽可能影响汽车的稳定性和舒适性,较宽的车通常被认为更安全,可能导致更高的价格;较大的发动机尺寸意味着更强的动力和更好的性能,通常会提升汽车的价格;马力直接反映了汽车的动力性能,通常马力越大,汽车的价格也越高。

	coef	std err	t	P>|t|	[0.025	0.975]
const	0.0114	0.035	0.322	0.748	-0.058	0.081
carwidth	0.2832	0.053	5.341	0.000	0.178	0.388
enginesize	0.4510	0.070	6.404	0.000	0.312	0.590
horsepower	0.2236	0.062	3.601	0.000	0.101	0.346

	Features	VIF
1	enginesize	3.86
2	horsepower	3.13
0	carwidth	2.40

图 7-13　最终选择的特征变量的 P 值及 VIF 值

◆ 7.4　正则化方法

多重共线性会对基于最小二乘法的线性回归产生不良的影响,而基于 VIF 的共线性诊断虽然可以解决多重共线性问题,但是需要人为介入,建模效率较低,因而人们又提出了正则化方法。

7.4.1　正则化原理

正则化方法通过在损失函数的基础上加上正则化项作为惩罚(约束)项解决共线性问题,正则化分为 L1 正则化和 L2 正则化。

1. L1 正则化

L1 正则化的惩罚项是权重向量中各元素绝对值的总和。对于多元线性回归模型 $y = \omega_0 + \omega_1 X_1 + \omega_2 X_2 + \cdots + \omega_k X_k$ 而言,权重向量即为回归系数。

增加了 L1 正则化惩罚项的损失函数如下:

$$\text{Error} = \sum_{i=1}^{n} (y_i - \hat{y}_i)^2 + \lambda \sum_{j=1}^{k} |\omega_j|$$

$\lambda \sum_{j=1}^{k} |\omega_j|$ 为正则化项,其中 λ 是惩罚系数,λ 的意义在于控制正则化项对模型的影响,调整模型的灵活性和复杂度。较小的 λ 值会使模型更灵活,捕捉更多的特征;而较大的 λ 值会简化模型,强调更重要的特征。

使用 L1 正则化的回归方法称为 Lasso 回归。Lasso 回归会约束正则化项小于某个阈值常数 t,即

$$\sum_{j=1}^{k} |\omega_j| \leqslant t$$

在这个约束下,模型的系数值不断收缩,当小到一定程度时,有些系数可能会收缩为 0。即 Lasso 回归在令回归系数的绝对值之和小于一个常数的约束条件下使残差平方和最小化,从而能够产生某些严格等于 0 的回归系数,间接实现特征选择。

以二元线性回归为例,有两个回归系数 ω_1 和 ω_2,其正则化项为 $|\omega_1| + |\omega_2|$。

如图 7-14 所示,在二维空间中 L1 正则化的解空间是一个菱形,即 ω_1 和 ω_2 的取值被限定在该菱形框内。

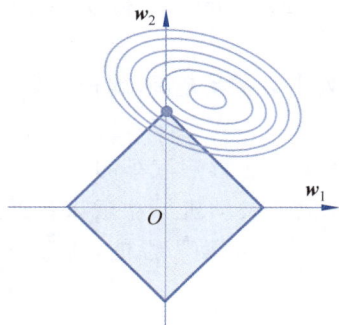

图 7-14　L1 正则化的解空间

图 7-14 中的多个圆表示损失函数的等值线,同一个圆上的损失函数值相等,圆的半径越大表示损失值越大,由内到外损失函数值越来越大,即当等值线向外扩散时损失变大。菱形的边为约束条件,当等值线第一次与菱形的边相交时,这个交点表示在约束条件下的最低损失,也就是模型参数的最优解。显然,等值线与菱形顶点先相交的概率比与菱形框线先相交的概率要大。且因为顶点位于坐标轴上,所以使其他权重的取值为 0。在更高维的空间中,"顶点"位置的最优解会产生很多取值为 0 的权重,这就是 L1 正则化可以进行特征选择的原理。

L1 正则化通过特征选择、赋予重要特征权重等机制,有效地避免和缓解了多重共线性问题。

2. L2 正则化

L2 正则化惩罚项是权重向量中各元素的平方之和。对于多元线性回归模型 $y = \omega_0 + \omega_1 X_1 + \omega_2 X_2 + \cdots + \omega_k X_k$ 而言,增加了 L2 正则化惩罚项的损失函数如下:

$$\text{Error} = \sum_{i=1}^{n} (y_i - \hat{y}_i)^2 + \lambda \sum_{j=1}^{k} \omega_j^2$$

$\lambda \sum_{j=1}^{k} \omega_j^2$ 为正则化项,λ 是惩罚系数。

使用 L2 正则化的回归方法称为岭回归。岭回归会约束正则化项的平方小于某个常数 t,即

$$\sum_{j=1}^{k} \omega_j^2 \leqslant t$$

以二元线性回归为例,在二维空间中 L2 正则化约束的解空间限定在一个圆内,如图 7-15 所示。

相较于 L1 正则化的菱形约束,L2 正则化的圆形约束使得所有权重都趋于较小的值,但不会完全为 0。由于该约束不会让权重偏向某一特定方向,因此,即使变量之间存在相关性,得到的系数也不会过于极端,出现非常大的正系数或非常小的负系数,这种约束帮助模型在寻找最佳解时保持均衡。

在存在相关性的情况下,普通最小二乘法可能会选择某个特征的极端系数拟合数据,而 L2 正则化会将权重分配得更均匀。它不会完全忽略某些特征,而是通过对所有特征施加同样的惩罚,促使模型学习到更平滑的关系。

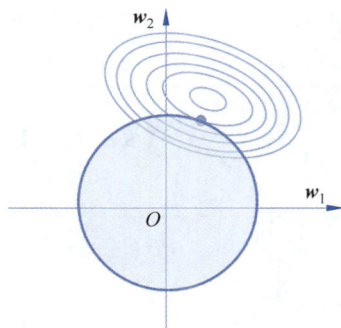

图 7-15 L2 正则化的解空间

L2 正则化通过对权重施加惩罚、平滑特征影响等,确保即使在特征相关的情况下,模型的系数也不会变得极端,从而提高了模型的稳定性和泛化能力。

需要注意的是,当 L2 正则化中的 λ 增加时,正则化项的惩罚会变得更强,模型会因为加入的常数项太大使回归系数普遍趋于 0(但不会等于 0),导致模型过于简单,甚至可能导致欠拟合;相反,如果 λ 太小,模型就会蜕化为普通最小二乘法,失去正则化的优势,容易导致过拟合。因此,找到合适的 λ 值是建立一个合适的岭回归模型的前提。

正则化是一种强大的工具,广泛应用于各种机器学习和统计建模任务中。除了 Lasso

回归、岭回归外，它在逻辑回归、支持向量机、神经网络、图像处理、推荐系统、自然语言处理等应用场景中都能够提升模型的性能，减少过拟合风险，增强模型的稳定性和泛化能力。在数据科学和机器学习中，合理地使用正则化技术是构建强健模型的关键一步。

7.4.2 Lasso 回归建模

Lasso 回归建模通常使用 Scikit-learn 库中的相关模型。

Lasso 回归是一种线性回归方法，通过引入 L1 正则化项控制模型的复杂度。因为惩罚系数 λ 非常重要，所以 Lasso 回归建模首先通过 LassoCV 类以交叉验证的方法在一定范围内选取最优的 λ。LassoCV 类的原型如下：

```
class sklearn.linear_model.LassoCV( * , eps = 0.001, n_alphas = 100, alphas = None,
fit_intercept = True, precompute = 'auto', max_iter = 1000, tol = 0.0001, copy_X =
True, cv = None, verbose = False, n_jobs = None, positive = False, random_state =
None, selection = 'cyclic')
```

LassoCV 类的常用参数如表 7-4 所示。

表 7-4　LassoCV 类的常用参数

参　　数	说　　明
alphas	要测试的 Lasso 回归正则化参数值
cv	交叉验证折数，None 表示使用 5 折交叉验证，整数为指定的折数
fit_intercept	指定是否计算截距。如果设置为 False，则在计算中不使用截距
max_iter	最大迭代次数
selection	特征选择方式，cyclic 表示循环选择，random 表示随机选择

LassoCV 类的常用方法如表 7-5 所示。

表 7-5　LassoCV 类的常用方法

方　　法	说　　明
fit(X，y)	训练模型
predict(X)	对新数据进行预测
score(X，y)	计算模型在给定数据上的 R^2 得分
set_params()	设置模型参数
get_params(deep＝True)	获取模型参数

LassoCV 类的常用属性如表 7-6 所示。

表 7-6　LassoCV 类的常用属性

属　　性	说　　明
alpha_	被选中的最优 λ 值
coef_	学习到的特征系数

续表

属　　　性	说　　　明
intercept_	学习到的截距
n_iter_	每个 λ 值的迭代次数

以例 7-3 为例，通过 LassoCV 类寻找最优 λ 值的建模过程如下（从例 7-3 的步骤 3 继续）。

```
In [1]    from sklearn.linear_model import LassoCV
          #选定 λ 值的大致范围
          Lambdas = np.logspace(-2, 2, 200)        #lambdas: 10⁻²～10²
          #通过 10 折交叉验证得到 λ 值
          lasso_cv = LassoCV(alphas = Lambdas, cv = 10)
          lasso_cv.fit(X_train, y_train)
          #获取交叉验证找到的最优 λ 值
          lasso_best_lambda = lasso_cv.alpha
```

由此得到最优的惩罚系数 λ，将该值用于 Lasso 回归建模。Lasso 类的原型如下：

```
class sklearn. linear _ model. Lasso (alpha = 1. 0,  *,  fit _ intercept = True,
precompute = False, copy_X = True, max_iter = 1000, tol = 0.0001, warm_start =
False, positive = False, random_state = None, selection = 'cyclic')
```

Lasso 类的常用参数如表 7-7 所示。

表 7-7　Lasso 类的常用参数

参　　　数	说　　　明
alpha	惩罚系数 λ，控制 L1 正则化项的影响
fit_intercept	布尔值，指定是否计算截距
max_iter	整数，最大迭代次数，控制优化算法的运行时间
tol	浮点数，停止迭代的容忍度，达到该条件时算法将停止
warm_start	布尔值，设为 True 时，将从上一次训练的模型的状态开始训练，有助于调整超参数或进行增量学习

Lasso 类的常用属性如表 7-8 所示。

表 7-8　Lasso 类的常用属性

属　　　性	说　　　明
coef_	模型的系数(权重)，一维数组，包含每个特征对应的回归系数
intercept_	模型的截距项(偏置)，浮点数，表示线性回归的截距
n_iter_	算法收敛时的迭代次数，可以用来评估模型的训练过程是否稳定

使用 LassoCV 类确定的 λ 值建立 Lasso 回归模型，代码如下：

```
In [2]    from sklearn.linear_model import Lasso
          lasso = Lasso(alpha = lasso_best_lambda)                    #建模
          lasso.fit(X_train, y_train)                                 #训练
          res = pd.Series(index = ['Intercept'] + _train.columns.tolist(),
                                  data = [lasso.intercept_] + lasso.coef_.tolist())
          res.sort_values()                                           #有序输出回归系数
```

对应的输出结果为

```
wheelbase          0.000000
carlength          0.000000
carheight          0.000000
cylindernumber     0.000000
compressionratio   0.005499
Intercept          0.007219
carwidth           0.144326
horsepower         0.196429
curbweight         0.232747
enginesize         0.323455
dtype: float64
```

可见，Lasso 建模利用 L1 正则化处理使某些变量的回归系数为 0，从而实现了特征选择。

7.4.3　岭回归建模

岭回归建模的过程与 Lasso 回归建模相同，首先通过 RidgeCV 类以交叉验证的方法找到最优的 λ 参数。

```
class sklearn.linear_model.RidgeCV(alphas = (0.1, 1.0, 10.0), *, fit_intercept = True, scoring = None, cv = None, gcv_mode = None, store_cv_results = None, alpha_per_target = False)
```

RidgeCV 类的常用参数如表 7-9 所示。

表 7-9　RidgeCV 类的常用参数

参　　　数	说　　　明
alphas	要测试的 Ridge 回归正则化参数值
fit_intercept	指定是否计算截距
scoring	用于评估模型的评分方法，默认使用 R^2 得分
cv	交叉验证折数，None 表示使用留一交叉验证，整数表示指定的折数

同样以例 7-3 为例，通过 RidgeCV 类寻找最优 λ 值的过程如下（从例 7-3 的步骤 3 继续）。

```
In [1]    from sklearn.linear_model import RidgeCV
          #选定 λ 值的大致范围
          lambdas = np.logspace(-2, 3, 1000) #lambdas: 10⁻²～10³
          #通过 10 折交叉验证得到 λ 值
          ridge_cv = RidgeCV(alphas = lambdas, cv = 10)
          ridge_cv.fit(X_train, y_train)
          #获取交叉验证找到的最优 λ 值
          ridge_best_lambda = ridge_cv.alpha_
```

使用 RidgeCV 类得到的最优 λ 值建立 Ridge 回归模型，代码如下：

```
In [2]    from sklearn.linear_model import Ridge
          ridge = Ridge(alpha = ridge_best_lambda)
          ridge.fit(X_train, y_train)
          res = pd.Series(index = ['Intercept'] +X_train.columns.tolist(),
          data = [ridge.intercept_] +ridge.coef_.tolist())
          res.sort_values()          #输出 Ridge 回归的系数
```

对应的输出结果为

```
carheight           -0.021461
Intercept           -0.002062
compressionratio     0.031035
wheelbase            0.064300
carlength            0.078407
cylindernumber       0.108586
carwidth             0.124950
curbweight           0.150691
enginesize           0.154538
horsepower           0.164686
dtype: float64
```

下面绘制岭回归模型的回归系数与 λ 值的变化轨迹，观察 L2 正则化的建模过程。

```
In [3]    ridge = Ridge()
          coefs = []
          for lam in lambdas:                        #观测每个 λ 取值的建模情况
              ridge.set_params(alpha = lam)
              ridge.fit(X_train, y_train)
              coefs.append(ridge.coef_)        #保存模型中每个自变量的回归系数
          ax = plt.gca()
          ax.plot(lambdas, coefs, label = ridge.feature_names_in_)
          #设置 X 轴缩放比例,"log"使 X 轴比例尺逐渐增大
          ax.set_xscale('log')
          plt.axis('tight')
          plt.legend()
          plt.show()
```

岭回归模型的回归系数与 λ 值的变化轨迹如图 7-16 所示。

由图 7-16 可见，随着 λ 值的增大，对变量的回归系数的惩罚越大，所有变量的系数都在趋于 0。这是由于，如果 λ 值非常大，要令损失函数 $\sum_{i=1}^{n}(y_i - \hat{y}_i)^2 + \lambda \sum_{j=1}^{k} \omega_j^2$ 最小，则只有让所有 ω 趋于 0，相当于一个只有截距的基线模型，虽然不精确，但是不会导致过拟合。

同时，从图 7-16 中可以看到，wheelbase、carheight、compressionratio 在不同的 λ 值下都很接近 0，可以删除这 3 个变量；而 carlength、cylindernumber 的系数变化大且有正有负，其影响可能不稳定，可能与其他变量存在共线性，可将其删除。

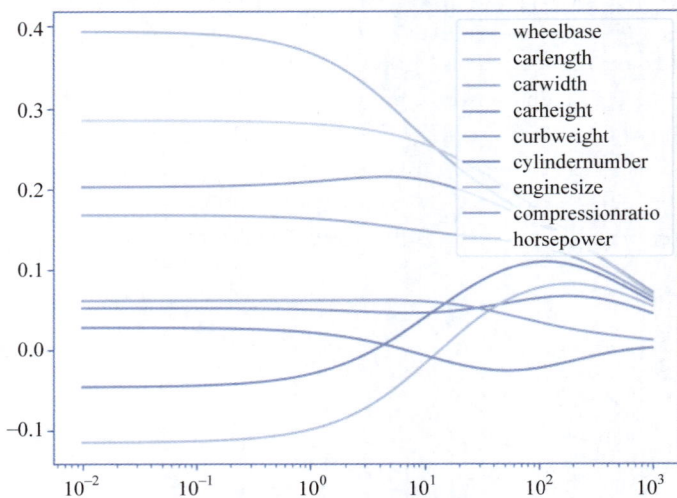

图 7-16　岭回归模型的回归系数与 λ 值的变化轨迹

◈ 7.5　本　章　小　结

回归属于监督学习,通过回归分析可以对数据做出合理的预测。

回归分析的因变量为连续型数值。通过设定因变量和自变量,回归分析能够确定二者之间的因果关系。在分析过程中,通过实测数据估算模型的各参数,并评估回归模型对实测数据的拟合效果。

回归分析根据自变量的个数分为一元回归分析和多元回归分析,它们均基于最小二乘法原理,将 $\sum_{i=1}^{n}(y_i - \hat{y}_i)^2$ 作为损失函数,令其最小的情况下求得各自变量的回归系数。

在多元线性回归中,因为自变量个数较多,需要注意自变量之间是否存在共线性问题。共线性可以通过计算相关系数、散点图可视化以及计算 VIF 值等进行判断。

解决多重共线性的方法包括手动筛选自变量、Lasso 回归和岭回归等。Lasso 回归和岭回归采取正则化的方法,在损失函数的基础上加上惩罚项。Lasso 回归采取的 L1 正则化方法利用惩罚项达到去除某些自变量、进行特征选择的效果;岭回归采取的 L2 正则化方法利用惩罚项消除共线性。

◈ 7.6　习　　　题

1. 关于回归分析,下列说法中错误的是(　　　)。

   A. 回归模型可以用于预测因变量

   B. 回归分析中,如果决定系数 $R^2 = 1$,说明 X 与 y 之间完全线性相关

   C. 在线性关系中,每个自变量的权重既可以是正的也可以是负的

   D. 回归分析的结果不具有很好的解释性

2. 在一个简单线性回归模型中,当自变量改变一个单位时,因变量(　　)。

    A. 改变　　　　　　　　B. 不变　　　　　　　C. 改变 1 个截距　　　D. 改变 1 个斜率

3. 以下指标能用于评估回归模型的是(　　)。(多选)

    A. 决定系数　　　　　　　　　　　　　　B. 调整后的决定系数

    C. 均方误差　　　　　　　　　　　　　　D. 查全率

4. 下列关于多元线性回归分析的说法中正确的是(　　)。(多选)

    A. 存在完全共线性时,多元线性回归无解

    B. 存在多重共线性时,回归系数的解释存在不合理性

    C. 决定系数越大,回归方程的拟合效果越好

    D. VIF 值越大,越远离多重共线性

5. 在线性回归中,如果为模型增加一个自变量,使用决定系数 R^2 评估拟合度,下面的说法中正确的是(　　)。(多选)

    A. 如果 R^2 增大,这个变量是显著的

    B. 如果 R^2 减小,这个变量是不显著的

    C. 单独观察 R^2 的变化,无法判定这个变量是否显著

    D. 变量是否显著,需要根据 P 值进行判定

6. 使用钻石数据集(Diamond.csv),根据钻石的克拉数对其规格进行预测。

7. 根据加利福尼亚大学洛杉矶分校的研究生入学数据集(Admission_Predict.csv),对研究生入学情况进行预测。该数据集的字段如表 7-10 所示。

表 7-10　研究生入学数据集的字段

字　　段	类　型	说　　明
GRE Scores	数值型	GRE 成绩,满分 340 分
TOEFL Scores	数值型	托福成绩,满分 120 分
University Rating	数值型	大学评分,满分 5 分
Statement of Purpose	数值型	入学陈述得分,浮点数,满分 5 分
Letter of Recommendation Strength	数值型	推荐信力度,浮点数,满分 5 分
Undergraduate GPA	数值型	本科平均成绩,浮点数,满分 10 分
Research Experience	数值型	研究经验,0 或 1
Chance of Admit	数值型	录取机会,0～1 的浮点数

8. 油耗是评价汽车性能的关键指标。根据汽车性能指标数据集(Mpg.csv)构建油耗预测的回归模型。该数据集的字段如表 7-11 所示。

表 7-11　汽车性能指标数据集的字段

字　　段	类　型	说　　明
MPG	数值型	汽车每加仑汽油可行驶的英里数
cylinders	数值型	气缸数
displacement	数值型	排气量

字　段	类　型	说　　明
horsepower	数值型	发动机马力
weight	数值型	汽车自重
acceleration	数值型	百公里加速时间
carname	字符串	汽车品牌

9. 根据糖尿病数据集(Diabetes.xlsx),使用总胆固醇、甘油三酯、空腹胰岛素和糖化血红蛋白等数据构建多元线性回归模型,对空腹血糖进行预测。

10. 根据 Kaggle 提供的黑色星期五零售商店交易数据集(Black_Friday.csv)构建回归模型,对用户消费进行预测。

分 类 分 析

机器学习的分类问题是指根据输入数据集的特征将数据分为不同的类别或标签。这是监督学习的一种常见任务，其目标是训练模型预测输入数据对应的类别。

本章介绍逻辑回归、K 近邻、支持向量机、决策树等几种常用的分类分析方法。

◇ 8.1 逻 辑 回 归

利用线性回归可以预测连续性的值变量。逻辑回归（logistic regression）是用于预测两个可能结果的回归方法，例如信用卡交易是否存在诈骗、某人是否点击了某网址、入学申请是否能通过等，即只包含两个结果的事件。

逻辑回归是根据现有数据为分类边界线建立回归方程，以此进行分类，如图 8-1 所示。

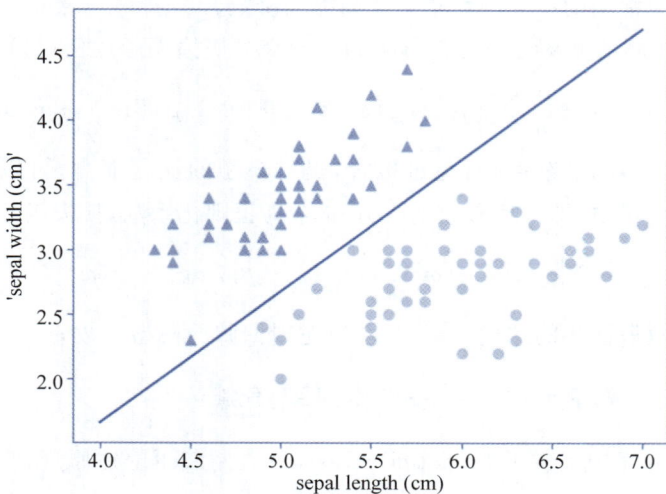

图 8-1　逻辑回归分类

8.1.1　逻辑回归和 Sigmoid 函数

逻辑回归因变量的取值为 0～1，如何将数值映射为两个分类呢，Sigmoid 函数可以很好地完成该非线性变换，Sigmoid 函数的计算公式如下：

$$g(z) = \frac{1}{1 + e^{-z}}$$

Sigmoid 函数的取值是 0～1 的数值。当 x 为 0 时，函数值为 0.5；当 x 为 $+\infty$ 时，函数值趋于 1；x 为 $-\infty$ 时，函数值趋于 0。任何大于或等于 0.5 的数据被分入 1 类，小于 0.5 的即被分入 0 类。Sigmoid 函数曲线如图 8-2 所示。

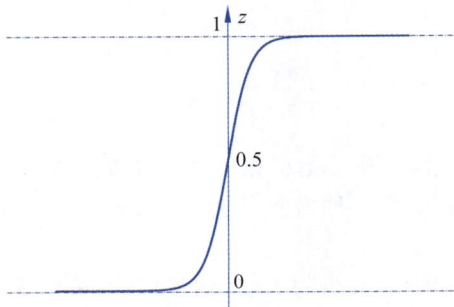

图 8-2　Sigmoid 函数曲线

因此，逻辑回归可以被看作一种概率估计，回归的数值结果 z 通过 Sigmoid 函数变换为属于 0、1 两个分类的概率。

$$z = \omega_0 + \omega_1 X_1 + \omega_2 X_2 + \cdots + \omega_k X_k = \boldsymbol{\omega}^T \boldsymbol{X}$$

$$g(\boldsymbol{\omega}^T \boldsymbol{X}) = \frac{1}{1 + e^{-\boldsymbol{\omega}^T \boldsymbol{x}}}$$

逻辑回归算法如何计算得到模型参数 $\boldsymbol{\omega}$ 呢？

分类问题中常用的损失函数是交叉熵损失函数，设 n 为样本数量，p 为样本真实的概率分布，$g(x)$ 为预测的概率分布。二分类问题的交叉熵损失函数公式如下：

$$\text{Loss} = -\frac{1}{n} \sum_{i=1}^{n} \left[p_i \ln(g(\boldsymbol{\omega}^T \boldsymbol{X})) + (1 - p_i) \ln(1 - g(\boldsymbol{\omega}^T \boldsymbol{X})) \right]$$

为了控制模型的复杂度，避免过拟合，提供模型的泛化能力，可以为损失函数加上 L2 正则化项作为惩罚项，即模型参数的平方和，λ 为正则化系数，损失函数如下：

$$\text{Loss} = -\frac{1}{n} \sum_{i=1}^{n} \left[p_i \ln(g(\boldsymbol{\omega}^T \boldsymbol{X})) + (1 - p_i) \ln(1 - g(\boldsymbol{\omega}^T \boldsymbol{X})) \right] + \frac{\lambda}{2n} \sum_{j=0}^{k} \boldsymbol{\omega}_j^2$$

在损失函数最优化的迭代过程中，求得逻辑回归的模型参数 $\boldsymbol{\omega}$。

8.1.2　Python 编程实践——研究生录取预测

Scikit-learn 库中提供了 LogisticRegression 类封装了上述原理，完成逻辑回归，其原型如下：

```
class sklearn.linear_model. LogisticRegression(solver = 'lbfgs', penalty = 'l2',
*, dual = False, tol = 0.0001, C = 1.0, fit_intercept = True, intercept_scaling =
1, class_weight = None, random_state = None, max_iter = 100, multi_class = 'auto',
verbose = 0, warm_start = False, n_jobs = None, l1_ratio = None)
```

LogisticRegression 类的常用参数如表 8-1 所示。

表 8-1　LogisticRegression 类的常用参数

参　　数	说　　明
solver	逻辑回归损失函数的优化方法。默认值 lbfgs 利用损失函数二阶导数矩阵迭代优化；liblinear 使用坐标轴下降法迭代优化；sag 代表随机平均梯度下降，是梯度下降的变种，每次迭代仅使用一部分样本计算梯度，适用于样本数较多的情况；saga 是优化的 sag 方法。样本量较少时 liblinear 是很好的选择，而 sag 和 saga 对大量样本训练速度更快
penalty	正则惩罚参数，默认取值为 L2 正则化项
tol	停止迭代的阈值，默认为 0.0001
C	正则化系数的倒数，默认为 1.0。该值越小，模型的泛化性越强，但易导致欠拟合；该值越大，则正则化项的作用越被弱化。可以通过 LogisticRegressionCV 类用交叉验证的方法选择合适的正则化系数
fit_intercept	默认为 True，在拟合时保留截距。截距取值由 intercept_scaling 指定，默认为 1
max_iter	最大的迭代次数，默认迭代 100 次

LogisticRegression 类的常用方法如表 8-2 所示。

表 8-2　LogisticRegression 类的常用方法

方　　法	说　　明
fit(X，y)	训练模型
predict(X)	预测数据，返回每个样本属于对应类别的结果数组，元素取值为 0 或者 1
predict_proba(X)	预测数据，返回每个样本属于对应类别的概率值数组，返回值的维度为（样本数，2）

LogisticRegression 类的常用属性如表 8-3 所示。

表 8-3　LogisticRegression 类的常用属性

属　　性	说　　明
coef_	模型系数，二分类问题中其维度为（1，n_features）
intercept_	模型中的截距

【例 8-1】　研究生录取预测。

本例数据来自 Admission.csv 文件。该数据集给出了美国某高校研究生录取的模拟数据，包含 5 个字段：GRE、TOEFL、prestige、GPA 和 admit。其中，admit 是一个二元变量，表明一个申请人是否能被录取，1 为被录取，0 为不被录取；GRE 代表研究生入学考试；TOEFL 代表 TOEFL 语言成绩；GPA 代表平均学分绩点（Grade Point Average）；prestige 代表申请人母校（此次申请之前申请人曾就读的学校）的声誉，其中 1 代表声誉最高，4 代表声誉最低。

通过逻辑回归建立预测模型，预测某申请人是否被该校录取，并对模型进行评估。

下面使用 Scikit-learn 库的 LogisticRegression 类，在 Jupyter Notebook 中进行数据建模分析。

步骤 1：导入并查看数据集。

```
In [1]    import pandas as pd
          data = pd.read_csv('./data/admission.csv')
          data.head()
```

对应的输出结果为

	GRE	TOEFL	prestige	GPA	admit
0	337	118	4	3.86	1
1	324	107	4	3.55	1
2	316	104	3	3.20	0
3	322	110	3	3.47	1
4	314	103	2	3.28	0

```
In [2]    data.shape
```

对应的输出结果为

```
(400, 5)
```

```
In [3]    data.isnull().sum()
```

对应的输出结果为

```
GRE         0
TOEFL       0
prestige    0
GPA         0
admit       0
dtype: int64
```

步骤 2：数据预处理。

```
In [4]    data['prestige'].unique()
```

对应的输出结果为

```
array([4, 3, 2, 5, 1], dtype = int64)
```

虽然分类变量 prestige（声誉）的取值 1～4 看似有序，但实际它代表的是不同声誉等级的分类，而不是数量关系。因此，虽然 1 代表声誉最高，但不能假设 1 和 2 之间的差距与 3 和 4 之间的差距相同。这种情况下，应该将其视为类别数据，而非连续数值数据，用哑变量进行处理，避免误解其数值含义。

```
In [5]    data[['level2', 'level3', 'level4', 'level5']] =
                       pd.get_dummies(data['prestige'], drop_first = True)
          data.drop(['prestige'], inplace = True, axis = 1)
          data.head()
```

对应的输出结果为

	GRE	TOEFL	GPA	admit	level2	level3	level4	level5
0	337	118	3.86	1	0	0	1	0
1	324	107	3.55	1	0	0	1	0
2	316	104	3.20	0	0	1	0	0
3	322	110	3.47	1	0	1	0	0
4	314	103	3.28	0	1	0	0	0

get_dummies()方法为 prestige 建立哑编码时,设置 drop_first＝True,即去除第一列。因为如果全部列都存在,则必然存在共线性。

步骤 3:逻辑回归建模。

针对本例样本量较少的特征,为 slover 参数选择 liblinear 优化方法。

```
In [6]    from sklearn.model_selection import train_test_split
          from sklearn.linear_model import LogisticRegression
          X = data[['GRE','TOEFL', 'GPA',
                         'level2', 'level3', 'level4', 'level5']]
          y = data['admit']
          X_train, X_test, y_train, y_test =
              train_test_split(X, y, test_size = 0.2, random_state = 6)
          log_mod = LogisticRegression(solver ='liblinear')      #创建模型
          log_mod.fit(X_train, y_train)                          #训练模型
```

步骤 4:使用模型进行预测。

```
In [7]    y_pred = log_mod.predict(X_test)
          y_pred
```

predict()方法预测的结果为 0 或者 1。对应的输出结果为

```
array([0, 1, 1, 0, 1, 1, 0, 1, 1, 0, 1, 1, 0, 0, 0, 1, 1, 0, 1, 0, 0, 0,
       1, 0, 0, 0, 0, 1, 1, 0, 0, 0, 1, 1, 0, 1, 1, 0, 1, 0, 0, 0, 1,
       1, 1, 1, 1, 1, 0, 0, 1, 0, 1, 1, 0, 1, 0, 1, 0, 1, 0, 1, 0, 0,
       1, 0, 1, 1, 1, 0, 0, 1, 0, 1, 1, 0, 1, 0], dtype = int64)
```

步骤 5:评估模型。

使用 Scikit-learn.metrics 中的评估方法对分类结果进行评估。

```
In [8]    from sklearn import metrics
          print(metrics.precision_score(y_test, y_pred))         #查准率
```

对应的输出结果为

```
0.696969696969697
```

```
In [9]    print(metrics.recall_score(y_test, y_pred))            #查全率
```

对应的输出结果为

```
0.7419354838709677
```

```
In [10]   print(metrics.accuracy_score(y_test, y_pred))          #准确率
```

对应的输出结果为

```
0.775
```

```
In [11]   #用交叉表的形式展示混淆矩阵
          pd.crosstab(y_test, y_pred, rownames =['Truth'], colnames =['Predicted'])
```

对应的输出结果为

```
Predicted    0    1
Truth

        0   39   10
        1    8   23
```

```
In [12]    #查看分类结果统计报表
           print(metrics.classification_report(y_test, y_pred))
```

对应的输出结果为

```
             precision    recall  f1-score   support

          0       0.83      0.80      0.81        49
          1       0.70      0.74      0.72        31

   accuracy                           0.78        80
  macro avg       0.76      0.77      0.77        80
weighted avg      0.78      0.78      0.78        80
```

如果关注识别为"录取"的有多少是正确的,则看查准率;如果关注真正被录取的学生是否被正确识别为"录取",则看查全率;如果只想取得是否被录取的最正确的识别结果,则看准确率。

步骤 6:绘制 ROC 曲线。

ROC 曲线是二分类预测模型图形化评估的工具,横轴是假正例率(FPR),纵轴是真正例率(TPR)。

首先使用 predict_proba()方法获取每个样本属于对应类别的概率值数组。

```
In [13]    log_mod.predict_proba(X_test)[:5] #以前 5 个数据为例
```

对应的输出结果为

```
array([[0.96293268, 0.03706732],
       [0.66890794, 0.33109206],
       [0.52592062, 0.47407938],
       [0.42616274, 0.57383726],
       [0.14133225, 0.85866775]])
```

数组每个元素的第 1 个数是样本为 0(反例)的概率,第 2 个数是样本为 1(正例)的概率。计算 FPR 和 TPR 时,使用正例的概率。

```
In [14]    y_pred_proba = log_mod.predict_proba(X_test)[:, 1]
```

使用 sklearn.metrics.roc_curve()方法获取 FPR 和 TPR。

```
In [15]    fpr, tpr, _ = metrics.roc_curve(y_test, y_pred_proba)
```

ROC 曲线下的面积(AUC)取值范围为 0～1,取值越大,分类器的性能越好,使用 sklearn.metrics.auc()方法获取 AUC 值。

```
In [16]    auc = metrics.auc(fpr, tpr)
```

使用 Matplotlib 库绘制 ROC 曲线。

```
In [17]    import matplotlib.pyplot as plt
           plt.plot(fpr, tpr, color = 'darkorange', lw = 2,
                       label = 'ROC curve (area = {:.2%})'.format(auc))
```

```
#参考线：从点(0, 0)到点(1, 1)的直线
plt.plot([0, 1], [0, 1], color ='navy', lw =1, linestyle ='--')
plt.xlim([0.0, 1.0])
plt.ylim([0.0, 1.05])
plt.xlabel('FPR')
plt.ylabel('TPR')
plt.title('ROC 曲线')
plt.legend(loc ="lower right")
plt.show()
```

ROC 曲线如图 8-3 所示。

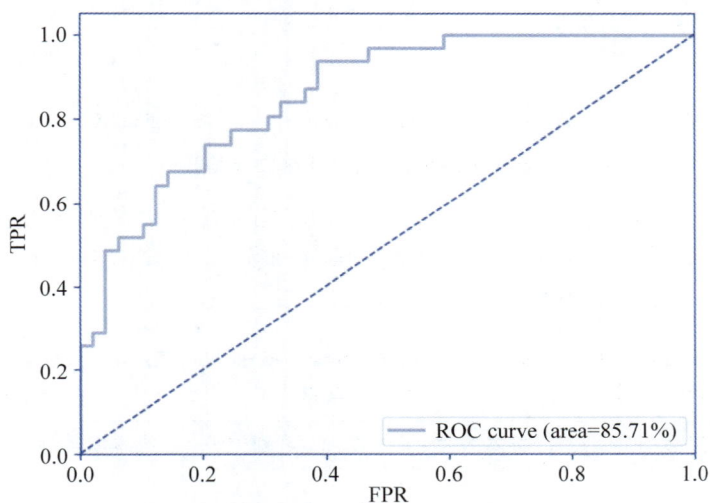

图 8-3　录取问题的 ROC 曲线

8.1.3　多分类和 Softmax 函数——鸢尾花分类预测

　　LogisticRegression 解决了二分类问题。那么,多分类问题应如何处理呢? 一种很自然的想法就是用多个二分类器构建多分类器,构建的策略包括一对一(One-versus-One, OvO)、一对剩余(One-versus-Rest,OvR)等。

　　OvO 策略会将训练样本中的 n 个类别两两配对,每次仅挑选出目标值为两个分类的样本,由此训练产生 $n(n-1)/2$ 个二分类器。预测时,分别用这些分类器进行预测,最终通过投票的方式选出所有预测结果中票数最高的分类。

　　下面以鸢尾花数据集为例介绍 OvO 策略。

　　【例 8-2】　鸢尾花数据多分类预测。

　　鸢尾花数据集包含了 3 种不同类型的鸢尾花,分别为 setosa、versicolor 和 virginica。进行鸢尾花数据的三分类时,OvO 策略如下。

　　假设对其中的 10 个样本进行分类,训练集数据如表 8-4 所示。

表 8-4　训练集数据

样本编号	真 实 类 别	样本编号	真 实 类 别	样本编号	真 实 类 别
1	setosa	5	versicolor	9	virginica
2	versicolor	6	setosa	10	setosa
3	virginica	7	versicolor		
4	setosa	8	virginica		

接下来从训练集中两两选出仅包含两个分类的样本,训练各自的二分类器。鸢尾花数据集的 3 个分类通过 OvO 组合得到 3 个二分类器,如图 8-4 所示。

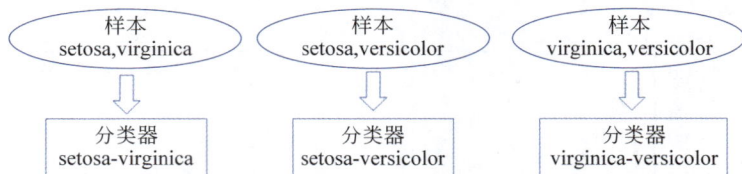

图 8-4　OvO 组合的 3 个二分类器

具体训练过程如下。由表 8-5 中只包含 setosa 和 virginica 的训练数据训练得到模型 1,由表 8-6 中只包含 setosa 和 versicolor 的训练数据训练得到模型 2,由表 8-7 中只包含 virginica 和 versicolor 的训练数据训练得到模型 3。

表 8-5 只包含 setosa 和 virginica 的训练数据		表 8-6 只包含 setosa 和 versicolor 的训练数据		表 8-7 只包含 virginica 和 versicolor 的训练数据	
样本编号	真 实 类 别	样本编号	真 实 类 别	样本编号	真 实 类 别
1	setosa	1	setosa	2	versicolor
3	virginica	2	versicolor	3	virginica
4	setosa	4	setosa	5	versicolor
6	setosa	5	versicolor	7	versicolor
8	virginica	6	setosa	8	virginica
9	virginica	7	versicolor	9	virginica
10	setosa	10	setosa		

训练完毕后,将测试集的样本依次交给 3 个训练好的模型进行预测。以一个样本为例,如图 8-5 所示,该样本分别交给 3 个二分类器,每个二分类器预测出其所属类别,即相当于投票过程。

最后,对投票结果进行统计,如表 8-8 所示,选择取值最高的分类作为该测试样本的分类结果。

如果问题中有 n 个分类,OvO 策略需要 C_n^2 个分类器完成上述过程。

OvR 策略的原理是:假定总共有 n 个类别,每次选一个类别作为正例,其余均作为反例,进行二分类学习,由此产生 n 个二分类器,最后的预测结果则由 n 个二分类器的投票结果得出。

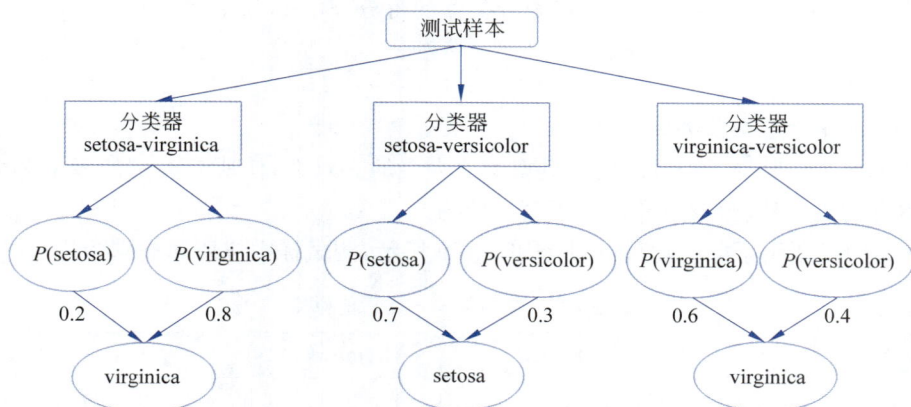

图 8-5   OvO 策略的预测过程

表 8-8   投票结果统计

类 别	统计结果
setosa	0.333 333
virginica	0.666 667
versicolor	0

OvR 策略的预测过程如图 8-6 所示。

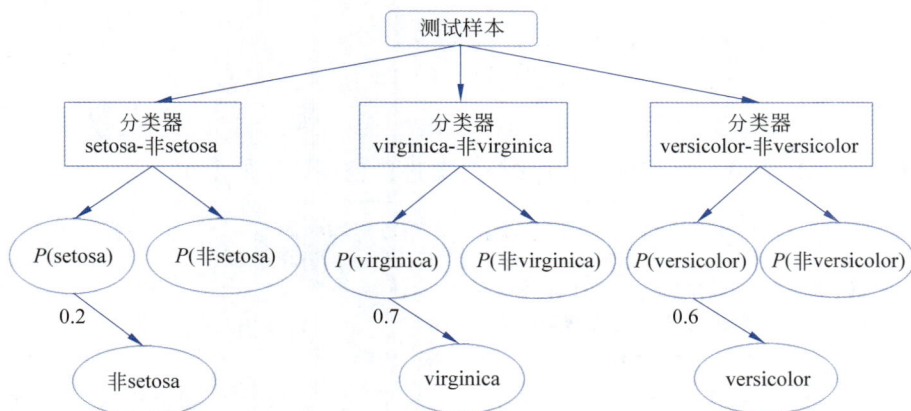

图 8-6   OvR 策略的预测过程

从图 8-6 中可以看到,第一个二分类器认为测试样本是 setosa 的概率是 0.2,第二个二分类器认为测试样本是 virginica 的概率是 0.7,第三个二分类器认为测试样本是 versicolor 的概率是 0.6。

多分类算法的输出结果通常是样本属于各分类的概率,但是显然不能直接将 0.2、0.7、0.6 作为概率(它们的加和不为 1),需要对它们进行归一化处理。将 0.2、0.7、0.6 这些分类结果数据视为二分类器的得分,用归一化的方法将它们转换为概率。常用的归一化方法是使用 Softmax 函数，设 $z_1, z_2, \cdots, z_n$ 代表分类器的得分，Softmax 表达式如下：

$$P(i) = \frac{e^{z_i}}{e^{z_1} + e^{z_2} + \cdots + e^{z_n}}$$

其中，i 表示第 i 个二分类器。

Softmax 函数保持了得分高低与概率取值大小的一致性，使所有类别的概率和为 1，且适用于得分为负的情况（分母相加后不会取值为 0）。

图 8-6 的投票结果归一化后的概率如表 8-9 所示，测试样本应所属类别为 virginica。

表 8-9　投票结果归一化后的概率

类　别	setosa	virginica	versicolor
概率	0.241 514 043 714 523 84	0.398 189 341 044 936 03	0.360 296 615 240 54

实践表明，OvO 与 OvR 预测性能与具体的数据分布相关，多数情况下两者效果相似。OvR 的每个分类器都用到全部的样本，OvO 的每个分类器用到两个类别的样本，因此在大数据集规模较大时，OvO 的训练时间开销比 OvR 更小；但当类别数量较大时，由于 OvO 的分类器数目比 OvR 多，OvO 的存储开销和训练时间开销比 OvR 大。

在 Scikit-learn 库中，多分类算法位于 sklearn.multiclass 模块，使用 LogisticRegression 作为二分类器，采取 OvO 多分类策略的鸢尾花数据分类代码如下。

步骤 1：导入鸢尾花数据，并规划训练集和测试集。

```
In [1]    from sklearn import datasets
          from sklearn.model_selection import train_test_split
          data_iris = datasets.load_iris()
          X, y = data_iris.data, data_iris.target
          X_train, X_test, y_train, y_test = train_test_split(X, y,
                                              test_size = 0.3, random_state = 0)
```

步骤 2：使用 OneVsOneClassifier 多分类器进行分类计算。

```
In [2]    from sklearn.multiclass import OneVsOneClassifier
          from sklearn.linear_model import LogisticRegression
          #创建分类器对象,包装 LogisticRegression 分类器
          #正则化系数为 1,停止迭代的阈值为 1e-6
          model = OneVsOneClassifier(LogisticRegression(C = 1.0, tol = 1e-6))
          #训练模型
          model.fit(X_train, y_train)
          #进行预测
          y_pred = model.predict(x_test)
```

步骤 3：评估 OneVsOneClassifier 多分类模型。

```
In [3]    from sklearn import metrics
          print(metrics.accuracy_score(y_test, y_pred))          #准确率评分
```

输出的准确率为

```
0.9777777777777777
```

步骤 4：使用 OvR 多分类策略分类并评估。

```
In [4]    from sklearn.multiclass import OneVsRestClassifier
          model = OneVsRestClassifier(LogisticRegression(C = 1.0, tol = 1e-6))
          model.fit(X_train, y_train)
          y_pred = model.predict(x_test)
          print(metrics.accuracy_score(y_test, y_pred))
```

输出的准确率为

```
0.9555555555555556
```

总体而言,逻辑回归是一种常用的分类算法,它具有以下优势和适用性:

(1) 简单易懂。逻辑回归算法的原理相对简单,易于理解和实现。同时,它也是一种线性分类器,可以处理二分类和多分类问题。

(2) 计算速度快。逻辑回归算法计算速度比较快,适合处理大规模数据集。

(3) 对特征工程友好。逻辑回归可以处理离散型和连续型特征,也可以使用正则化方法进行特征选择,提高模型的性能。

(4) 可以得到预测结果的概率。逻辑回归不仅可以预测样本所属类别,还可以根据模型输出的概率进行分类决策。

(5) 易于更新和调整。当新的数据到来或者原有数据发生变化时,逻辑回归模型可以通过增量学习的方式方便地进行更新和调整。

(6) 可解释性强。逻辑回归的结果可以通过系数解释,有助于理解各特征对于结果的影响程度。

需要注意的是,逻辑回归算法在处理非线性问题时可能表现不佳,需要进行特征转换或使用非线性模型。此外,逻辑回归对于数据中的噪声和异常值比较敏感,需要进行合适的数据预处理和模型调参。

在实际应用中,逻辑回归可以广泛应用于金融、医疗、电商等领域的风险评估、推荐系统、营销策略等方面。

◆ 8.2　KNN 算法

KNN(*K*-Nearest Neighbour,*K* 近邻)算法是一种常用的机器学习算法,既可以用于分类问题,也可以用于回归问题。KNN 算法不需要事先对数据进行假设或参数估计,当新样本需要分类时,根据新样本与原有样本之间的距离,取最近的 *K* 个样本点的众数(目标变量为分类变量)或者均值(目标变量为连续型变量)作为新样本的预测值。

本节重点介绍 KNN 算法在分类问题上的应用。

8.2.1　KNN 算法原理

KNN 算法应用于分类问题的具体步骤如下:

(1) 计算新样本与原所有样本之间的距离。

(2) 按照距离的递增关系进行排序。

(3) 选取距离最小的 *K* 个样本。

（4）确定前 K 个样本所在类别的出现频率。

（5）返回前 K 个样本中出现频率最高的类别作为新样本的预测分类。

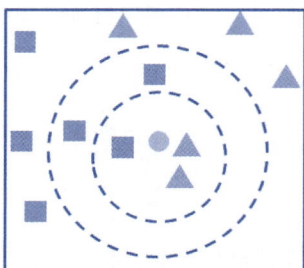

图 8-7　KNN 算法示例

如图 8-7 所示，设圆形为新样本。如果 $K=3$，在与之距离最近的 3 个样本中选择，由于三角形所占比例为 $2/3$，圆形将被赋予三角形类别；如果 $K=5$，在距离最近的 5 个样本中选择，由于正方形所占比例为 $3/5$，圆形被赋予正方形类别。

KNN 算法有 3 个要点。

（1）样本间距离的计算。

计算新样本与原有样本之间的距离最常用的方法是欧几里得距离（Euclidean distance），也可以使用曼哈顿距离（Manhattan Distance）。一般连续变量占比较大时采用欧几里得距离，否则采用曼哈顿距离。

欧几里得距离指欧几里得空间中两个点间的真实距离。设 r、t 分别是 n 维欧几里得空间中的两个点，其欧几里得距离为

$$d(r,t)=\sqrt{\sum_{i=1}^{n}(r_i-t_i)^2}$$

例如，二维空间的两点 $r=(x_1,y_1)$，$t=(x_2,y_2)$ 的欧几里得距离为

$$\sqrt{(x_2-x_1)^2+(y_2-y_1)^2}$$

三维空间的两点 $r=(x_1,y_1,z_1)$，$t=(x_2,y_2,z_2)$ 的欧几里得距离为

$$\sqrt{(x_2-x_1)^2+(y_2-y_1)^2+(z_2-z_1)^2}$$

曼哈顿距离在几何度量空间中，用两个点在标准坐标系上的绝对轴距总和作为两点间距离，其公式为

$$d(r,t)=\sum_{i=1}^{n}|r_i-t_i|$$

二维空间的欧几里得距离和曼哈顿距离如图 8-8 所示，虚线代表欧几里得距离，实线代表曼哈顿距离。

（2）特征处理。

为了保证距离计算的合理性，KNN 算法在计算距离前对连续变量需要进行数据标准化，如线性归一化、标准归一化等，以去除不同量纲产生的影响；分类变量则需要利用独热编码生成虚拟变量。特征处理方法详见 6.2.3 节。

（3）K 值的选择。

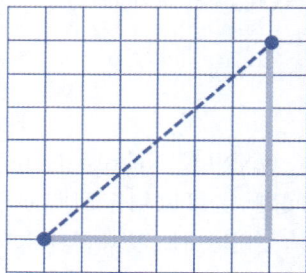

图 8-8　欧几里得距离和曼哈顿距离

KNN 算法中最重要的超参数是 K 值，其选择对分类结果具有显著影响。K 值越小，模型越依赖于最近的样本点的取值，越不稳定；K 值越大，虽然模型的稳健性增强了，但是敏感度会下降。通常采取交叉验证的方法选取最合适的 K 值。

8.2.2　Python 编程实践——病例诊断分析

Scikit-learn 库中提供了 KNeighborsClassifier 类封装了 KNN 算法，其原型如下：

```
class sklearn.neighbors.KNeighborsClassifier(n_neighbors = 5, *, weights =
'uniform', algorithm ='auto', leaf_size = 30, p = 2, metric ='minkowski', metric_
params = None, n_jobs = None)
```

KNeighborsClassifier 类的常用参数如表 8-10 所示。

表 8-10 KNeighborsClassifier 类的常用参数

参 数	说 明
n_neighbors	KNN 算法的 K 值,默认值为 5
weights	权重,用于改进 KNN 算法。默认取值为 uniform,新样本的所有近邻的权重相同;如果取值为 distance,则按距离的倒数对近邻赋予权重,这种情况下距离近的样本比距离远的样本的影响大
algorithm	搜索 K 近邻的算法。KNN 算法时间复杂度主要体现在如何对训练数据进行快速 K 近邻搜索,特别是在训练样本多的情况下,提高 K 近邻搜索效率尤为必要。brute 为最简单的线性扫描,时间复杂度最高;kd_tree 使用 KD 树存储和检索数据,KD 树是二叉树在 K 维空间下进化后的数据结构;ball_tree 对 KD 树算法进行了改进,在数据维度很高时可以大幅提高算法效率。默认参数为 auto,由 KNN 算法自己决定合适的搜索算法
p	距离度量公式,默认使用欧几里得距离,1 表示使用曼哈顿距离

【例 8-3】 病例诊断预测。

本例数据来自 Diabetes.csv 文件,该文件包含 Pima 机构提供的印第安人糖尿病数据集。该数据集共有 768 条数据,全部为女性,每条数据包含 8 个医学预测变量——怀孕次数(Pregnancies)、血糖浓度(Glucose)、血压(BloodPressure)、肱三头肌皮脂厚度(SkinThickness)、胰岛素含量(Insulin)、身体质量指数(BMI)、糖尿病遗传系数(DiabetesPedigreeFunction)、年龄(Age)以及一个目标变量——是否患有糖尿病(Outcome)。

通过 KNN 算法建立预测模型,用于预测某人是否患有糖尿病,并对模型进行评估。

下面使用 Scikit-learn 库的 KNeighborsClassifier 类在 Jupyter Notebook 中进行数据建模分析。

步骤 1:导入并查看数据集。

```
In [1]    import pandas as pd
          data = pd.read_csv('./data/diabetes.csv')
          data.head()
```

对应的输出结果为

	Pregnancies	Glucose	BloodPressure	SkinThickness	Insulin	BMI	DiabetesPedigreeFunction	Age	Outcome
0	6	148	72	35	0	33.6	0.627	50	1
1	1	85	66	29	0	26.6	0.351	31	0
2	8	183	64	0	0	23.3	0.672	32	1
3	1	89	66	23	94	28.1	0.167	21	0
4	0	137	40	35	168	43.1	2.288	33	1

```
In [2]    data.info()
```

对应的输出结果为

```
<class 'pandas.core.frame.DataFrame'>
RangeIndex: 768 entries, 0 to 767
Data columns (total 9 columns):
 #   Column                    Non-Null Count  Dtype
---  ------                    --------------  -----
 0   Pregnancies               768 non-null    int64
 1   Glucose                   768 non-null    int64
 2   BloodPressure             768 non-null    int64
 3   SkinThickness             768 non-null    int64
 4   Insulin                   768 non-null    int64
 5   BMI                       768 non-null    float64
 6   DiabetesPedigreeFunction  768 non-null    float64
 7   Age                       768 non-null    int64
 8   Outcome                   768 non-null    int64
dtypes: float64(2), int64(7)
memory usage: 54.1 KB
```

可见，数据集全部数据均为数值型。

```
In [3]    data.describe().T
```

对应的输出结果为

	count	mean	std	min	25%	50%	75%	max
Pregnancies	768.0	3.845052	3.369578	0.000	1.00000	3.0000	6.00000	17.00
Glucose	768.0	120.894531	31.972618	0.000	99.00000	117.0000	140.25000	199.00
BloodPressure	768.0	69.105469	19.355807	0.000	62.00000	72.0000	80.00000	122.00
SkinThickness	768.0	20.536458	15.952218	0.000	0.00000	23.0000	32.00000	99.00
Insulin	768.0	79.799479	115.244002	0.000	0.00000	30.5000	127.25000	846.00
BMI	768.0	31.992578	7.884160	0.000	27.30000	32.0000	36.60000	67.10
DiabetesPedigreeFunction	768.0	0.471876	0.331329	0.078	0.24375	0.3725	0.62625	2.42
Age	768.0	33.240885	11.760232	21.000	24.00000	29.0000	41.00000	81.00
Outcome	768.0	0.348958	0.476951	0.000	0.00000	0.0000	1.00000	1.00

可见，数据集某些列的最小值（min）为 0，其中 Glucose、BloodPressure、SkinThickness、Insulin、BMI 取值为 0 无医学意义，实际上为数据缺失。

步骤 2：数据预处理。

首先将上述 5 列的 0 值替换为 np.nan，然后使用 fillna() 方法以均值或者众数对其进行替换。

```
In [4]    import numpy as np
          preprocessed_ cols = ['Glucose', 'BloodPressure', 'SkinThickness',
          'Insulin', 'BMI']
          data[preprocessed_cols] = data[preprocessed_cols].replace(0, np.nan)
          data.isnull().sum()
```

对应的输出结果为

```
Pregnancies                    0
Glucose                        5
BloodPressure                 35
SkinThickness                227
Insulin                      374
BMI                           11
DiabetesPedigreeFunction       0
Age                            0
Outcome                        0
dtype: int64
```

绘制直方图,观察这 5 列数据的分布情况。

```
In [5]   import matplotlib.pyplot as plt
         data[preprocessed_cols].hist(figsize = (20,20))
```

这些数据的分布如图 8-9 所示。

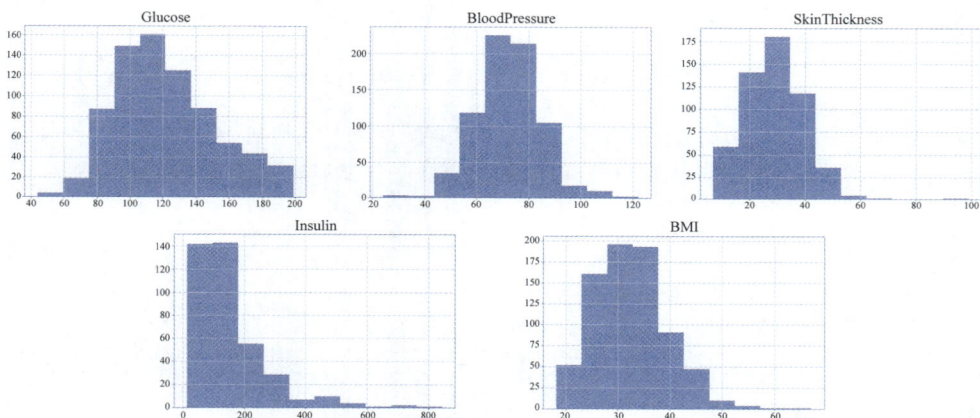

图 8-9　**Glucose、BloodPressure、SkinThickness、Insulin、BMI** 数据的分布

如图 8-9 所示,Glucose 和 BloodPressure 数据的分布较为对称,且未发现明显的异常值,因此选择使用均值替换缺失值;而另外 3 列数据的分布偏左,存在一定的偏态,故采用中位数替换缺失值。

```
In [6]   data['Glucose'].fillna(data['Glucose'].mean(), inplace = True)
         data['BloodPressure'].fillna(data['BloodPressure'].mean(), inplace =
                                                                     True)
         data['SkinThickness'].fillna(data['SkinThickness'].median(),
                                                         inplace = True)
         data['Insulin'].fillna(data['Insulin'].median(), inplace = True)
         data['BMI'].fillna(data['BMI'].median(), inplace = True)
```

步骤 3:数据标准化。

使用 StandardScaler 对数值型数据进行标准化处理,并将结果封装为 DataFrame。

```
In [7]   from sklearn.preprocessing import StandardScaler
         X = data.drop(['Outcome'], axis = 1)
         scaler = StandardScaler()
         columns = ['Pregnancies', 'Glucose', 'BloodPressure', 'SkinThickness',
                         'Insulin', 'BMI', 'DiabetesPedigreeFunction', 'Age']
         X = pd.DataFrame(scaler.fit_transform(X), columns = columns)
         X.head()
```

标准化后对应的输出结果为

	Pregnancies	Glucose	BloodPressure	SkinThickness	Insulin	BMI	DiabetesPedigreeFunction	Age
0	0.639947	0.865108	−0.033518	0.670643	−0.181541	0.166619	0.468492	1.425995
1	−0.844885	−1.206162	−0.529859	−0.012301	−0.181541	−0.852200	−0.365061	−0.190672
2	1.233880	2.015813	−0.695306	−0.012301	−0.181541	−1.332500	0.604397	−0.105584
3	−0.844885	−1.074652	−0.529859	−0.695245	−0.540642	−0.633881	−0.920763	−1.041549
4	−1.141852	0.503458	−2.680669	0.670643	0.316566	1.549303	5.484909	−0.020496

步骤 4：KNN 建模和交叉验证法选择 K 值。

n_neighbors 是 KNN 算法中的超参数，通常使用交叉验证的方法找到最优值。

```
In [8]   from sklearn.model_selection import train_test_split
         from sklearn.neighbors import KNeighborsClassifier
         from sklearn.model_selection import cross_val_score
         y = data.Outcome
         X_train, X_test, y_train, y_test =
                         train_test_split(X, y, test_size = 0.3, random_state = 42)
         test_scores = []
         for k in range(1, 20):          #K选值范围为1~19(不包括 20)
             clf = KNeighborsClassifier(n_neighbors = k).fit(X_train, y_train)
             #10 折交叉验证,记录每次的模型得分
             score = cross_val_score(clf, X_train, y_train, cv = 10).mean()
             test_scores.append(score)
         #选出评分最高的模型
         print('Max_test_score {:.2%} and k = {}'
                         .format(np.max(test_scores), np.argmax(test_scores)+1))
```

对应的输出结果为

```
Max_test_score 78.98% and k = 9
```

即选定最优的 n_neighbors 值为 9。

步骤 5：评估模型。

令 n_neighbors＝9,进行建模,并查看混淆矩阵。

```
In [8]   from sklearn.metrics import confusion_matrix
         knn = KNeighborsClassifier(9)
         knn.fit(X_train, y_train)
         y_pred = knn.predict(X_test)
         pd.crosstab(y_test, y_pred, rownames = ['Truth'], colnames = ['Predicted'])
```

对应的输出结果为

Predicted	0	1
Truth		
0	120	31
1	32	48

查看分类报表。

```
In [9]   from sklearn import metrics
         print(metrics.classification_report(y_test, y_pred))
```

对应的输出结果为

```
              precision    recall   f1-score   support

           0      0.79       0.79      0.79        151
           1      0.61       0.60      0.60         80

    accuracy                           0.73        231
   macro avg      0.70       0.70      0.70        231
weighted avg      0.73       0.73      0.73        231
```

绘制 ROC 曲线。

```
In [10]   import matplotlib.pyplot as plt
          y_pred_proba = knn.predict_proba(X_test)[:, 1]
          fpr, tpr, _ = metrics.roc_curve(y_test, y_pred_proba)
          auc = metrics.auc(fpr, tpr) #计算 ROC 曲线下的面积
          plt.plot(fpr, tpr, color = 'darkorange', lw = 2,
                              label = 'ROC curve (area = {:.2%})'.format(auc))
          plt.plot([0, 1], [0, 1], color = 'navy', lw = 1, linestyle = '--')
          plt.title('KNN(n_neighbors = 9) ROC curve')
          plt.xlabel('FPR')
          plt.ylabel('TPR')
          plt.legend(loc = "lower right")
          plt.show()
```

ROC 曲线如图 8-10 所示。

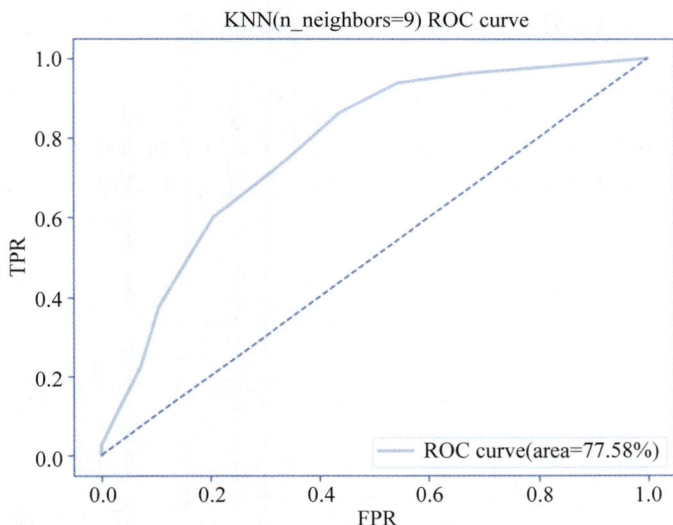

图 8-10　KNN 模型（$K=9$）的 ROC 曲线

总体而言，KNN 是一种简单而有效的监督学习算法，它具有以下优势和适用性：

（1）简单易懂。KNN 算法的原理相对简单，易于理解和实现。它基于实例之间的相似度进行分类，没有复杂的数学推理过程。

（2）非参数化。KNN 算法是一种非参数化算法，不对数据的分布做任何假设，这使得它在处理非线性和复杂的数据模式时表现良好。

（3）适用于多类分类。KNN 可以用于二分类和多分类问题，并且在多分类问题中表现较好。

（4）适应性强。KNN 对于新样本的适应能力很强。当新样本加入训练集时，模型无须重新训练，只需要更新距离信息即可。

（5）可用于回归问题。除了分类问题，KNN 算法也可以用于回归问题。通过将最近邻样本的属性值进行加权平均，可以得到连续型目标变量的预测结果。

（6）对异常值鲁棒性强。KNN 算法基于近邻样本的投票机制，因此异常值不会对结果产生较大的影响。

但是，KNN 算法存在显著缺点，包括高时间和空间复杂度，KNN 算法每次预测都需计算新样本与所有训练样本的距离，且整个训练集必须加载到内存中。此外，它是一种懒惰学习方法，不进行显式的训练，导致预测速度较慢；KNN 算法还对噪声敏感，易受到异常值的影响。

在实际应用中，KNN 算法广泛应用于文本分类、模式识别、聚类分析、多分类问题等领域。

◈ 8.3 支持向量机

支持向量机（SVM）是监督学习方法，实现数据的二分类。在深度学习兴起之前，SVM 是机器学习近几十年来最为成功、表现最好的算法，目前在样本量不满足深度学习训练要求的时候，SVM 仍然是可以选择的算法。

8.3.1 SVM 的基本原理

分类学习的基本想法是基于训练样本集找到一个超平面将不同类别的样本分开。但是，当数据集线性可分时，能够将训练样本分开的超平面会有很多，如图 8-11 所示，哪一个更优呢？

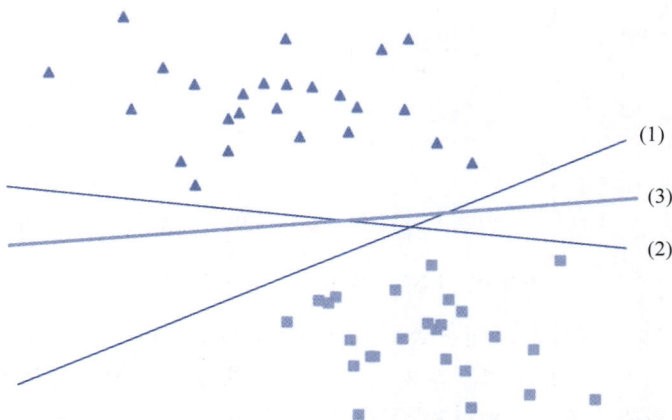

图 8-11 存在多个超平面将两类样本分开

在图 8-11 中，与超平面（1）、（2）相比，超平面（3）的性能会更好，因为它的抗干扰能力最强。图 8-12 用阴影区表示出每个超平面与两类样本边界的距离。超平面(1)和(2)的阴影区更窄,与某些样本点的距离更接近,训练集外的样本分类很容易出现错误;而超平面(3)的鲁棒性是最好的。

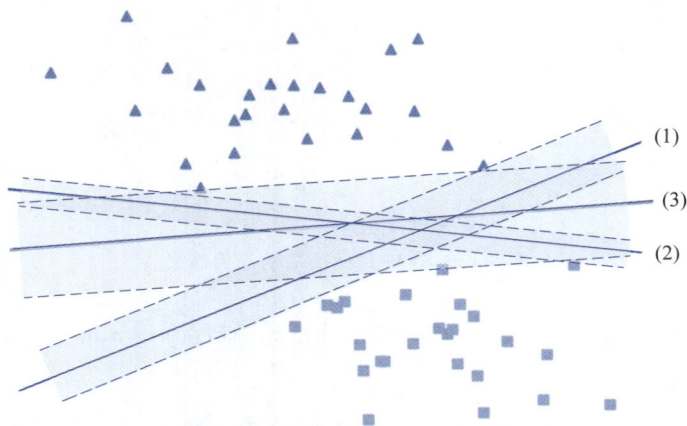

图 8-12　不同超平面的性能比较

SVM 首先识别两个类别的边界,然后以两条边界线的中线为基准进行分割,因为这条线是距离两个类最远的,可以保证模型的总风险最低,泛化能力最好。SVM 相较其他算法的优势就是它不仅找到无数个可以实现分类的超平面中的一个,而且能找到其中最优的一个。

SVM 有严谨的数学理论基础,以点到平面的距离作为目标函数,利用拉格朗日乘子法,借助对偶性质求得最优解。

设在样本空间中超平面的线程方程为

$$\boldsymbol{\omega}^{\mathrm{T}} \boldsymbol{x} + b = 0$$

其中,$\boldsymbol{\omega} = (w_1, w_2, \cdots, w_n)$ 为法向量,决定了超平面的方向;b 为位移项,决定了超平面与原点之间的距离。因此,样本空间中任意点 $\boldsymbol{x}$ 到超平面的距离为

$$r = \frac{|\boldsymbol{\omega}^{\mathrm{T}} \boldsymbol{x} + b|}{\|\boldsymbol{\omega}\|}$$

其中,$\|\boldsymbol{\omega}\| = \sqrt{w_1^2 + w_2^2 + \cdots + w_n^2}$,为向量的模。

设超平面能够正确地分类样本,如果 $\boldsymbol{\omega}^{\mathrm{T}} \boldsymbol{x}_i + b > 0$,则 $y_i = 1$(正例);如果 $\boldsymbol{\omega}^{\mathrm{T}} \boldsymbol{x}_i + b < 0$,则 $y_i = -1$(负例),即 $y_i(\boldsymbol{\omega}^{\mathrm{T}} \boldsymbol{x}_i + b)$ 恒大于 0。

因此,将目标函数设为

$$\arg \max_{\boldsymbol{\omega}, b} \left(\frac{1}{\|\boldsymbol{\omega}\|} \min_i (y_i \cdot (\boldsymbol{w}^{\mathrm{T}} \boldsymbol{x}_i + b)) \right)$$

即找到所有样本中距离超平面最近(距离取最小值)的样本 i,并确定使该距离最大的参数 $\boldsymbol{\omega}$ 和 b。

使用更严格的限定条件,令 $y_i(\boldsymbol{\omega}^{\mathrm{T}} \boldsymbol{x}_i + b) \geqslant 1$,此时 $\min_i (y_i(\boldsymbol{\omega}^{\mathrm{T}} \boldsymbol{x}_i + b)) = 1$,目标函数可化简为

$$\arg \max_{\boldsymbol{\omega}, b} \frac{1}{\|\boldsymbol{\omega}\|}$$

其含义如图 8-13 所示。

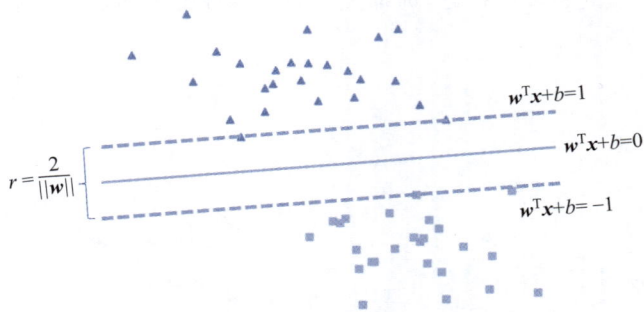

图 8-13　SVM 目标函数的几何意义

将最大值问题转换为等价的最小值问题,设目标函数为 $\arg\min\limits_{\boldsymbol{\omega},b}\frac{1}{2}\parallel\boldsymbol{\omega}\parallel^2$,同时令 $y_i\cdot(\boldsymbol{\omega}^\mathrm{T}\boldsymbol{x}_i+b)\geqslant1$ 为其约束条件。

应用拉格朗日乘子法求解带约束的优化问题,将求参数 $\boldsymbol{\omega}$ 和 b 的过程转换为求拉格朗日乘子 λ 的问题($\boldsymbol{\omega}$ 和 b 都是 λ 的函数),λ 是每个样本的拉格朗日乘子。

$$L(\boldsymbol{\omega},b,\lambda)=\frac{1}{2}\boldsymbol{\omega}^2-\sum_{i=1}^n\lambda_i(y_i\cdot(\boldsymbol{\omega}^\mathrm{T}\boldsymbol{x}_i+b)-1)$$

应用 KKT(Karush Kuhn Tucker)对偶性质:

$$\min_{\boldsymbol{\omega},b}\max_\lambda L(\boldsymbol{\omega},b,\lambda)=\max_\lambda\min_{\boldsymbol{\omega},b}L(\boldsymbol{\omega},b,\lambda)$$

$$\frac{\partial L}{\partial\boldsymbol{\omega}}=0\Rightarrow\boldsymbol{\omega}=\sum_{i=1}^n\lambda_iy_i\boldsymbol{x}_i$$

$$\frac{\partial L}{\partial b}=0\Rightarrow\sum_{i=1}^n\lambda_iy_i=0$$

中间推导过程省略,最终将问题转换为求解下式的最小值问题:

$$\min_\lambda\frac{1}{2}\sum_{i=1}^n\sum_{j=1}^n\lambda_i\lambda_jy_iy_j(\boldsymbol{x}_i\cdot\boldsymbol{x}_j)-\sum_{i=1}^n\lambda_i$$

且约束条件包含 $\sum\limits_{i=1}^n\lambda_iy_i=0$,$\lambda_i\geqslant0$,即每个拉格朗日乘子 λ_i 的取值均大于或等于 0,且每个拉格朗日乘子与目标值乘积的和为 0。

下面以具体的数据为例展示支持向量 $\boldsymbol{w}^\mathrm{T}\boldsymbol{x}+b=0$ 求解的过程。

设有 3 个样本点,其中 $\boldsymbol{x}_1=(3,3)$,$\boldsymbol{x}_2=(4,3)$,二者为正例,$y_1=y_2=1$;$\boldsymbol{x}_3=(1,1)$,为负例,$y_3=-1$,求解它们的支持向量和超平面方程。

将 $\boldsymbol{x}_1=(3,3)$,$\boldsymbol{x}_2=(4,3)$,$\boldsymbol{x}_3=(1,1)$,$y_1=1$,$y_2=1$,$y_3=-1$ 代入公式:

$$L(\lambda)=\frac{1}{2}\sum_{i=1}^3\sum_{j=1}^3\lambda_i\lambda_jy_iy_j(\boldsymbol{x}_i\cdot\boldsymbol{x}_j)-\sum_{i=1}^3\lambda_i$$

$$=\frac{1}{2}(18\lambda_1^2+25\lambda_2^2+2\lambda_3^2+42\lambda_1\lambda_2-12\lambda_1\lambda_3-14\lambda_2\lambda_3)-\lambda_1-\lambda_2-\lambda_3$$

由 $\sum\limits_{i=1}^n\lambda_iy_i=0$ 得到 $\lambda_1+\lambda_2=\lambda_3$,从而 $L(\lambda)$ 化简得到

$$L(\lambda) = 4\lambda_1^2 + \frac{1}{2}\lambda_2^2 + 10\lambda_1\lambda_2 - 2\lambda_1 - 2\lambda_2$$

分别对 λ_1 和 λ_2 求偏导,令 $\frac{\partial L}{\partial \lambda_1}=0, \frac{\partial L}{\partial \lambda_2}=0$,求得 $\lambda_1=1.5, \lambda_2=-1$。

该取值不满足约束条件 $\lambda_i \geqslant 0 (i=1,2,3)$,因此推断最小值解应该位于边界。

令 $\lambda_1=0$,则 $\lambda_2=-\frac{2}{13}$,不满足约束条件。

令 $\lambda_2=0$,则 $\lambda_1=\frac{1}{4}$,满足约束条件,$\lambda_3=\lambda_1+\lambda_2=\frac{1}{4}$。

$$\boldsymbol{\omega} = \sum_{i=1}^{n}\lambda_i y_i \boldsymbol{x}_i = \frac{1}{4}\times 1 \times(3,3) + \frac{1}{4}\times(-1)\times(1,1) = \left(\frac{1}{2},\frac{1}{2}\right)$$

从约束条件 $\boldsymbol{\omega}=\sum_{i=1}^{n}\lambda_i y_i \boldsymbol{x}_i$ 看,当 $\lambda_i=0$ 时,$\boldsymbol{\omega}$ 的取值与之无关,即与超平面和支持向量均无关,所以支持向量由 $\lambda_i \neq 0$ 的那些样本组成。

在 SVM 中,距离超平面最近且满足上述条件的训练样本被称为支持向量,$\boldsymbol{x}_1=(3,3)$,$\boldsymbol{x}_3=(1,1)$ 是本问题的支持向量。

支持向量满足 $y=\boldsymbol{\omega}^{\mathrm{T}}\boldsymbol{x}+b$,因此 $b=y-\boldsymbol{\omega}^{\mathrm{T}}\boldsymbol{x}$。

$$b=y_i - \boldsymbol{\omega}\boldsymbol{x}_i = y_1 - \boldsymbol{\omega}\boldsymbol{x}_1 = 1 - \left(\frac{1}{2},\frac{1}{2}\right)\cdot(3,3) = -2$$

或者

$$b=y_i - \boldsymbol{\omega}\boldsymbol{x}_i = y_3 - \boldsymbol{\omega}\boldsymbol{x}_3 = -1 - \left(\frac{1}{2},\frac{1}{2}\right)\cdot(1,1) = -2$$

可知超平面方程为 $0.5\boldsymbol{x}_1 + 0.5\boldsymbol{x}_2 - 2 = 0$。支持向量和超平面如图 8-14 所示。

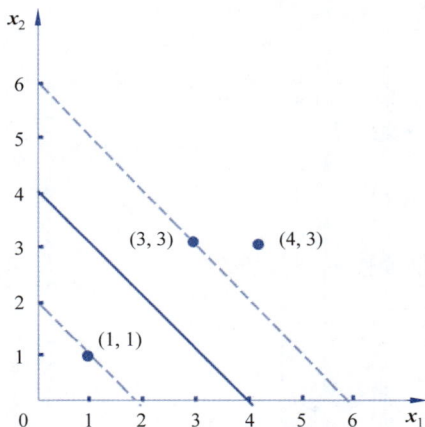

图 8-14 支持向量及超平面

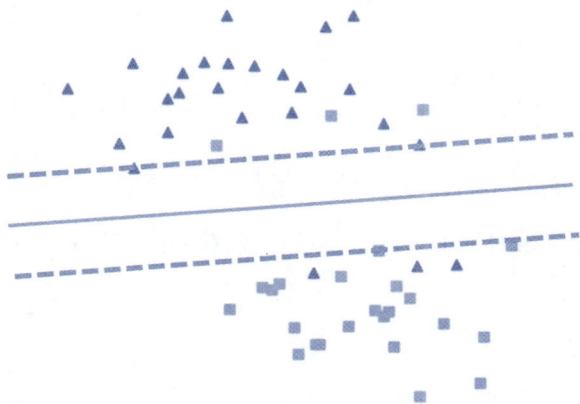

图 8-15 不完全线性可分的数据集

8.3.2 软间隔与惩罚系数

在线性可分的情况下,样本可以用一条直线完全分开。然而,对于不完全线性可分的数据集,如图 8-15 所示,样本无法通过一条直线进行完全分割。如果用一条非线性的曲线使其完全分割,则容易造成过拟合的情况。

前面给出的严格的约束条件 $y_i \cdot (\boldsymbol{\omega}^\mathrm{T} \boldsymbol{x}_i + b) \geqslant 1$ 要求所有样本都必须分类正确,这被称为硬间隔(hard margin);对于不完全线性可分的情况,可以放宽这个条件,构造软间隔(soft margin)。软间隔允许在分类过程中出现一定的模糊情况,但对于分类错误则需要施加惩罚,这一策略引入了正则化思想。

将软间隔的约束条件改为 $y_i \cdot (\boldsymbol{\omega}^\mathrm{T} \boldsymbol{x}_i + b) \geqslant 1 - \xi_i$,$\xi_i$ 称为松弛因子。每个样本都具有一个松弛因子,表示该样本不满足约束的程度。加入松弛因子后,间隔变小,相当于降低了要求。新的目标函数为

$$\arg \min_{w,b} \frac{1}{2} \parallel \boldsymbol{w} \parallel^2 + C \sum_{i=1}^{n} \xi_i$$

$C \sum_{i=1}^{n} \xi_i$ 相当于正则惩罚项。当惩罚系数 C 较大时,为了使目标函数取值最小,ξ_i 必须足够小,约束变强,此时模型竭力杜绝错误分类,这样分割平面就会很不光滑,模型复杂度增加,容易造成过拟合;当惩罚系数 C 较小时,ξ_i 则可以稍大些,约束变弱,增加了出错的概率,容易造成欠拟合。C 越大,代表模型对错误分类越敏感,越接近硬间隔 SVM,C 是 SVM 建模的重要超参数。

图 8-16 展示了一个线性可分的二分类数据集,并显示了不同 C 值下的 SVM 分类效果。通过调整 C 值,可以观察到模型对分类错误的惩罚程度及其对决策边界的影响。

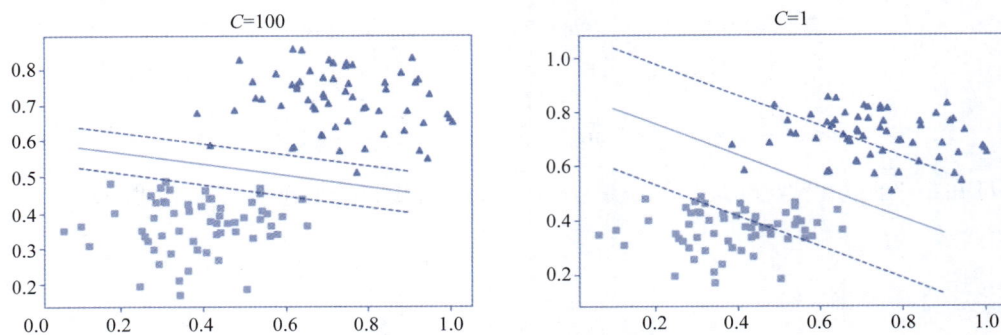

图 8-16　不同 C 值下的 SVM 分类效果

8.3.3　非线性支持向量机与核函数

如图 8-17 所示,有一种数据集在二维空间中是完全线性不可分的。

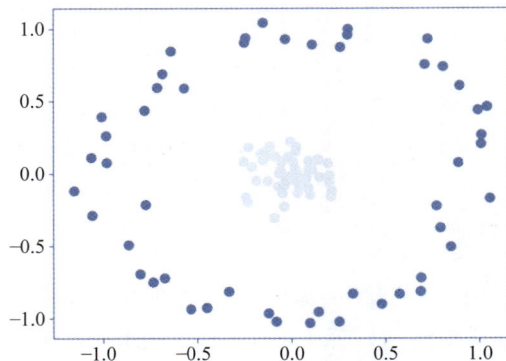

图 8-17　二维空间中线性不可分的数据集

对于这种情况,SVM 依然有解决的方案,即使用核函数将样本映射到高维空间。两类样本好比是铺在地上的两种豆子,核函数就相当于鼓风机,将一批豆子吹到空中,在高维空间中实现线性可分。通过核函数将样本映射到高维空间后,不再需要复杂的分类曲线,而仅通过一个超平面即可完成分类,如图 8-18 所示。

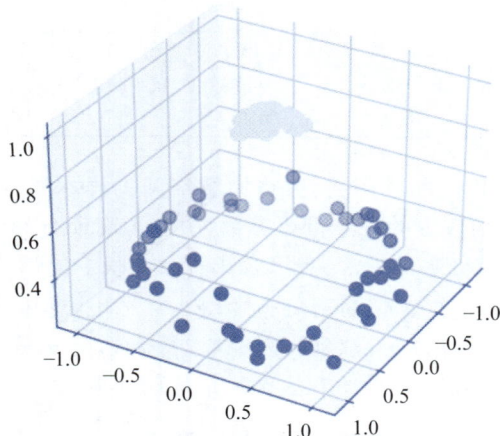

图 8-18　二维空间的样本映射到三维空间后线性可分

设 $\Phi(\boldsymbol{x})$ 为样本到高维空间的映射函数,最优化问题转换为

$$\min_{\lambda} \frac{1}{2} \sum_{i=1}^{n} \sum_{j=1}^{n} \lambda_i \lambda_j y_i y_j (\Phi(\boldsymbol{x}_i) \cdot \Phi(\boldsymbol{x}_j)) - \sum_{i=1}^{n} \lambda_i$$

且约束条件不变。

由于高维空间的维度可能很高,因此直接计算 $\Phi(\boldsymbol{x}_i) \cdot \Phi(\boldsymbol{x}_j)$ 内积的时间复杂度高,为此引入核函数。核函数的巧妙之处在于可以在低维空间完成高维空间的样本内积的计算。

$$K(\boldsymbol{x}_i, \boldsymbol{x}_j) = \Phi(\boldsymbol{x}_i) \cdot \Phi(\boldsymbol{x}_j)$$

其中,$K(\cdot)$ 为核函数。

因为核函数将 $\boldsymbol{x}_i$ 和 $\boldsymbol{x}_j$ 在高维空间内积计算转换为它们在原始样本空间中核函数的计算,因此利用核函数就不必直接计算高维空间中的内积,也无须关心 $\Phi(\boldsymbol{x})$ 这个映射函数具体的表达形式。显然,核函数隐式定义了特征空间。

实现在高维空间内样本能够线性可分的关键因素就是核函数的选择。如果核函数选择得不合适,样本映射到一个不合适的特征空间,则很可能导致模型的性能不佳。核函数的选择是 SVM 建模的重中之重。

常用的核函数如表 8-11 所示。

表 8-11　常用的核函数

名　　称	表　达　式	参　　数	说　　明
线性核函数	$K(\boldsymbol{x}_i, \boldsymbol{x}_j) = \boldsymbol{x}_i \cdot \boldsymbol{x}_j$		在原始样本空间计算,多用于文本数据
多项式核函数	$K(\boldsymbol{x}_i, \boldsymbol{x}_j) = (\boldsymbol{x}_i \cdot \boldsymbol{x}_j)^d$	$d \geqslant 1$, d 为多项式的次数	$d = 1$ 时为原始样本空间

续表

名　　称	表　达　式	参　　数	说　　明
高斯核函数	$K(\boldsymbol{x}_i, \boldsymbol{x}_j) =$ $\exp\left(-\dfrac{\|\boldsymbol{x}_i - \boldsymbol{x}_j\|^2}{2\sigma^2}\right)$	$\sigma > 0$，为高斯核的带宽	也称为 RBF（Radial Basis Function，径向基函数）
Sigmoid 核函数	$K(\boldsymbol{x}_i, \boldsymbol{x}_j) = \tanh(\alpha \boldsymbol{x}_i^{\mathrm{T}} \cdot \boldsymbol{x}_j + c)$	α 用于控制核的形状；c 为常数项，影响函数的偏置	适用于神经网络模型

　　高斯核函数是应用最广泛的核函数，它将原始空间的样本特征映射为高斯核函数表示的距离特征。σ 是高斯核函数中的一个重要参数，决定了高斯分布的宽度，从而影响模型的性能。当 σ 过小时，高斯分布变得非常尖锐，意味着只有很少的训练样本对模型的预测产生影响，这会导致过拟合；当 σ 过大时，高斯分布变得非常平坦，意味着许多训练样本都会对模型的预测产生影响，会导致模型的欠拟合。因此，选择合适的 σ 是非常重要的，可以通过交叉验证或者网格搜索（详见 8.3.5 节）的方法确定最优的 σ 取值。

8.3.4　Python 编程实践——可视化支持向量

　　Scikit-learn 库中用于分类的最常用的 SVM 是 sklearn.svm 下的 SVC 类（Support Vector Classifier），其原型如下：

```
class sklearn.svm.SVC(*, C = 1.0, kernel = 'rbf', degree = 3, gamma = 'scale',
coef0 = 0.0, shrinking = True, probability = False, tol = 0.001, cache_size = 200,
class_weight = None, verbose = False, max_iter = -1, decision_function_shape =
'ovr', break_ties = False, random_state = None)
```

SVC 类的常用参数如表 8-12 所示。

表 8-12　SVC 类的常用参数

参　　数	说　　明
C	惩罚系数，默认为 1.0。C 越大，惩罚力度越大，模型越容易过拟合
kernel	核函数，默认取值为 rbf，即高斯核函数；可用取值还包括 linear（线性核）、poly（多项式核）、sigmoid（Sigmoid 核）等
gamma	高斯核函数的核系数，默认值 scale 的取值为 $\dfrac{1}{\text{n\_features} \times \text{X.var()}}$。它的取值与高斯核函数中的 σ 成反比。即 gamma 越大，模型越容易过拟合

SVC 类的常用属性如表 8-13 所示。

表 8-13　SVC 类的常用属性

属　　性	说　　明
support_vectors_	支持向量数组，维度为（支持向量个数，特征数）
coef_	使用线性核时的权重参数，维度为 $\left(\dfrac{\text{n\_class} \times (\text{n\_class}-1)}{2}, \text{特征数}\right)$
intercept_	超平面 $\boldsymbol{\omega}^{\mathrm{T}} \boldsymbol{x} + b$ 中的截距 b 的取值

SVC 类的方法 decision_function()用于计算给定样本的决策函数值。正值表示样本位于决策边界的正侧，即模型预测该样本属于正类；负值表示样本位于决策边界的负侧，即模型预测该样本属于负类。决策函数值的绝对值越大，表示样本离决策边界越远，从而模型对分类的置信度越高。当决策函数值为 0 时，表示样本位于决策边界上。

例如，某样本的决策函数值为 2.5，表示它位于正类一侧，且相对于决策边界有一定的距离；另一个样本的决策函数值为 -1.2，表示它位于负类一侧，且相对于决策边界距离较近。

decision_function()方法的返回值提供了每个输入样本相对于分类边界的距离和分类置信度的信息，是理解和评估 SVM 分类结果的重要工具。

【例 8-4】 SVM 线性分类展示。

使用 make_blobs()方法生成 50 个可以划分为两类的随机样本。使用 SVC 类中的线性核函数建模，在二维空间内获取一条由支持向量决定的分类线，并对支持向量和分类线进行可视化展示。

步骤 1：创建数据集。

make_blobs()是 sklearn.datasets 中的一个方法，用于生成聚类数据集，其原型如下：

```
sklearn.datasets.make_blobs(n_samples = 100, n_features = 2, *, centers = None,
cluster_std = 1.0, center_box = (-10.0, 10.0), shuffle = True, random_state = None,
return_centers = False)
```

make_blobs()方法的常用参数如表 8-14 所示。

表 8-14　make_blobs()方法的常用参数

参　　　数	说　　　明
n_samples	样本个数，默认值为 100
n_features	样本维度，默认值为 2
centers	聚类中心的个数，即分类的个数，默认值为 3
cluster_std	数据集的标准差，默认值为 1.0

make_blobs()的返回值为样本数据和标签数据元组。

```
In [1]    from sklearn.datasets import make_blobs
          #生成随机数：分为两类，线性可分
          X, y = make_blobs(n_samples = 50, centers = 2, random_state = 0,
                                                    cluster_std = 0.60)
```

步骤 2：定义可视化函数。

定义函数 plot_svc_linear_decision_boundary(svc_model，X，y)绘制样本、分类线以及参数 svc_model 所代表的模型的支持向量。

```
In [2]    import matplotlib.pyplot as plt
          def plot_svc_linear_decision_boundary(svc_model, X, y):
              #绘制样本点
              plt.scatter(X[y == 1][:, 0], X[y == 1][:, 1], color = 'r', marker = 's')
```

```
      plt.scatter(X[y == 0][:, 0], X[y == 0][:, 1], color ='b', marker ='^')
      #覆盖当前图形的 X 轴数据, 生成 30 个数据
      x0 = np.linspace(plt.xlim()[0], plt.xlim()[1], 30)
      w = svc_model.coef_[0]                              #获取分类线 𝒘ᵀ𝒙+b 的系数
      b = svc_model.intercept_                            #获取分类线 𝒘ᵀ𝒙+b 的截距
      desison_boundary = -w[0]/w[1] * x0-b/w[1]           #分类线方程
      margin = 1 / np.sqrt(np.sum(w ** 2))                #分类线到支持向量的距离
      gutter_up = desison_boundary+margin                 #支持向量所在的上线
      gutter_down = desison_boundary-margin               #支持向量所在的下线
      plt.plot(x0, desison_boundary, 'g-', linewidth = 2)
      plt.plot(x0, gutter_up, 'k--', linewidth = 1)
      plt.plot(x0, gutter_down, 'k--', linewidth = 1)
      #获取支持向量数据并绘制
      svs = svc_model.support_vectors_
plt.scatter(svs[:, 0], svs[:, 1], s = 100, alpha = 0.5, color = "green")
```

步骤 3：建模及可视化。

```
In [3]    from sklearn.svm import SVC
          clf = SVC(kernel ='linear')                      #线性核函数,默认 C = 1
          clf.fit(X, y)
          plot_svc_linear_decision_boundary(clf, X, y)
```

结果如图 8-19 所示。

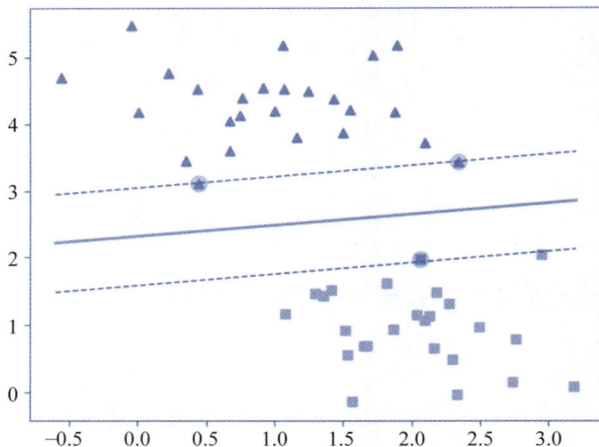

图 8-19　SVC 建模结果可视化

【例 8-5】　SVM 核函数分类展示。

使用 make_circles() 方法随机生成在二维空间中线性不可分的环形数据。使用 SVC 类中的高斯核函数建模,并对支持向量和分类曲线进行可视化展示。

步骤 1：创建数据集。

make_circles() 是 sklearn.datasets 中的一个方法,用于生成一个由小圆和大圆组成的数据集,可用于聚类和分类,其原型如下：

```
sklearn.datasets.make_circles(n_samples = 100, * , shuffle = True, noise = None,
random_state = None, factor = 0.8)
```

make_circles()方法的常用参数如表 8-15 所示。

表 8-15　make_circles()方法的常用参数

参　　数	说　　明
n_samples	样本个数，默认值为 100
noise	添加到数据中的高斯噪声的标准差
factor	内圈和外圈的比例因子

make_blobs()方法的返回值为样本数据和标签数据元组。

```
In [1]    from sklearn.datasets import make_circles
          X, y = make_circles(100, factor = 0.3, noise = 0.1)
```

步骤 2：定义绘制函数。

定义函数 plot_svc_kernel_decision_boundary(svc_model，X，y)绘制样本、分类线以及模型的支持向量。

```
In [2]    import matplotlib.pyplot as plt
          def plot_svc_kernel_decision_boundary(svc_model, X, y):
              #绘制样本点
              plt.scatter(X[y == 1][:, 0], X[y == 1][:, 1], color ='r', marker ='o')
              plt.scatter(X[y == 0][:, 0], X[y == 0][:, 1], color ='b', marker ='^')
              #生成两个一维数组 xx 和 yy，覆盖当前图形的 X 轴和 Y 轴的范围
              xx = np.linspace(plt.xlim()[0], plt.xlim()[1], 30)
              yy = np.linspace(plt.ylim()[0], plt.ylim()[1], 30)
              XX, YY = np.meshgrid(xx, yy)        #组合坐标
              #使用网格点对特征空间的每个区域进行评估，全面获取模型的分类行为
              P = np.zeros_like(XX)
              for i, xi in enumerate(xx):
                  for j, yj in enumerate(yy):
                      P[i, j] = svc_model.decision_function([[xi, yj]])
              #绘制 3 条等高线：-1 为负类边界，0 为决策边界，1 为正类边界
              plt.contour(XX, YY, P, colors ='k', levels =[-1, 0, 1], alpha = 0.5,
                                                  linestyles =['--', '-', '--'])
              #获取支持向量数据并绘制
              svs = svc_model.support_vectors_
              plt.scatter(svs[:, 0], svs[:, 1], s = 200, alpha = 0.3)
```

步骤 3：建模和可视化。

分别使用高斯核函数和不同取值的 gamma 参数建模，并可视化建模结果。

```
In [3]    from sklearn.svm import SVC
          plt.figure(figsize = (10, 4))
          i = 1
          for gamma in [1, 8]:                              #gamma 为高斯核函数的核系数
              plt.subplot(1, 2, i)
              clf = SVC(kernel ='rbf', gamma = gamma)        #指定 gamma
              clf.fit(X, y)
              plot_svc_kernel_decision_boundary(clf, X, y)   #绘制样本及分类曲线
              plt.title("gamma = "+ str(gamma))
              i += 1
```

结果如图 8-20 所示。

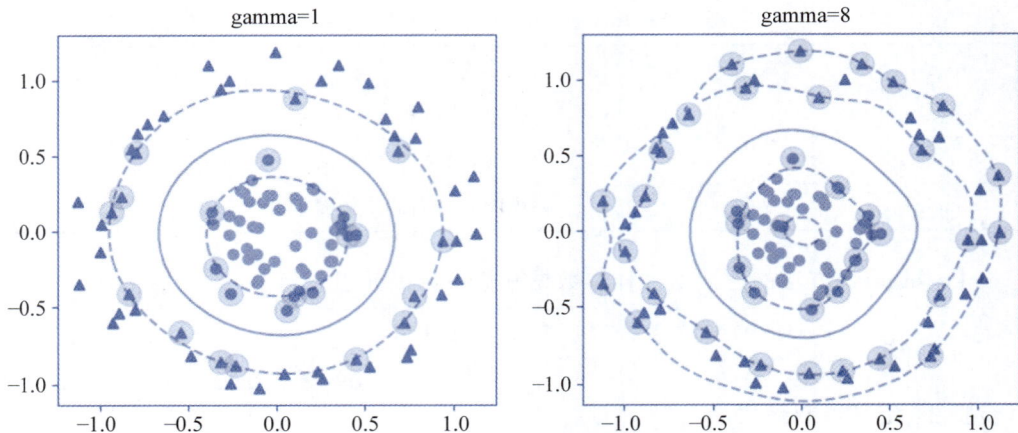

图 8-20 使用不同 **gamma** 值的高斯核函数分类结果

从图 8-20 中可以看到,gamma 的取值越大,模型越容易过拟合。

8.3.5 超参数优化方法——网格搜索和随机搜索

在 SVC 算法的应用过程中,超参数的选择至关重要。以下以例 8-3"病例诊断预测"中标准化处理后的数据为例,分别使用网格搜索和随机搜索的交叉验证方法选择超参数 C 和核函数。

【例 8-6】 使用糖尿病数据集进行 SVC 建模的超参数选择。

步骤 1:导入数据。

本例直接导入例 8-3 经过预处理和标准化后的数据,目标变量 Outcome 保持 0、1 取值不变。

```
In [1]   import pandas as pd
         from sklearn.model_selection import train_test_split
         from sklearn.svm import SVC
         data = pd.read_csv("./data/std_diabetes.csv")
         data.head()
```

对应的输出结果为

	Pregnancies	Glucose	BloodPressure	SkinThickness	Insulin	BMI	DiabetesPedigreeFunction	Age	Outcome
0	0.639947	0.865108	−0.033518	0.670643	−0.181541	0.166619	0.468492	1.425995	1
1	−0.844885	−1.206162	−0.529859	−0.012301	−0.181541	−0.852200	−0.365061	−0.190672	0
2	1.233880	2.015813	−0.695306	−0.012301	−0.181541	−1.332500	0.604397	−0.105584	1
3	−0.844885	−1.074652	−0.529859	−0.695245	−0.540642	−0.633881	−0.920763	−1.041549	0
4	−1.141852	0.503458	−2.680669	0.670643	0.316566	1.549303	5.484909	−0.020496	1

```
In [2]   X = data[['Pregnancies', 'Glucose', 'BloodPressure', 'SkinThickness',
                    'Insulin', 'BMI', 'DiabetesPedigreeFunction', Age']]
         y = data.Outcome
         X_train, X_test, y_train, y_test = train_test_split(X, y, random_state = 10)
```

步骤 2：结合交叉验证方法搜索最优超参数。

GridSearchCV 类由网格搜索和交叉验证两部分组成。它通过穷举的方搜索最优超参数：使用指定范围内的参数逐一训练模型，寻找在验证集上表现最佳的参数组合。由于 GridSearchCV 类采用遍历的方式，在处理大数据集和多个超参数时计算成本会非常高，导致耗时较长。因此，在选择使用 GridSearchCV 类时，需要权衡其准确性与效率，以确保在合理的时间内获得最佳的模型性能。

GridSearchCV 类的原型如下：

```
class sklearn.model_selection.GridSearchCV(estimator, param_grid, scoring =
None, cv = None, n_jobs = None, refit = True, verbose = 0, pre_dispatch = '2 * n_jobs',
error_score = nan, return_train_score = False)
```

GridSearchCV 类的常用参数如表 8-16 所示。

表 8-16　GridSearchCV 类的常用参数

参　　数	说　　明
estimator	被调优的模型，如分类器或回归器
param_grid	字典或包含字典的列表，定义要搜索的超参数及其取值
scoring	评估指标，可以是字符串（如 accuracy、f1、roc_auc、precision、recall 等）或自定义评估函数。对于分类任务，默认使用 accuracy 作为评估指标
cv	交叉验证的折数，默认为 5

GridSearchCV 类的 fit(X，y)方法用于拟合模型并搜索最佳超参数组合。执行该方法时，GridSearchCV 类会遍历给定的参数网格，对每个参数组合进行交叉验证，并更新多个属性，常用属性如表 8-17 所示。

表 8-17　GridSearchCV 类的常用属性

参　　数	说　　明
best_estimator_	最佳参数组合下训练的模型实例
best_params_	包含最佳参数设置的字典
best_score_	最佳交叉验证得分

下面基于糖尿病数据集，使用 GridSearchCV 类为 SVC 算法确定参数 C 和选择核函数。设 C 的取值范围为[0.01，0.1，1，10，100]，核函数从 rbf 和 linear 中进行选择。

```
In [3]   from sklearn.model_selection import GridSearchCV
         #超参数范围
         tuned_parameters = {'C': [0.01, 0.1, 1, 10, 100],
                             'kernel': ['rbf', 'linear']}
         model = GridSearchCV(SVC(), tuned_parameters, cv = 5)      #5折交叉验证
         model.fit(X_train, y_train)                  #使用训练集数据交叉验证，选择超参数
         print(model.best_params_)
```

对应的输出结果为

```
{'kernel': 'linear', 'C': 0.01}
```

对于该问题，GridSearchCV 类网格搜索得到的最优方案是采取线性核函数，且 C 参数取值为 0.01。

接下来，在测试集上完成最优模型的评估。

```
In [4]    from sklearn.metrics import classification_report
          print(classification_report(y_test, model.predict(X_test)))
```

模型评估结果为

```
               precision    recall   f1-score    support

           0       0.73       0.93       0.82        121
           1       0.77       0.42       0.55         71

    accuracy                             0.74        192
   macro avg       0.75       0.67       0.68        192
weighted avg       0.75       0.74       0.72        192
```

搜索超参数时，如果超参数的个数较少，可以采用 GridSearchCV 类进行穷举法搜索；但当数据规模较大或者超参数个数较多时，网格搜索的时间将面临维度灾难。因此，随机搜索的 RandomizedSearchCV 类被提出，它不尝试所有可能的组合，而是通过选择每一个超参数的随机值进行特定数量的组合。

随机搜索采取循环迭代的方式，每次迭代随机抽取一组参数进行建模，下一次再抽取一组参数建模，且随机抽样不放回，因此不会出现两次抽中同一组参数的情况。由于搜索空间变小，整体搜索耗时变少。实践证明，当设置相同的训练次数时，随机搜索得出的最小损失与网格搜索得出的最小损失很接近，既提升了运算速度，又没有过多地损失精度。

RandomizedSearchCV 类的原型如下：

```
class sklearn. model _ selection. RandomizedSearchCV (estimator, param _
distributions, n_iter = 10, scoring = None, cv = None, verbose = 0, random_state
= None, n_jobs = None, refit = True, return_train_score = False, error_score =
nan)
```

其中，n_iter 为迭代次数，迭代次数越多，抽取的子参数空间越大。

对糖尿病数据集，使用 RandomizedSearchCV 类为 SVC 算法确定参数 C 的取值和核函数的代码如下：

```
In [5]    from sklearn.model_selection import RandomizedSearchCV
          tuned_parameters = {'C': [0.01, 0.1, 1, 10, 100],
                              'kernel': ['rbf', 'linear']}
          model = RandomizedSearchCV(SVC(), tuned_parameters, cv = 5,
                          scoring = 'accuracy', n_iter = 6)
          model.fit(X_train, y_train)
          print(model.best_params_)
```

其计算结果与 GridSearchCV 类相同。

总体而言，SVM 是一种常用的监督学习算法，它具有以下优势和适用性：

（1）高效处理高维特征空间。SVM 在高维特征空间中表现出色，并且在处理高维数据时具有较好的性能。这使得它在自然语言处理、图像识别等领域中得到广泛应用。

（2）有效处理非线性问题。SVM 通过使用核函数将非线性问题映射到高维特征空间，从而在处理非线性问题时表现出色。常用的核函数有线性核函数、多项式核函数、高斯核函数等。

（3）可控制模型复杂度。SVM 的正则化参数 C 可以调节模型的复杂度，可以通过交叉验证等方法选择合适的 C 值。这使得 SVM 具有一定的鲁棒性，可以避免过拟合问题。

（4）对少量样本效果好。由于 SVM 是基于支持向量进行分类的，因此它在少量样本的情况下表现较好。这使得它在数据稀缺的情况下仍然能够提供较好的分类效果。

（5）泛化能力强。SVM 通过最大化分类器与支持向量之间的间隔，具有较好的泛化能力。这意味着即使在训练样本有噪声或存在一定程度的错误分类时，SVM 仍然可以提供较好的分类效果。

需要注意的是，SVM 在数据量较大和噪声较多的情况下计算复杂度会增加。此外，SVM 对于超参数的选择敏感，需要通过调参获得最佳性能。

SVM 广泛应用于文本分类、图像识别、生物信息学等领域。

◆ 8.4 决 策 树

决策树（decision tree）是一种常见的机器学习方法，它利用树状结构辅助决策。决策树具有强大的可解释性和出色的性能，因此被广泛应用于各种任务。此外，决策树还常常作为集成学习等算法的基础模型。

8.4.1 决策树概述

决策树呈树状结构，既可以用于分类问题，也可以用于回归问题。下面以分类问题为例介绍决策树。

假设有表 8-18 所示的计算机专业招聘数据。

表 8-18　计算机专业招聘数据

序号	年龄	性别	教育程度	工作经验/年	是否有项目经验	编程语言掌握程度	录用结果
1	28	男	本科	3	是	一般	否
2	30	女	硕士	1	否	熟练	否
3	25	女	本科	1	否	一般	否
4	35	女	博士	2	否	熟练	否
5	35	女	博士	5	是	熟练	是
6	26	女	硕士	2	是	熟练	是
7	27	女	硕士	2	否	一般	否
8	31	男	硕士	6	否	熟练	是
9	24	男	本科	2	是	一般	否
10	33	男	博士	2	是	熟练	是
11	22	女	本科	0	否	熟练	？
12	25	男	硕士	0	是	熟练	？

基于训练集数据,利用相应规则建立的决策树模型如图 8-21 所示。基于该模型,可以对预测数据进行分析,并给出是否录用的预测结果。

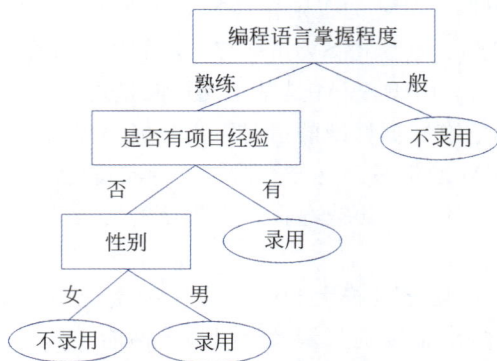

图 8-21　计算机专业招聘决策树

例如,序号 11 的应聘者,熟练掌握编程语言,没有项目经验,性别为女,未被录用;序号 12 的应聘者,熟练掌握编程语言,有项目经验,被录用。

8.4.2　决策树的划分选择

在决策树构建过程中,首先需要选择最具解释力的属性,然后为每个属性确定最优的分割点。根据挑选最具解释力的属性时采用的方法,决策树算法包括 ID3、C4.5 和 CART 等经典算法,它们的特点如表 8-19 所示。

表 8-19　决策树的经典算法

算　　法	描　　述
ID3	在决策树的各级节点上,使用信息增益选择属性
C4.5	基于 ID3 算法进行改进,使用信息增益率选择属性
CART	使用 Gini 指数选择属性

1. 信息熵和信息增益

信息熵(information entropy)是信息理论中的一个概念,是对信息混乱程度的表示,它根据信息的概率分布进行计算。对于样本集合 D,其信息熵公式如下:

$$\text{Ent}(D) = -\sum_{i=1}^{m} p_i \log_2 p_i$$

其中,m 表示属性可取的离散值个数,p_i 表示第 i 个取值出现的概率。

在表 8-18 所示的数据集中,将"录用结果"作为目标属性,它有两个取值,即录用或者不录用,其中录用的概率为 $\dfrac{4}{10}$,不录用的概率为 $\dfrac{6}{10}$,因此"录用结果"的信息熵为

$$-\frac{4}{10}\log_2\frac{4}{10}-\frac{6}{10}\log_2\frac{6}{10}=0.971$$

信息熵衡量了信息的不确定性或不可预测性。当信息的概率分布越均匀或越不确定时,信息熵越大;当信息的概率分布越集中或越确定时,信息熵越小。

在决策树算法中,需要找到最佳的属性作为分割点,以确保每个子集的纯度达到最高,即将属于同一类别的样本尽可能地归入同一个子集。信息增益(information gain)可以作为选择属性的依据。

假设离散属性 a 有 m 个可能的取值 $\{a_1, a_2, \cdots, a_m\}$,使用 a 对样本集 D 进行划分,则会产生 m 个分支节点。其中,第 i 个分支节点包含了数据集中所有 a 属性取值为 a_i 的样本,记作 D^i。

接下来,计算 D^i 的信息熵 $\mathrm{Ent}(D^i)$。由于不同分支节点包含的样本数量不同,因此为每个分支赋予权重 $|D^i|/|D|$,使得样本数量较多的分支对整体影响更大。信息增益的计算公式如下:

$$\mathrm{Gain}(D \mid a) = \mathrm{Ent}(D) - \sum_{i=1}^{m} \frac{|D^i|}{D} \mathrm{Ent}(D^i)$$

在这个公式中,$\mathrm{Ent}(D)$ 是整个数据集的熵,求和项表示属性 a 划分后各分支的加权条件熵。信息增益 $\mathrm{Gain}(D|a)$ 代表了引入新的属性后混乱程度的变化。信息增益越大,代表新加入的属性使原有的混乱程度下降越多,该属性在决策树分割时越应该优先被选择。

下面使用表 8-18 的数据,针对目标变量"录用结果",分别加入新的属性"性别""教育程度""是否有项目经验""编程语言掌握程度",计算它们的信息增益。

按"性别"排序后的计算机专业招聘数据如表 8-20 所示。

表 8-20 按"性别"排序后的计算机专业招聘数据

序号	年龄	性别	教 育 程 度	工作经验/年	是否有项目经验	编程语言掌握程度	录用结果
1	28	男	本科	3	是	一般	否
8	31	男	硕士	6	否	熟练	是
9	24	男	本科	2	是	一般	否
10	33	男	博士	2	是	熟练	是
2	30	女	硕士	1	否	熟练	否
3	25	女	本科	1	否	一般	否
4	35	女	博士	2	否	熟练	否
5	35	女	博士	5	是	熟练	是
6	26	女	硕士	2	是	熟练	是
7	27	女	硕士	2	否	一般	否

其中,性别男占 $\frac{4}{10}$,有 $\frac{2}{4}$ 被录用,$\frac{2}{4}$ 未录用;性别女占 $\frac{6}{10}$,有 $\frac{2}{6}$ 被录用,$\frac{4}{6}$ 未录用。

$$\mathrm{Ent}(D^1) = -\frac{2}{4}\log_2\left(\frac{2}{4}\right) - \frac{2}{4}\log_2\left(\frac{2}{4}\right) = 1$$

$$\mathrm{Ent}(D^2) = -\frac{2}{6}\log_2\left(\frac{2}{6}\right) - \frac{4}{6}\log_2\left(\frac{4}{6}\right) = 0.918$$

加入"性别"后的信息增益为

$$\text{Gain}(录用结果 \mid 性别) = \text{Ent}(D) - \sum_{i=1}^{m} \frac{\mid D^i \mid}{D} \text{Ent}(D^i)$$

$$= 0.971 - \left(\frac{4}{10} \times 1 + \frac{6}{10} \times 0.918 \right) = 0.02$$

同理,可以计算"教育程度""是否有项目经验""编程语言掌握程度"的信息增益。

$$\text{Gain}(录用结果 \mid 教育程度) = 0.295$$
$$\text{Gain}(录用结果 \mid 是否有项目经验) = 0.125$$
$$\text{Gain}(录用结果 \mid 编程语言掌握程度) = 0.42$$

显然,"编程语言掌握程度"的信息增益是最大的,说明在属性"编程语言掌握程度"的作用下,"录用结果"的混乱程度下降最多,是当前最佳的划分属性。

ID3 算法使用信息增益最大的属性作为划分属性,根据它的取值建立决策树的第一层;在决策树的第一层的各节点上,重新针对目标属性计算各属性的信息增益,筛选出新的划分属性,以此为根据建立决策树的第二层;以此类推,直到目标属性的纯净程度达到最大,即叶子节点的信息熵为 0。

2. 信息增益率

使用信息增益作为选择标准的缺点是,它会更倾向于选择取值数量较多的属性,且只支持分类属性。C4.5 算法在 ID3 算法的基础上,将划分属性的选择依据由信息增益修改为信息增益率,信息增益率的计算公式如下:

$$\text{GainRate}(D \mid a) = \frac{\text{Gain}(D \mid a)}{\text{Ent}(a)}$$

信息增益率是信息增益除以相应属性的信息熵,这样即便属性取值的数量较多,也会通过除以它的信息熵(数量多则信息熵大)得到一定程度的抑制。

同时,C4.5 算法加入了对连续属性的自动离散化处理方法,使得它能够有效处理连续数据。C4.5 算法会根据连续属性的取值范围生成多个候选切分点,并通过分析这些切分点将数据集划分为不同的子集。然后,算法选择能够最大化信息增益的切分点,从而实现对连续属性的有效离散化。这种方法不仅提高了决策树的灵活性和准确性,还使得 C4.5 算法能够处理更广泛的数据类型。

3. Gini 指数

与信息熵不同,Gini 指数的计算只涉及数据集中每个类别的概率,而不需要计算每个类别的概率对数。因此,Gini 指数的计算代价较小,更适用于大规模数据集的决策树算法。Gini 指数计算公式如下:

$$\text{Gini}(D) = 1 - \sum_{i=1}^{m} p_i^2$$

其中,P_i 为类别 i 出现的概率。Gini 指数反映了从一个样本集合中随机抽取的两个样本属于不同类别的概率。Gini 指数越小,表示该节点的纯度越高,节点内部的样本属于同一类别的概率就越大。

引入某个用于分割的新的属性 a 后,设分割后两个样本集 D_1 和 D_2 的样本量分别为 n_1 和 n_2,Gini 指数的计算公式如下:

$$\text{Gini}(D \mid a) = \frac{n_1}{n_1 + n_2} \text{Gini}(D_1) + \frac{n_2}{n_1 + n_2} \text{Gini}(D_2)$$

CART 算法采用 Gini 指数增益最大的属性划分数据集,从而使得每个节点的纯度更高。

在表 8-20 所示的数据中:

$$\text{Gini(录用结果)} = 1 - \left(\frac{4}{10}\right)^2 - \left(\frac{6}{10}\right)^2 = 0.48$$

加入"性别"后:

$$\text{Gini(录用结果 | 男)} = 1 - \left(\frac{2}{4}\right)^2 - \left(\frac{2}{4}\right)^2 = 0.5$$

$$\text{Gini(录用结果 | 女)} = 1 - \left(\frac{4}{6}\right)^2 - \left(\frac{2}{6}\right)^2 = 0.444$$

$$\text{Gini(录用结果 | 性别)} = \frac{4}{10} \times 0.5 + \frac{6}{10} \times 0.444 = 0.467$$

Gini 指数增益为

$$\text{Gain\_Gini(录用结果 | 性别)} = 0.48 - 0.467 = 0.013$$

同理,可以计算"教育程度""是否有项目经验""编程语言掌握程度"的 Gini 指数增益:

$$\text{Gain\_Gini(录用结果 | 教育程度)} = 0.147$$

$$\text{Gain\_Gini(录用结果 | 是否有项目经验)} = 0.08$$

$$\text{Gain\_Gini(录用结果 | 编程语言掌握程度)} = 0.213$$

显然,按照采用 Gini 指数增益最大的属性划分数据集的原则,第一次划分应该采用"编程语言掌握程度"。

8.4.3　决策树预剪枝和后剪枝

在创建决策树的过程中,当节点中的样本数只有一个或者样本同属于一个类别时,停止构建更深的节点。但是,完全生长的决策树虽然提高了预测精度,但同时也使决策树的复杂度升高,泛化能力变弱。因此,剪枝是决策树算法中应对过拟合的主要措施,应通过主动剪枝降低过拟合的风险。

决策树的剪枝策略有预剪枝和后剪枝两种。预剪枝是在决策树生成的过程中使用验证集对每个节点在划分前先进行估计,若当前的划分不能带来决策树泛化性能的提升,则停止划分,将其标记为叶子节点。

例如,计算机专业招聘数据有如表 8-21 所示的验证集。

表 8-21　计算机专业招聘数据的验证集

序号	年龄	性别	教育程度	工作经验/年	是否有项目经验	编程语言掌握程度	录用结果
13	28	男	本科	3	否	熟练	否
14	29	男	本科	6	否	熟练	否
15	35	男	硕士	8	否	熟练	是
16	30	女	博士	2	否	熟练	否

如图 8-22 所示,在构建决策树的过程中,已经进行了两轮划分。接下来分析"是否有项

目经验"取值为"否"的部分是否需要继续划分。

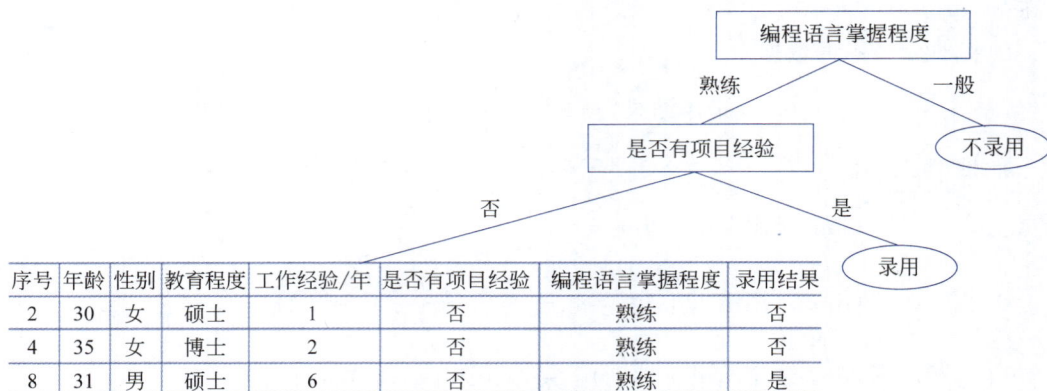

图 8-22　中间过程决策树

序号	年龄	性别	教育程度	工作经验/年	是否有项目经验	编程语言掌握程度	录用结果
2	30	女	硕士	1	否	熟练	否
4	35	女	博士	2	否	熟练	否
8	31	男	硕士	6	否	熟练	是

目前,"是否有项目经验"取值为"否"的训练集部分有 3 个样本,其中"录用结果"为"否"的占多数,如果不再进行划分,则按多数将其都视为不录用,由此,验证集的准确率为 75%;如果像图 8-21 所示的决策树那样继续对其按"性别"属性进行划分,则验证集的准确率下降为 50%。显然,此时应选择不对该节点进行划分,得到如图 8-23 所示的决策树,这就是一次预剪枝操作。

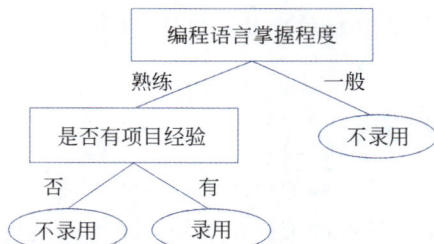

图 8-23　通过预剪枝得到的决策树

后剪枝先使用训练集生成一棵完整的决策树,然后自底向上利用验证集对非叶子节点进行考察,如果将该节点对应的子树替换为叶子节点能带来决策树泛化性能的提升,则将其替换为叶子节点。

8.4.4　Python 编程实践——企鹅生态研究

Scikit-learn 的决策树算法基于优化后的 CART 算法,既可以用于分类任务,也可以用于回归任务。对于分类问题,使用的是 DecisionTreeClassifier 类;而对于回归问题,则使用 DecisionTreeRegressor 类。DecisionTreeClassifier 类的原型如下:

```
class sklearn.tree.DecisionTreeClassifier(*, criterion ='gini', splitter =
'best', max_depth =None, min_samples_split =2, min_samples_leaf =1, min_weight_
fraction_leaf =0.0, max_features =None, random_state =None, max_leaf_nodes =
None, min_impurity_decrease =0.0, class_weight =None, ccp_alpha =0.0)
```

DecisionTreeClassifier 类的常用参数如表 8-22 所示。

表 8-22　DecisionTreeClassifier 类的常用参数

参　　数	说　　明
criterion	属性的选择方式,取值可以为 gini 或 entropy,gini 对应 CART 算法的 Gini 指数,entropy 对应信息增益。在实际使用中,两者的效果基本相同,但信息增益涉及对数计算,速度会慢一些,实际应用大多保持默认值 gini
splitter	属性的划分方式,best 表示在属性所有划分中选择最优的划分点,random 表示在随机划分中选择最优的划分点。默认的 best 适合小样本数据集;如果样本数据量非常大,推荐使用 random
max_depth	树的最大深度,是用来限制树过拟合的剪枝参数,超过指定深度的树枝全部被剪掉。默认值 None 表示决策树将自由生长。max_depth 是决策树中最重要的剪枝参数之一,实际应用中如果没有经验,可以从 3 开始调整
min _ samples _split	节点划分所需的最小样本个数,默认值为 2,是限制树过拟合的剪枝参数。如果节点样本数小于该参数,节点将会不会再被划分。实际应用中小样本保持默认值;大样本(高于 10 万)时,可以从 5 开始调整
min _ samples _leaf	叶子节点最小样本个数,默认值为 1,是限制树过拟合的剪枝参数。如果叶子节点样本个数小于该参数的值,叶子节点将会被剪枝。实际应用中小样本保持默认值;大样本(高于 10 万)时,可以从 5 开始调整
class_weight	为不同的目标变量取值设置权重。用于实际问题中目标变量的重要性不同(例如信用问题中"违约"比"不违约"的正确判定更为重要),或者训练集数据本身有所偏倚的情况。class_weight 既可以自定义样本的权重,也可以使用 balanced 由算法计算权重,令样本量少的类别所对应的样本权重更高。如果样本类别分布没有明显的偏倚,则可以选择默认的 None

【例 8-7】　使用决策树对企鹅数据集进行性别预测。

企鹅数据集(Penguins_size.csv)包括栖息在不同岛屿的多个物种的企鹅的各种特征(喙长度、喙深度、鳍条长度、体重)和性别信息。基于该数据集,可以通过特征(如喙长度、喙深度等)预测企鹅的性别,分析不同物种企鹅在体型、体重等方面的差异,研究企鹅在不同岛屿上的生存状况及其适应性,探讨环境因素如何影响企鹅的生理特征和性别比等。

下面从分类的角度对企鹅的性别进行预测。

步骤 1：准备数据集。

导入企鹅数据集后,进行数据清洗,并分配好训练集和测试集。

```
In [1]   import pandas as pd
         df = pd.read_csv("./data/penguins_size.csv")
         df.head()
```

对应的输出结果为

	species	island	culmen_length_mm	culmen_depth_mm	flipper_length_mm	body_mass_g	sex
0	Adelie	Torgersen	39.1	18.7	181.0	3750.0	MALE
1	Adelie	Torgersen	39.5	17.4	186.0	3800.0	FEMALE
2	Adelie	Torgersen	40.3	18.0	195.0	3250.0	FEMALE
3	Adelie	Torgersen	NaN	NaN	NaN	NaN	NaN
4	Adelie	Torgersen	36.7	19.3	193.0	3450.0	FEMALE

可见,物种(species)、岛屿(island)和性别(sex)是分类数据,喙长(culmen_length_mm)、喙深(culmen_depth_mm)、鳍条长度(flipper_length_mm)和体重(body_mass_g)是

数值型数据。

查看数据集的基本情况。

In [2]	df.info()

对应的输出结果为

```
<class 'pandas.core.frame.DataFrame'>
RangeIndex: 344 entries, 0 to 343
Data columns (total 7 columns):
 #   Column           Non-Null Count  Dtype
---  ------           --------------  -----
 0   species          344 non-null    object
 1   island           344 non-null    object
 2   culmen_length_mm  342 non-null    float64
 3   culmen_depth_mm   342 non-null    float64
 4   flipper_length_mm 342 non-null    float64
 5   body_mass_g       342 non-null    float64
 6   sex              334 non-null    object
dtypes: float64(4), object(3)
memory usage: 18.9+ KB
```

显然，数据集中存在缺失数据，继续查看缺失情况。

In [3]	df[df.isnull().any(axis = 1)]

对应的输出结果为

	species	island	culmen_length_mm	culmen_depth_mm	flipper_length_mm	body_mass_g	sex
3	Adelie	Torgersen	NaN	NaN	NaN	NaN	NaN
8	Adelie	Torgersen	34.1	18.1	193.0	3475.0	NaN
9	Adelie	Torgersen	42.0	20.2	190.0	4250.0	NaN
10	Adelie	Torgersen	37.8	17.1	186.0	3300.0	NaN
11	Adelie	Torgersen	37.8	17.3	180.0	3700.0	NaN
47	Adelie	Dream	37.5	18.9	179.0	2975.0	NaN
246	Gentoo	Biscoe	44.5	14.3	216.0	4100.0	NaN
286	Gentoo	Biscoe	46.2	14.4	214.0	4650.0	NaN
324	Gentoo	Biscoe	47.3	13.8	216.0	4725.0	NaN
339	Gentoo	Biscoe	NaN	NaN	NaN	NaN	NaN

因为缺失数据集中，性别信息均为缺失，无法支持预测，因此选择将其全部删除。

| In [4] | df.dropna(axis = 0, inplace = True) |
| | df.shape |

对应的输出结果为

```
(334, 7)
```

In [5]	df.isnull().sum()

对应的输出结果为

```
species            0
island             0
culmen_length_mm   0
culmen_depth_mm    0
flipper_length_mm  0
body_mass_g        0
sex                0
dtype: int64
```

数据清洗完毕后,将数据划分为特征矩阵 X(包括企鹅的喙长度、喙深度、鳍条长度和体重)和标签向量 y(性别)。因为性别为分类变量,所以将 FEMALE 和 MALE 分别转换为 0、1。

```
In [6]   X = df[['culmen_length_mm', 'culmen_depth_mm','flipper_length_mm',
                        'body_mass_g']]
         y = df['sex'].apply(lambda x: 0 if x == "FEMALE" else 1)
```

接下来,将它们划分为训练集和测试集,并在划分时利用 stratify 参数确保不同类别在划分后的数据集中保持相同的比例,避免某一类别样本过少导致模型偏倚。

```
In [7]   from sklearn.model_selection import train_test_split
         X_train, X_test, y_train, y_test = train_test_split(X, y,
                        test_size = 1/3, random_state = 42, stratify = y)
```

步骤 2:决策树建模。

使用 DecisionTreeClassifier 类建模,设置树的最大深度为 4,其余参数为默认值,并完成训练。

```
In [8]   from sklearn.tree import DecisionTreeClassifier
         clf = DecisionTreeClassifier(max_depth = 4)
         clf.fit(X_train, y_train)
```

步骤 3:模型评估。

```
In [9]   from sklearn import metrics
         y_predict = clf.predict(X_test)
         print(metrics.classification_report(y_test, y_predict))
```

对应的输出结果为

```
              precision    recall  f1-score   support

           0       0.94      0.80      0.86        55
           1       0.83      0.95      0.89        57

    accuracy                           0.88       112
   macro avg       0.88      0.87      0.87       112
weighted avg       0.88      0.88      0.87       112
```

模型的各项评估指标表现都较好。

8.4.5　决策树的可视化

Graphviz 是一个开源的图形可视化工具包,用于绘制各种类型的图形。在机器学习领域中,Graphviz 可以与决策树算法结合使用,将生成的决策树以图形的方式进行可视化展示,方便用户直观地观察模型以及发现模型中的问题。

首先,访问网址 https://graphviz.org/download/,根据操作系统平台选择对应的版本下载,通常包括安装程序或压缩文件。对于 Windows 平台,下载安装程序后,双击运行并按照安装向导进行安装;对于 Linux 和 macOS 平台,下载压缩文件后,解压到指定文件夹,并根据官方文档说明进行配置和添加环境变量。Windows 平台下的 Graphviz 安装包如图 8-24 所示。

```
Windows

• Stable Windows install packages, built with Microsoft Visual Studio 16 2019:

    ○ graphviz-9.0.0
        ▪ graphviz-9.0.0 (32-bit) ZIP archive [sha256] (contains all tools and libraries)
        ▪ graphviz-9.0.0 (64-bit) EXE installer [sha256]
        ▪ graphviz-9.0.0 (32-bit) EXE installer [sha256]
```

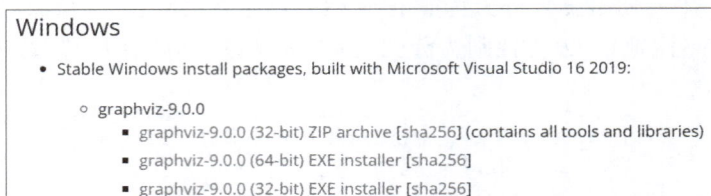

图 8-24　Windows 平台下的 Graphviz 安装包

接下来,在命令行窗口中运行 pip install graphviz,安装 Python 插件 graphviz。如果下载速度慢,可以选择使用镜像,例如:

```
pip install -i https://mirrors.aliyun.com/pypi/simple/graphviz
```

安装完成后,可以使用 sklearn.tree.export_graphviz()将决策树模型导出为 Graphviz 的 DOT 格式,这是一种用于描述图形的文本文件格式,能够通过 Graphviz 工具包中的 API 进行渲染和展示。

【例 8-8】　可视化鸢尾花数据分类的决策树模型。

步骤 1:准备数据集。

导入鸢尾花数据集后,将其随机打乱,留出最后 10 个样本作为测试集,其余样本为训练集。

```
In [1]    from sklearn import datasets
          import numpy as np
          iris = datasets.load_iris()
          iris_x = iris.data
          iris_y = iris.target
          indices = np.random.permutation(len(iris_x))        #随机排列
          iris_x_train = iris_x[indices[:-10]]
          iris_y_train = iris_y[indices[:-10]]
          iris_x_test = iris_x[indices[-10:]]
          iris_y_test = iris_y[indices[-10:]]
```

步骤 2:决策树建模。

使用 DecisionTreeClassifier 类建模,并完成训练。

```
In [2]    from sklearn.tree import DecisionTreeClassifier
          clf = DecisionTreeClassifier(max_depth = 4)
          clf.fit(iris_x_train, iris_y_train)
```

步骤 3:模型评估。

```
In [3]    from sklearn import metrics
          iris_y_predict = clf.predict(iris_x_test)
          print(metrics.classification_report(iris_y_test, iris_y_predict))
```

对应的输出结果为

```
          precision    recall  f1-score   support

        1      1.00      0.75      0.86         4
        2      0.86      1.00      0.92         6

 accuracy                         0.90        10
macro avg      0.93      0.88      0.89        10
weighted avg   0.91      0.90      0.90        10
```

步骤 4：决策树可视化。

```
In [4]    from sklearn import tree
          import graphviz
          #将决策树转换为 DOT 格式的图形数据
          dot_data = tree.export_graphviz(
                          clf,                                        #模型
                          feature_names = iris.feature_names,
                          class_names = iris.target_names,
                          filled = True,                             #颜色填充
                          rounded = True,                            #圆角
                          special_characters = True                  #特殊字符显示
                          )
          #将 DOT 格式的图形数据解析为一个图形对象
          graph = graphviz.Source(dot_data)
          graph                                                      #展示图像
```

为鸢尾花分类问题建立的深度为 4 的决策树如图 8-25 所示。

通过 Graphviz 可视化决策树,可以更直观地理解和解释决策树的结构和决策过程,有助于对模型进行分析和调优。

步骤 5：保存决策树图形。

如果希望将决策树的可视化结果保存为图形,可以使用 pydotplus 库。该库能够将 DOT 格式的决策树数据转换为图形,方便进行展示和分享。

```
In [5]    import pydotplus
          #将 DOT 数据转换为图形
          graph_data = pydotplus.graph_from_dot_data(dot_data)
          graph_data.write_png("decision_tree.png")
```

总体而言,决策树是一种常用的监督学习算法,它具有以下优势和适用性:

(1) 易于理解和解释。决策树的模型可视化结果直观,易于理解和解释。通过图形化展示,决策树能够清晰地呈现数据特征之间的关系,帮助人们快速把握决策过程。

(2) 对缺失值和异常值具有较好的鲁棒性。决策树算法能够自动处理缺失值和异常值,从而对数据的预处理要求较低。

(3) 可以处理分类和回归问题。决策树不仅可以应用于分类问题,还可以应用于回归问题。在回归问题中,决策树通过计算均值或中位数预测目标变量的值。

(4) 适应性强。决策树算法对于多分类问题适应性强,并且容易扩展到大规模数据集。

(5) 不需要假设数据分布。决策树算法是一种非参数方法,不假设数据分布和属性之间的关系,因此可以适应各种类型的数据。

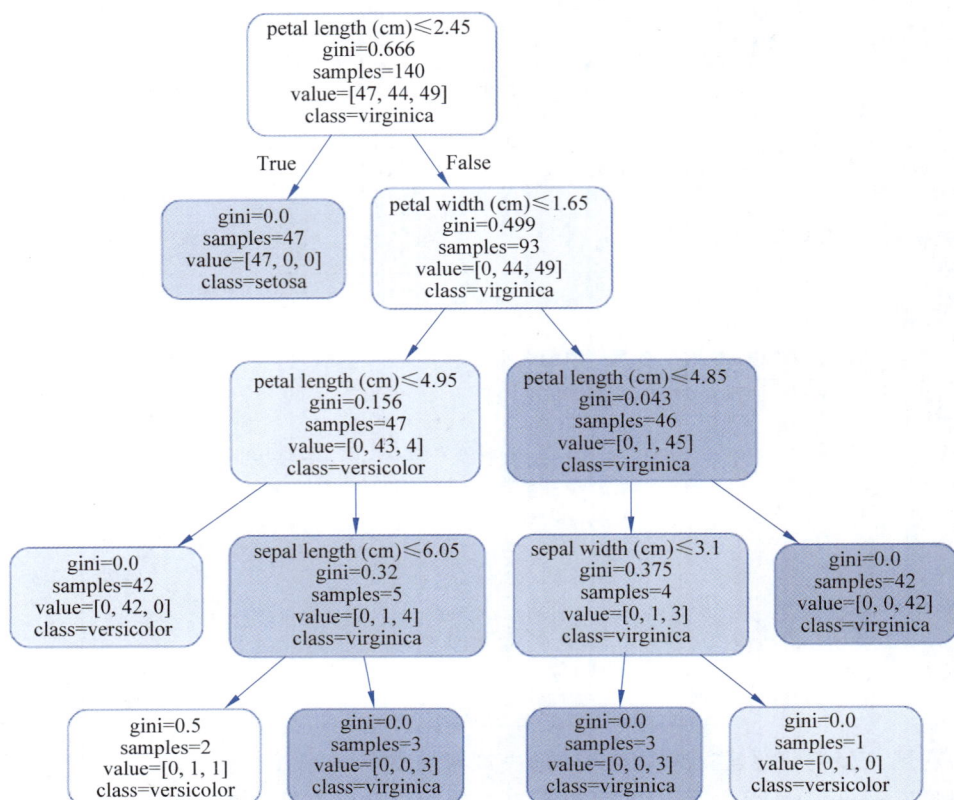

图 8-25　鸢尾花分类决策树

　　需要注意的是,决策树容易产生过拟合问题,特别是在训练数据较少或噪声较多时。此外,决策树对于特征空间的划分方式敏感,不同的划分方式可能会产生不同的结果。

　　在实际应用中,决策树广泛应用于医学、金融、电子商务、推荐系统等领域。

◈ 8.5　本 章 小 结

　　分类属于监督学习,是一种常见的机器学习方法,通过从已知类别的样本中学习一个分类器,实现对未知样本的分类。

　　本章介绍了几种常见的分类监督学习算法,包括逻辑回归、KNN、支持向量机和决策树等。每种算法在不同的数据集和任务中具有独特的优势和适用性。在选择分类算法时,需要综合考虑数据集的特点、任务需求以及算法的优缺点。

　　逻辑回归是一种线性分类模型,易于理解和实现,能够提供每个类别的概率输出,适合处理线性可分的数据。由于其计算复杂度低,逻辑回归在大规模数据集上训练和预测速度较快。

　　KNN 算法适用于具有连续属性的分类问题,如图像分类和语音识别。它在处理噪声数据和非线性数据时表现优越。

　　支持向量机特别适合高维稀疏数据集和非线性分类问题,对小样本数据集具备良好的鲁棒性,能够有效处理噪声。

决策树适合需要可解释性的任务,如疾病诊断预测、信用评级和销售预测等。决策树的可视化特性使其在解释模型决策时尤为有效。

对于逻辑回归、KNN 和支持向量机等算法,可以通过一对一或一对剩余的策略将二分类问题扩展为多分类问题。

◆ 8.6　习　　题

1. 使用逻辑回归进行二分类时,不能解决类别不平衡问题的是(　　)。

  A. 改变阈值　　　　　B. 过采样　　　　　C. 欠采样　　　　　D. 加权

2. 在使用 KNN 算法进行分类时,以下可能会影响模型性能的是(　　)。(多选)

  A. K 值的选择　　　　　　　　　　B. 样本特征的数量

  C. 样本数据的数量　　　　　　　　D. 距离度量方式的选择

3. 在使用支持向量机进行分类时,可以用于处理线性不可分的是(　　)。

  A. 核函数　　　　　B. 特征选择　　　　　C. 数据归一化　　　　D. 超参数调优

4. 在使用决策树进行分类时,可能会导致过拟合的因素是(　　)。(多选)

  A. 决策树深度过大　　　　　　　　B. 样本数量过少

  C. 特征选择不合理　　　　　　　　D. 样本标签分布不均衡

5. 使用网格搜索进行模型参数调优时,下面的描述中正确的是(　　)。

  A. 网格搜索通过随机采样搜索最佳参数组合

  B. 网格搜索只能用于二分类问题,无法处理多分类问题

  C. 网格搜索遍历所有可能的参数组合并选择性能最好的组合

  D. 网格搜索仅适用于线性模型,无法用于非线性模型

6. 根据大学生项目数据集(Students.csv),预测学生是否会继续上大学,即借助机器学习的可解释性帮助学校辅导员找到学生退学因素。该数据集的字段如表 8-23 所示。

表 8-23　大学生项目数据集的字段

字　　段	类　型	说　　明
type_school	字符型	学生就读的学校类型
school_accreditation	字符型	学校质量(A 比 B 好)
gender	字符型	学生性别
interest	字符型	如果学生上大学,他们有多感兴趣
residence	字符型	居住类型
parent_age	数值型	父母年龄
parent_salary	数值型	父母每月工资
house_area	数值型	房屋面积
average_grades	数值型	100 分制的平均成绩

字　　段	类　型	说　　明
parent_was_in_college	字符型	父母是否上过大学
will_go_to_college	字符型	关于上大学的预测

7. 心脏病数据集（Heart_Disease_Dataset.csv）由克利夫兰心脏病临床基金会（Cleveland Clinic Foundation for Heart Disease）提供，该数据集的字段如表 8-24 所示。使用该数据集预测患者是否患有心脏病。

表 8-24　心脏病数据集的字段

字　　段	类　型	说　　明
sex	数值型	性别
cp	数值型	典型疼痛类型
trestbps	数值型	静息血压（以毫米汞柱为单位）
chol	数值型	胆固醇血清（以毫克/分升为单位）
fbs	数值型	空腹血糖是否高于 120 毫克/分升（1 为是，0 为否）
restecg	数值型	静息心电图结果（0、1、2）
thalach	数值型	最大心率
exang	数值型	是否有运动性心绞痛（1 为是，0 为否）
oldpeak	数值型	运动相对休息诱发的 ST 段压低幅度
slope	数值型	峰值运动 ST 段的斜率
ca	数值型	荧光染色的主要血管数量（0～3）
thal	字符型	心脏缺陷类型，3 为正常，6 为固定缺陷，7 为可逆缺陷
target	数值型	心脏病诊断（1 为是，0 为否）

8. 表 8-25 给出了 15 个水果样本，每个样本有 5 个特征（颜色、大小、质地、形状和甜度）和一个目标标签（类别）。使用前 10 条数据作为训练集，将 Gini 指数作为划分选择依据构建决策树，并使用该决策树对作为验证集的后 5 条数据的水果类别进行预测。

表 8-25　水果数据集

序　号	颜　色	大　小	质　地	形　状	甜　度	类　别
1	红色	大	光滑	圆形	高	苹果
2	橙色	中	粗糙	圆形	中	橙子
3	红色	中	光滑	扁形	高	苹果
4	绿色	小	粗糙	扁形	低	橙子
5	红色	大	光滑	圆形	高	苹果

续表

序　号	颜　色	大　小	质　地	形　状	甜　度	类　别
6	橙色	小	粗糙	扁形	中	橙子
7	绿色	大	光滑	圆形	低	橙子
8	红色	中	光滑	圆形	中	苹果
9	橙色	大	粗糙	扁形	高	橙子
10	红色	小	光滑	圆形	高	苹果
11	橙色	中	光滑	圆形	中	？
12	绿色	中	粗糙	扁形	低	？
13	红色	大	粗糙	扁形	中	？
14	绿色	小	光滑	圆形	低	？
15	红色	大	光滑	扁形	高	？

9. 使用 sklearn.datasets.load_breast_cancer()加载乳腺癌数据集，分别使用网格搜索（GridSearchCV 类）、随机搜索（RandomizedSearchCV 类）为 KNN 算法、SVC 算法进行超参数选择，并完成分类预测。

集 成 学 习

集成学习(ensemble learning)是机器学习领域一颗璀璨的明珠,在现代工业应用中,它是唯一能与深度学习分庭抗礼的算法,是数据竞赛高分榜的统治者。

集成学习通过构建并结合多个个体学习器(individual learner)完成学习任务,学习过程分为个体学习阶段和集成个体学习结果两个阶段。独立的个体学习器容易产生过拟合或者欠拟合现象,因此也被称为弱学习器。集成学习通过将多个弱学习器进行结合,可以获得显著优于个体学习器的泛化性能,因此也被称为强学习器。当强调个体学习器在集成学习框架中的作用和地位时,也通常称其为基学习器(base learner)。

集成学习不仅可以用于分类问题,也可以用于回归问题。通过结合多个个体学习器,无论是分类算法还是回归算法,都能提高模型的预测性能和稳定性。

集成学习的核心问题有两个。一个是选择适当的个体学习器。这些学习器不能太弱,需具备一定的准确性,同时也需要具备多样性,即彼此之间要存在差异。另一个是确定有效的结合策略以构建一个更强大的学习器。根据集成的策略,集成学习分为 Bagging、Boosting 和 Stacking 3 种方法,Bagging 和 Boosting 为同质集成学习方法,即它们都是将相同类型的个体学习器集成在一起;Stacking 通常基于多个不同的个体学习器集成,是异质集成学习方法。本章主要学习Bagging 和 Boosting 两种方法。

◆ 9.1 Bagging 方法

Bagging 和 Boosting 为同质集成学习方法。它们的区别是:Bagging 采用并行组合方式,Boosting 采用串行序列化的组合方式。

9.1.1 Bagging 集成思想

Bagging 是 Bootstrap aggregating 的缩写,它通过对数据进行有放回的自助采样,生成多个采样集合,分别训练基学习器。进行预测时,通过对这些基学习器的结果进行投票,获取最终结果,其原理如图 9-1 所示。

自助采样法是指给定包含 m 个样本的数据集,先随机取出一个样本放入采样集中,再把该样本放回初始数据集,使得下次采样时该样本仍有可能被选中;上述过程重复 m 轮,得到 m 个样本的采样集。计算证明,在采样集中约有 36.8% 的样

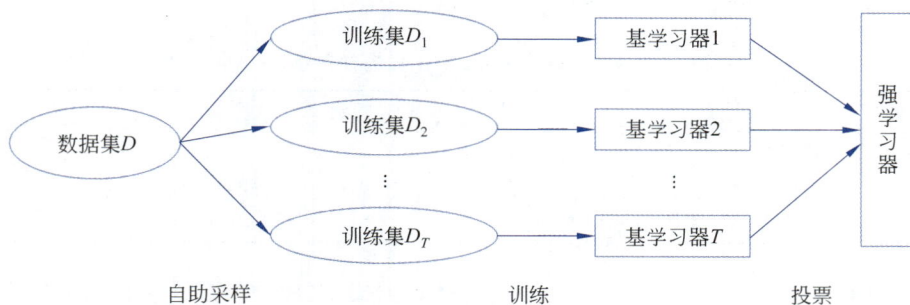

图 9-1　Bagging 集成方法原理

本从未出现过,称为袋外(Out Of Bag,OOB)数据,这些样本可以作为验证集检测模型的泛化能力。

　　Bagging 将上述自助采样过程重复 T 次,采样出 T 个含 m 个训练样本的采样集作为训练集,然后基于每个训练集训练出一个基学习器,再将这些基学习器的预测结果通过投票进行结合。根据一般的经验,将好坏不等的东西掺在一起,通常结果比最坏的要好一些,比最好的要坏一些。

　　基于投票的机制,集成学习要获得好的集成,要求基学习器不仅有一定的准确性,还应该"好而不同",让基学习器之间存在差异,即多样性,从而保证投票的结果更能代表多个基学习器的"意见"。例如,表 9-1 所示的投票因为基学习器没有差别,导致集成后性能没有提高。

表 9-1　集成后性能没有提高的示例

基 学 习 器	测试用例 1	测试用例 2	测试用例 3
基学习器 1	√	√	×
基学习器 2	√	√	×
基学习器 3	√	√	×
集成结果	√	√	×

　　集成学习中如何产生并结合"好而不同"的基学习器,做到准确性和多样性的平衡,是集成学习研究的一个核心问题。

9.1.2　投票结合策略

　　Bagging 结合预测结果时,有硬投票和软投票两种常见的投票策略。对于分类问题,在硬投票中,每个基学习器都会给出自己的预测结果(如分类标签),最终的预测结果是基于多数表决的原则,即选择得票最多的类别作为最终的预测结果;在软投票中,根据每个基学习器的预测概率计算平均值或加权平均值,并选择具有最高概率的类作为最终的预测结果。

　　Scikit-learn 库的 VotingClassifier 类用于将多个基分类器的预测结果结合起来进行最终的预测,其原型如下:

```
class sklearn.ensemble.VotingClassifier(estimators, *, voting = 'hard',
weights = None, n_jobs = None, flatten_transform = True, verbose = False)
```

VotingClassifier 类的常用参数如表 9-2 所示。

表 9-2　VotingClassifier 类的常用参数

参　　数	说　　明
estimators	列表数据，由要集成的基学习器组成
voting	投票方式，取值为 hard 或 soft，默认为 hard，即硬投票；软投票可以提供更细致的结果，但需要基学习器能够预测概率值

【例 9-1】　创建一个非线性可分的分类问题数据集，对比硬投票及软投票的应用。

步骤 1：创建数据集。

使用 make_moons()方法生成 500 个可以划分为两类的随机样本，并将其划分为训练集和测试集。

make_moons()是 sklearn.datasets 中的方法，用于生成一个包含两个相互交织的半月形分布的数据集，通常用于分类算法的测试，原型如下：

```
sklearn.datasets.make_moons(n_samples = 100, noise = 0.0, random_state = None)
```

make_moons()方法的常用参数如表 9-3 所示。

表 9-3　make_moons()方法的常用参数

参　　数	说　　明
n_samples	样本个数，默认值为 100
noise	添加到数据中的高斯噪声的标准差，增大该值会使任务更具挑战性

make_moons()方法的返回值为样本数据和标签数据元组。

```
In [1]    from sklearn.datasets import make_moons
          from sklearn.model_selection import train_test_split
          X, y = make_moons(n_samples = 500, noise = 0.3, random_state = 42)
          X_train, X_test, y_train, y_test = train_test_split(X, y,
                              random_state = 42)
```

数据集添加噪声后不完全可分，其分布如图 9-2 所示。

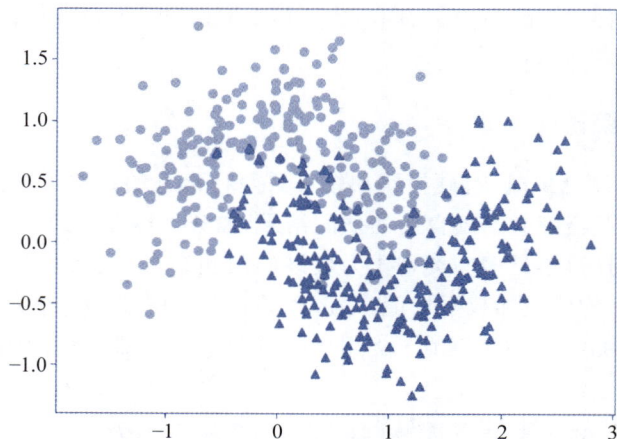

图 9-2　添加噪声后的数据集

步骤 2：创建硬投票和软投票集成学习器。

使用 VotingClassifier 类集成逻辑回归、决策树、支持向量机学习器，并分别进行硬投票和软投票。

```
In [2]    from sklearn.linear_model import LogisticRegression
          from sklearn.tree import DecisionTreeClassifier
          from sklearn.svm import SVC
          from sklearn.ensemble import VotingClassifier
          log_clf = LogisticRegression(solver = "liblinear", random_state = 42)
          tree_clf = DecisionTreeClassifier(random_state = 42)
          svm_clf1 = SVC(gamma = "auto", random_state = 42)
          #创建硬投票集成学习器
          voting_clf_hard = VotingClassifier(
              estimators = [('lr', log_clf), ('dt', tree_clf), ('svc', svm_clf1)],
              voting ='hard')
          #令 probability = True,创建返回概率结果的支持向量机学习器
          svm_clf2 = SVC(gamma = "auto", probability = True, random_state = 42)
          #创建软投票集成学习器
          voting_clf_soft = VotingClassifier(
              estimators = [('lr', log_clf), ('dt', tree_clf), ('svc', svm_clf2)],
              voting ='soft')
```

步骤 3：对比投票结果。

分别训练逻辑回归、决策树、支持向量机、硬投票学习器和软投票学习器，计算准确率。

```
In [3]    from sklearn.metrics import accuracy_score
          model_names = ['LogisticRegression', 'DecisionTreeClassifier', 'SVC',
              'VotingClassifier_hard', 'VotingClassifier_soft']
          models = [log_clf, tree_clf, svm_clf1, voting_clf_hard,
                    voting_clf_soft]
          for name, model in zip(model_names, models):
              model.fit(X_train, y_train)
              y_pred = model.predict(X_test)
              print("{}: {}".format(name, accuracy_score(y_pred, y_test)))
```

对应的输出结果为

```
LogisticRegression: 0.864
DecisionTreeClassifier: 0.856
SVC: 0.888
VotingClassifier_hard: 0.896
VotingClassifier_soft: 0.92
```

从结果来看，最佳模型是软投票学习器，准确率达到 0.92，这表明该模型有效地结合了多种算法的优点，提升了预测能力。集成学习方法在处理复杂问题时能够显著提高模型性能，充分展示了其强大的优势。

硬投票和软投票的选择取决于具体的问题和数据集。硬投票通常在基学习器之间存在较大差异或者基学习器数量较少时使用，而软投票通常在基学习器之间存在一定的一致性或者基学习器数量较多时使用。

9.1.3 随机森林算法及其编程实践

随机森林(Random Forest,RF)是基于 Bagging 框架的扩展算法,它的训练目标是方差优化,从而避免过拟合,提高模型的泛化能力。

随机森林通过集成多个决策树,对预测结果采用硬投票(或软投票)策略,将各棵树的投票结果(或概率平均值)确定为最终的预测结果,从而降低了单棵树可能带来的高方差问题。

随机是随机森林的核心思想,除了延续 Bagging 的样本随机采样外,随机森林构建每棵决策树时,对每棵决策树的节点进行属性的随机选择,从而进一步增强模型的随机性。传统的决策树选择划分属性时是在当前节点的属性集中选择一个最优属性;而随机森林对决策树的每个节点,会先从该节点的属性集中随机选择一个属性的子集,然后再从这个子集中选择一个最优属性用于划分。相比于 Bagging 算法,随机森林进一步增强了基学习器之间的差异性,使得最终集成的学习模型的泛化能力增强。随机森林集成方法原理如图 9-3 所示。

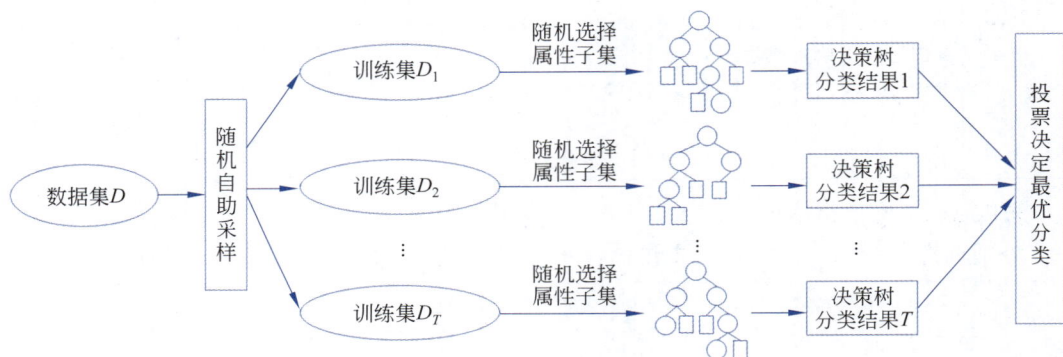

图 9-3 随机森林集成方法原理

由于随机森林中的决策树相互独立,训练过程可以并行进行,从而提高了训练效率,优于传统的 Bagging 方法。此外,随机森林还具有良好的可解释性,并且能够直接处理高维数据,无须进行特征选择等预处理步骤。

总之,随机森林通过引入更多的随机性和特征选择策略,并采用软投票机制,在许多实际任务中展现出卓越的性能。

RandomForestClassifier 类是 Scikit-learn 库中的随机森林算法实现,其原型如下:

```
class sklearn.ensemble.RandomForestClassifier(n_estimators = 100, * , criterion
= 'gini', max_depth = None, min_samples_split = 2, min_samples_leaf = 1, min_
weight_fraction_leaf = 0.0, max_features = 'sqrt', max_leaf_nodes = None, min_
impurity_decrease = 0.0, bootstrap = True, oob_score = False, n_jobs = None,
random_state = None, verbose = 0, warm_start = False, class_weight = None, ccp_
alpha = 0.0, max_samples = None)[source]
```

RandomForestClassifier 类的常用参数如表 9-4 所示。

表 9-4 RandomForestClassifier 类的常用参数

参 数	说 明
n_estimators	整数,指定随机森林中决策树的数量,默认值为 100,较多的决策树可以让模型有更好的稳定性和泛化能力

续表

参　　数	说　　明
max_features	指定每棵决策树建树时属性子集的大小,即特征的数量。增加 max_features 一般能提高单棵决策树的性能,但降低了决策树之间的差异性。设 n_features 表示总特征数,参数默认取值为 sqrt,代表每棵决策树在拟合数据时考虑 $\sqrt{n\_features}$ 个特征;如果取值为某个整数,表示建树时最多考虑的特征数;如果是浮点数,表示特征总数的比例,即考虑 max_features * n_features 个特征,由此帮助模型引入一定的随机性;如果是 log2,考虑 $\log_2(n\_features)$ 个特征;如果 max_features 设置为 None,则每棵决策树在拟合数据时将考虑所有特征
oob_score	布尔类型,指定是否使用袋外样本估计模型的准确率,默认值为 False
n_jobs	整数,指定训练和预测过程中并行工作的 CPU 内核数量,默认值为 1,−1 表示使用全部 CPU 内核

此外,max_depth、min_samples_split、min_samples_leaf 等参数通过限制决策树的深度和节点划分的最小样本数等控制决策树的规模。

RandomForestClassifier 类的常用属性如表 9-5 所示。

表 9-5　RandomForestClassifier 类的常用属性

属　　性	说　　明
oob_score_	浮点数,取值为袋外样本的预测得分,仅当 oob_score 为 True 时存在
oob_decision_ function_	ndarray 数组,shape 为(n_samples,n_classes),取值为所有袋外样本的预测结果,仅当 oob_score 为 True 时存在
feature_ importances_	ndarray 数组,shape 为(n_featuress,),存储各特征的重要性取值,数据之和为 1。取值越高表明该特征越重要

【例 9-2】　基于 Scikit-learn 库手写数字数据集对比传统决策树和随机森林算法。

Scikit-learn 库自带一个手写数字数据集,对应手写的 0～9 这 10 个数字的多分类任务。数据集包含了 1797 张手写数字图像,每张图像的大小为 8×8 像素,特征为 64 个像素的取值,目标变量为该手写数字对应的正确数字值,如图 9-4 所示。

步骤 1:读取和划分数据集。

```
In [1]   from sklearn.datasets import load_digits
         digits = load_digits()
         digits.keys()
```

对应的输出结果为

```
dict_keys(['data', 'target', 'frame', 'feature_names', 'target_names', 'images',
'DESCR'])
```

```
In [2]   X = digits.data
         y = digits.target
         print(X.shape)
         print(y.shape)
```

对应的输出结果为

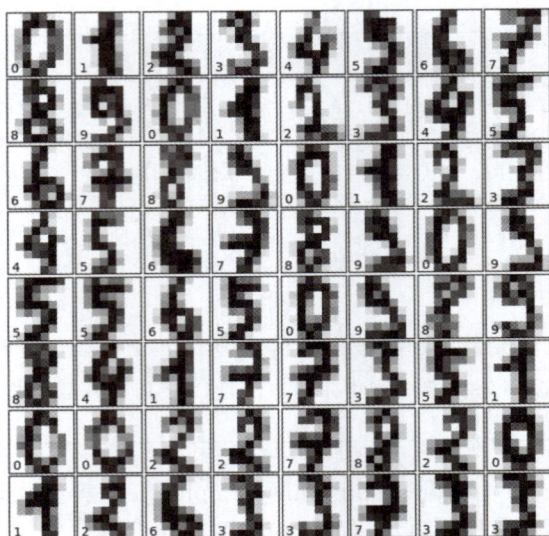

图 9-4　Scikit-learn 库手写数字数据集示例

```
(1797, 64)
(1797, )
```

In [3]
```
from sklearn.model_selection import train_test_split
X_train, X_test, y_train, y_test = train_test_split(X, y, random_state = 42)
```

步骤 2：分别使用决策树和随机森林建模。

In [4]
```
from sklearn.ensemble import RandomForestClassifier
from sklearn.tree import DecisionTreeClassifier
#决策树
dt_clf = DecisionTreeClassifier(max_depth = 11, max_features = 0.5)
#随机森林
rf_clf = RandomForestClassifier(n_estimators = 200, n_jobs = -1)
```

步骤 3：模型评估。

In [5]
```
from sklearn.metrics import accuracy_score
for model in (dt_clf, rf_clf):
    model.fit(X_train, y_train)              #训练模型
    y_pred = model.predict(X_test)           #预测
    print(accuracy_score(y_pred, y_test))    #评估
```

输出的结果如下

```
0.8711111111111111
0.9755555555555555
```

显然，随机森林显著提高了预测的准确率，尽管算法简单，但性能却异常强大。

【例 9-3】　查看鸢尾花数据集的特征重要性。

在随机森林模型训练完成后，可以通过 feature_importances_ 属性获取各特征的重要性得分。例如，对于鸢尾花数据集中的 4 个特征（花萼长度、花萼宽度、花瓣长度、花瓣宽

度），通过这些得分可以了解每个特征对模型预测的贡献程度。通常，得分越高，表明该特征对分类结果的重要性越大。代码如下：

```
from sklearn.datasets import load_iris
from sklearn.model_selection import train_test_split
from sklearn.ensemble import RandomForestClassifier
iris = load_iris()
X, y = iris['data'], iris['target']
X_train, X_test, y_train, y_test = train_test_split(X, y, random_state = 42)
rf_clf = RandomForestClassifier(n_estimators = 200, n_jobs = -1)
rf_clf.fit(X_train, y_train)
for name, score in zip(iris['feature_names'], rf_clf.feature_importances_):
    print(name, ":", score)
```

输出的结果为

```
sepal length (cm) : 0.11104528508476866
sepal width (cm) : 0.03249793897589933
petal length (cm) : 0.4191997391839671
petal width (cm) : 0.437257036755365
```

可见，在鸢尾花数据集中，花瓣（petal）特征比花萼（sepal）特征更能区分不同种类的鸢尾花。

◆ 9.2　Boosting 方法

在 Bagging 集成学习中，各模型之间是相互独立的，可以并行进行学习，从而提高训练效率和模型的稳定性。相对而言，Boosting（增强）方法则要求模型之间具有相关性。如果第一个基学习器分类错误，后续的基学习器会专注于纠正这些错误，因此它们之间存在强依赖关系。Boosting 采用串行的学习方式，通过迭代逐步提升模型的性能。

与 Bagging 对基学习器采取一视同仁的策略不同，Boosting 的核心思想在于优先选择表现较好的基学习器。在 Boosting 过程中，通过不断地考验和筛选，模型会赋予优质基学习器更多的投票权，而表现不佳的基学习器则会获得较少的投票权。

9.2.1　Boosting 集成思想

Boosting 方法训练基学习器时采用串行的方式，各基学习器之间有依赖，常见的算法包括 AdaBoost、GBDT 和 XGBoost。

AdaBoost 是 Adaptive Boosting（自适应增强）的缩写，自适应指的是对前一个基学习器分错的样本给予更高的权重，分类正确的权重保持不变，加权后的全体样本再次被用来训练下一个基学习器。每一轮加入一个基学习器 $y_k(x)$，直到达到某个预定的足够小的错误率或达到预先指定的最大迭代次数。最终决策通过基学习器的加权投票实现，各基学习器的权重 α_k 由模型的准确率决定，如果一个模型具有较高的准确率，那么它的基学习器将获得较高的权重，反之权重较低。AdaBoost 集成方法原理如图 9-5 所示。

GBDT（Gradient Boosting Decision Tree，梯度提升决策树）通过组合多个回归决策树模型构建一个强大的预测模型。在每一轮迭代中，每棵决策树拟合前面的迭代生成的模型的残差（预测值与实际值之间的差异），以逐步减小残差，从而逐渐提高模型的预测能力。最

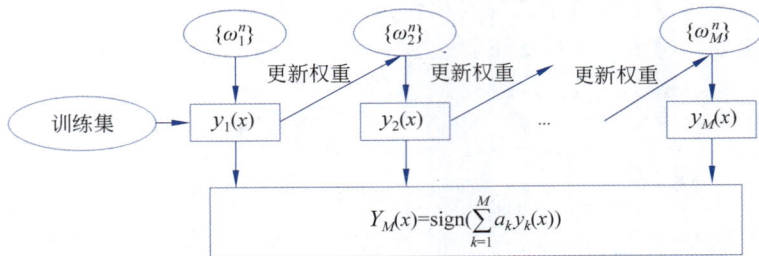

图 9-5　AdaBoost 集成方法原理

后,将所有决策树的预测结果累加起来,得到最终的预测结果。

GBDT 在训练过程中使用了梯度下降的思想,通过最小化损失函数调整模型的参数。具体而言,每一轮迭代中,GBDT 会计算出模型的预测值与实际值之间的梯度(在回归问题中,残差可视为损失函数梯度的具体表现),并将这个梯度作为目标变量,训练一个新的决策树模型。这样,通过不断迭代调整模型,GBDT 能够逐渐减小损失函数,提高预测精度。

GBDT 集成方法原理如图 9-6 所示。

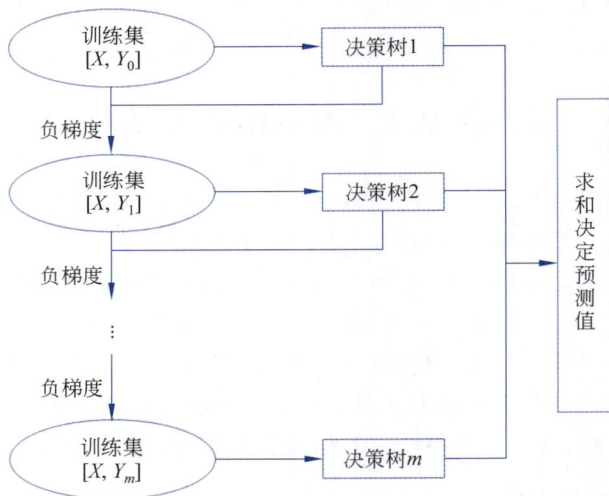

图 9-6　GBDT 集成方法原理

GBDT 在许多机器学习任务中都取得了很好的效果,它具有较强的预测能力和良好的鲁棒性,并且能够处理高维稀疏数据和非线性关系。

随机森林和 GBDT 都基于决策树进行集成,二者的对比如表 9-6 所示。

表 9-6　随机森林与 GBDT 的对比

对　比　项	随　机　森　林	GBDT
集成学习分类方法	Bagging 思想	Boosting 思想
树的类型	回归树、分类树	回归树
并行化	并行生成决策树	顺序生成决策树
训练样本	有放回抽样训练	全样本训练

续表

对 比 项	随 机 森 林	GBDT
结合策略	投票	累加求和
优化目标	方差优化	残差优化

9.2.2 XGBoost 算法及应用

XGBoost(Extreme Gradient Boosting,极端梯度提升)是一种基于 GBDT 集成思想的机器学习算法。它在 GBDT 的基础上进行了优化,大幅提高了模型的准确性和效率。

XGBoost 与传统 GBDT 相比主要有以下几点改进:

(1) XGBoost 使用二阶泰勒展开式精确拟合损失函数,从而提高模型性能。传统 GBDT 使用一阶泰勒展开式近似拟合损失函数。

(2) XGBoost 使用正则化项控制模型复杂度,避免发生过拟合。传统 GBDT 倾向于使用较深的决策树拟合数据,容易导致过拟合。

(3) XGBoost 支持多线程和分布式的并行计算,可以并行计算多棵决策树的节点,在训练过程中大幅提高了计算效率。相比之下,传统的 GBDT 是串行计算的,需要依次计算每棵决策树的节点。

(4) XGBoost 将数据按特征列进行块存储,可以更高效地利用 CPU 缓存,降低内存访问的开销,从而提高训练速度。

(5) XGBoost 能够自动处理缺失值和稀疏数据,无须手动处理。

XGBoost 在各种比赛和任务中都表现出色,很长一段时间内稳居数据科学比赛解决方案的榜首,目前在推荐系统、搜索排序、广告点击率预测等领域有广泛应用。

由于 Scikit-learn 库没有集成 XGBoost,所以需要单独下载和安装。但是 XGBoost 提供了与 Scikit-learn 相同的接口,可以像 Scikit-learn 库集成的机器学习方法一样使用。XGBoost 的官网地址为 https://xgboost.ai。

XGBoost 分类器的原型如下:

```
xgboost.XGBClassifier(max_depth = 3, learning_rate = 0.1, n_estimators = 100,
verbosity = 1, silent = None, objective = "binary:logistic", booster = 'gbtree', n
_jobs = 1, nthread = None, gamma = 0, min_child_weight = 1, max_delta_step = 0,
subsample = 1, colsample_bytree = 1, colsample_bylevel = 1, colsample_bynode = 1,
reg_alpha = 0, reg_lambda = 1, scale_pos_weight = 1, base_score = 0.5, random_state
= 0, seed = None, missing = None, device, eval_metric, early_stopping_rounds, **
kwargs)
```

XGBClassifier 算法非常强大,其参数分为 3 类。

(1) 通用参数。控制模型的整体运行,如配置基学习器的类型等。

(2) 模型参数。控制模型的每一次迭代,调控模型的效果和计算代价。

(3) 学习任务参数。控制训练目标的表现等。

XGBClassifier 常用的通用参数如表 9-7 所示。

表 9-7　XGBClassifier 常用的通用参数

参　　数	说　　明
booster	字符串，默认值为 gbtree，表示使用树模型作为基学习器；还可以选择 gbliner，使用线性模型作为基学习器
device	字符串，运行设备，可以选择 cpu 或者 cuda(GPU 设备)
nthread	整数，指定运行 XGBoost 的并行线程数，默认值为 -1，为可用的最大线程数

XGBClassifier 常用的模型参数如表 9-8 所示。

表 9-8　XGBClassifier 常用的模型参数

参　　数	说　　明
max_depth	整数，决策树的深度，默认值为 6，典型值为 3～10。值越大，越容易过拟合；值越小，越容易欠拟合
learning_rate	浮点数，取值范围为[0，1]，代表学习率，控制每次迭代更新权重的步长，默认值为 0.3。值越小，训练越慢，典型值为 0.01～0.2
n_estimatores	整数，迭代的次数，即决策树的棵数，默认值为 100。调参时可以指定一个较大的值(如 200)，结合早停策略，观察实际迭代次数
gamma	浮点数，取值范围为[0，∞)，指定分割节点所需的最小损失函数下降值，默认值为 0。如果分割带来的损失减小小于 gamma 值，则该分裂就不会被执行。gamma 用于控制模型的复杂度，其值越大，算法越保守，即分割的条件越严格，可以防止过拟合
min_child_weight	浮点数，取值范围为[0，∞)，默认值为 1，用于控制决策树的生长过程。它指定了一个叶子节点上所需的最小样本权重总和。如果某个叶子节点上的样本权重总和小于 min_child_weight，则停止树的分裂。 假设叶子节点样本权重在 0.01 附近，min_child_weight 为 1 意味着叶子节点中最少需要包含 100 个样本。较大的 min_child_weight 会使模型更加保守，可以防止过拟合；较小的 min_child_weight 会允许模型分裂更多的叶子节点，增加模型的复杂度，但容易造成过拟合
subsample	浮点数，取值范围为[0，1]，默认值为 1，典型值为 0.5～1。指定训练每棵决策树时使用的数据占全部训练集的比例
colsample_bytree	浮点数，取值范围为[0，1]，默认值为 1，典型值为 0.5～1。指定训练每棵决策树时使用的特征占全部特征的比例
reg_alpha	浮点数，取值范围为[0，∞)，L1 正则化系数，默认为 0。值越小，越容易过拟合
reg_lambda	浮点数，取值范围为[0，∞)，L2 正则化系数，默认为 1。值越小，越容易过拟合

XGBClassifier 常用的学习任务参数如表 9-9 所示。

表 9-9　XGBClassifier 常用的学习任务参数

参　　数	说　　明
objective	字符串，代表目标函数。默认值为"reg：squarederror"(均方误差)，回归任务时还可以取值"reg：logistic"等；二分类任务可以取值"binary：logistic"(返回类别)、"binary：logitraw"(返回概率值)等；多分类任务可以取值"multi：softmax"(返回类别)、"multi：softprob"(返回概率值)，注意须将 num_class 参数设置为类别的数量

续表

参　　数	说　　　明
eval_metric	字符串,代表评估模型性能的指标。回归任务默认使用 rmse(均方根误差),还可以使用 mae(平均绝对误差)等;分类任务默认使用 error(二分类错误率),还可以使用 auc(曲线下面积)、merror(多分类错误率)、logloss(对数损失)和 mlogloss(多分类负对数似然函数)等
early_stopping_rounds	整数,用于早停控制。当模型在验证集上的性能不再提升时,将停止训练。可以有效防止继续训练产生过拟合,同时节省计算资源和时间
scale_pos_weight	整数,默认值为 1,表示正样本的权重。在二分类任务中,当正负样本比例失衡时,设置正样本的权重,模型效果会更好。例如,当正负样本比例为 1∶10 时,指定 scale_pos_weight＝10,表示每个正样本的权重是负样本权重的 10 倍,使模型在训练时更加关注正样本

【例 9-4】　使用 Scikit-learn 库创建一个二分类的合成数据集,对比随机森林、GBDT、AdaBoost、XGBoost 算法的执行效率和准确率。

make_hastie_10_2()是 Scikit-learn 库中的一个函数,用于生成一个二分类的合成数据集。该数据集由 10 个特征和两个类别组成,默认生成 12 000 个样本,标签 −1 和 1 分别对应两个分类的目标值。该合成数据集通常用于测试分类算法的性能。

需要注意的是,从 XGBClassifier 的 1.3.2 版开始,类别标签必须从 0 开始。因此,可以使用 Scikit-learn 的 LabelEncoder 对目标值进行预处理。它将类别标签(如字符串)转换为整数值,为每个唯一的类别分配一个从 0 开始的唯一整数。

步骤 1:生成和划分数据集。

```
from sklearn.datasets import make_hastie_10_2
from sklearn.preprocessing import LabelEncoder
from sklearn.model_selection import train_test_split
#构造一个大数据集对比性能
data, target = make_hastie_10_2(n_samples = 10000)
encoder = LabelEncoder()
target = encoder.fit_transform(target)          #将目标值改为 0、1
X_train, X_test, y_train, y_test = train_test_split(data, target, random_state = 42)
```

步骤 2:对比实验。

通过 5 折交叉验证,对比随机森林、GBDT、AdaBoost、XGBoost 共 4 个模型的效率和准确率。

```
import time
from sklearn.ensemble import RandomForestClassifier
from sklearn.ensemble import GradientBoostingClassifier
from sklearn.ensemble import AdaBoostClassifier
from xgboost import XGBClassifier
from sklearn.model_selection import cross_val_score
clf1 = RandomForestClassifier()
clf2 = GradientBoostingClassifier()
clf3 = AdaBoostClassifier()
```

```
clf4 = XGBClassifier()
for clf, label in zip(
            [clf1, clf2, clf3, clf4],
            ['RandomForest', 'GBDT', 'AdaBoost', 'XGBoost']):
    start = time.time()
    #交叉验证
    scores = cross_val_score(clf, X_train, y_train, scoring = 'accuracy', cv = 5)
    end = time.time()
    running_time = end - start
    print("模型:{} Accuracy: {:.8f}, 耗时: {}秒 ".format(label, scores.mean(),
                                    running_time))
```

某次的运行结果如表 9-10 所示。

表 9-10　4 种集成学习算法性能对比

模　　型	准　确　率	耗时/s
随机森林	0.877 333 33	20.869
GBDT	0.915 066 67	15.994
AdaBoost	0.879 600 00	4.365
XGBoost	0.923 200 00	0.886

可见,4 种集成学习方法中,随机森林的时间性能最差;而 XGBoost 的时间性能和准确率均最好,是一种既有速度又有质量的高性能集成学习方法。

9.2.3　XGBoost 编程实践——银行定期存款产品订购预测

【例 9-5】　使用银行数据集对客户是否订购定期存款产品进行预测。

数据集来自美国加利福尼亚大学欧文机器学习库(https://archive.ics.uci.edu),数据为葡萄牙一家银行机构的营销活动记录,该活动通过电话的形式访问客户并记录客户是否订购了银行的定期存款产品。下面使用 XGBoost 算法,利用已有数据对客户是否会订购定期存款产品进行预测,帮助银行精准地定位客户。

首先了解数据集,并对其进行数据预处理。

步骤 1:读取数据集。

```
In [1]    import pandas as pd
          data = pd.read_csv('./data/Bank.csv', sep = ';')
          data.head()
```

对应的输出结果为

	age	job	marital	education	default	balance	housing	loan	contact	day	month	duration	campaign	pdays	previous	poutcome	y
0	58	management	married	tertiary	no	2143	yes	no	unknown	5	may	261	1	−1	0	unknown	no
1	44	technician	single	secondary	no	29	yes	no	unknown	5	may	151	1	−1	0	unknown	no
2	33	entrepreneur	married	secondary	no	2	yes	yes	unknown	5	may	76	1	−1	0	unknown	no
3	47	blue-collar	married	unknown	no	1506	yes	no	unknown	5	may	92	1	−1	0	unknown	no
4	33	unknown	single	unknown	no	1	no	no	unknown	5	may	198	1	−1	0	unknown	no

数据集由 45 211 条数据组成,每条数据包括 16 个属性特征和一个目标变量,且均无空值。数据情况如表 9-11 所示。

表 9-11 数据情况

特　　征	类　型	说　　　　　　　明
age	数字	年龄
job	分类数据	工作类型：management（管理层）、unemployed（失业）、admin（管理员）、housemaid（女佣）、entrepreneur（企业家）、student（学生）、blue-collar（蓝领）、self-employed（个体户）、retired（退休）、technician（技术人员）、services（服务）、unknown（未知）
marital	分类数据	婚姻状况：single（单身）、married（已婚）、divorced（离婚）
education	分类数据	受教育程度：primary（初级）、secondary（中学）、tertiary（大专）、unknown（未知）
default	二进制	是否存在违约记录：yes（是）、no（否）
balance	数字	年均余额（以欧元为单位）
housing	二进制	是否有住房贷款：yes（是）、no（否）
loan	二进制	是否有个人贷款：yes（是）、no（否）
contact	分类数据	联系人沟通类型：cellular（手机）、telephone（电话）、unknown（未知）
day	数字	该月的最后一个联系日期
month	分类数据	上一次联系的月份：Jan，Feb，…，Dec
duration	数字	上次联系持续时间（以秒为单位）
campaign	数字	在本次营销活动期间，银行与该客户进行联系的总次数（包含最后一次联系）
pdays	数字	从上一个广告系列上次联系客户之后经过的天数（−1 表示此前未联系客户）
previous	数字	在本次营销活动之前，银行与该客户之间的历史联系总次数
poutcome	分类数据	上一次营销活动的结果：other（其他）、failure（失败）、success（成功）、unknown（未知）
y	二进制	客户是否订购了定期存款产品：yes（是）、no（否）

步骤 2：数据预处理。

首先，将数据集中所有的二进制数据 default、housing、loan 和 y 的是（yes）和否（no）分别转换为整数 1 和 0。

```
In [2]    data_tmp = data
          binary_map = {'no': 0, 'yes': 1}
          data_tmp['default'] = data_tmp['default'].map(binary_map)
          data_tmp['housing'] = data_tmp['housing'].map(binary_map)
          data_tmp['loan'] = data_tmp['loan'].map(binary_map)
          data_tmp['y'] = data_tmp['y'].map(binary_map)
```

接下来，对分类数据 job、marital、education、contact、month、poutcome、day 进行哑编码。

```
In [3]    job_gd = pd.get_dummies(
              data_tmp['job'], prefix = 'job', drop_first = True)
          marital_gd = pd.get_dummies(
```

```
            data_tmp['marital'], prefix ='marital', drop_first = True)
education_gd = pd.get_dummies(
            data_tmp['education'], prefix ='education', drop_first = True)
contact_gd = pd.get_dummies(
            data_tmp['contact'], prefix ='contact', drop_first = True)
month_gd = pd.get_dummies(
            data_tmp['month'], prefix ='month', drop_first = True)
poutcome_gd = pd.get_dummies(
            data_tmp['poutcome'], prefix ='poutcome', drop_first = True)
day_gd = pd.get_dummies(
            data_tmp['day'], prefix ='day', drop_first = True)
```

将转换后的数据合并为新的数据集。

```
In [4]   data_tmp = pd.concat(
            [data_tmp, job_gd, marital_gd, education_gd, contact_gd,
            month_gd, poutcome_gd, day_gd], axis = 1)
         data_tmp.drop(['job', 'marital', 'education', 'contact','month',
             'poutcome', 'day'], axis = 1, inplace = True)
```

新数据集由 71 个特征属性组成，查看目标变量与各特征属性之间的相关性。

```
In [5]   data_tmp.corr()['y'].sort_values(ascending = False)[:12]
```

相关系数值较大的前 11 个属性如图 9-7 所示。

```
duration             0.394521
poutcome_success     0.306788
month_mar            0.129456
month_oct            0.128531
month_sep            0.123185
pdays                0.103621
previous             0.093236
job_retired          0.079245
job_student          0.076897
month_dec            0.075164
education_tertiary   0.066448
```

图 9-7　相关系数值较大的前 11 个属性

选择这些属性组成数据建模所用的数据集。

```
In [6]   data_new = data_tmp.loc[: ,
             ('duration','poutcome_success','month_mar',
              'month_oct','month_sep','pdays','previous',
              'job_retired','job_student','month_dec',
              'education_tertiary', 'y') ]
```

步骤 3：数据集划分。

```
In [7]   from sklearn.model_selection import train_test_split
         X = data_new.drop('y', axis = 1)
         y = data_new['y']
         X_train, X_test, y_train, y_test =
                                    train_test_split(X, y, random_state = 42)
```

步骤 4：XGBoost 建模。

```
In [8]    from xgboost import XGBClassifier
          xgb_clf = XGBClassifier(
              learning_rate = 0.3,
              n_estimators = 100,
              max_depth = 6,
              min_child_weight = 1,
              subsample = 1,
              colsample_bytree = 1,
              gamma = 0,
              reg_lambda = 1,
              seed = 1000
          )
          xgb_clf.fit(X_train, y_train)
          y_pred = xgb_clf.predict(X_test)
          accuracy_score(y_test, y_pred)
```

对应的输出结果为

```
0.8992302928426081
```

步骤 5：展示 XGBoost 选择建树的过程。

设最多建立 100 棵决策树，同时设置早停机制，令 early_stopping_rounds＝10，当 10 次迭代都没有在验证集上提高精度时训练提前停止。

```
In [9]    xgb = XGBClassifier(n_estimators = 100, early_stopping_rounds = 10)
          xgb.fit(X_train, y_train,eval_metric = "logloss",
                            eval_set =[(X_test, y_test)])
```

在 XGBClassifier 的 fit( ) 方法中，参数 eval_metric 指定用于评估模型性能的指标；参数 eval_set 指定一个包含评估数据集的列表，通过指定评估数据集，XGBoost 可以在每次迭代后计算并显示指定的评估指标。

上述代码的训练过程数据如下，未达到 100 棵决策树的规模时即已因精度不再提升而提前停止训练。

```
[0]    validation_0-logloss:0.32027
[1]    validation_0-logloss:0.29266
[2]    validation_0-logloss:0.27618
[3]    validation_0-logloss:0.26413
[4]    validation_0-logloss:0.25671
[5]    validation_0-logloss:0.25127
[6]    validation_0-logloss:0.24757
[7]    validation_0-logloss:0.24540
[8]    validation_0-logloss:0.24418
[9]    validation_0-logloss:0.24286
[10]   validation_0-logloss:0.24236
[11]   validation_0-logloss:0.24177
[12]   validation_0-logloss:0.24134
```

```
[13]    validation_0-logloss:0.24112
[14]    validation_0-logloss:0.24104
[15]    validation_0-logloss:0.24097
[16]    validation_0-logloss:0.24070
[17]    validation_0-logloss:0.24043
[18]    validation_0-logloss:0.24057
[19]    validation_0-logloss:0.24046
[20]    validation_0-logloss:0.24064
[21]    validation_0-logloss:0.24097
[22]    validation_0-logloss:0.24106
[23]    validation_0-logloss:0.24109
[24]    validation_0-logloss:0.24114
[25]    validation_0-logloss:0.24094
[26]    validation_0-logloss:0.24112
```

步骤 6：使用 XGBoost 展示特征重要性。

在 XGBoost 中，plot_importance() 函数可用于可视化特征重要性。通过这个函数，用户可以直观地了解哪些特征对模型的预测结果影响最大，从而进行特征选择和模型优化。该函数原型如下：

```
xgboost.plot_importance(booster, ax = None, height = 0.2, xlim = None, ylim = None, title = 'Feature importance', xlabel = 'F score', ylabel = 'Features', importance_type ='weight', grid = True, show_values = True)
```

plot_importance() 函数的常用参数如表 9-12 所示。

表 9-12　plot_importance() 函数的常用参数

参　　数	说　　明
booster	已训练的 XGBoost 模型对象
importance_type	指定计算特征重要性的方式。weight 表示按特征出现的次数（默认）统计，gain 表示按特征对模型性能提升的贡献统计，cover 表示按特征在所有决策树中出现的样本覆盖率统计
title	图表标题，默认是 Feature importance
xlabel	X 轴标签，默认是 F score
ylabel	Y 轴标签，默认是 Features

使用 plot_importance() 函数统计、可视化特征的重要性。

```
In [10]    import matplotlib.pyplot as plt
           from xgboost import plot_importance
           plt.figure(figsize = (20, 10))
           plot_importance(xgb, importance_type = "weight" , xlabel = "Times")
           plt.show()
```

对应的输出结果如图 9-8 所示。

步骤 7：调参。

因为 XGBoost 算法中重要的参数非常多，不容易判断哪些组合更适合当前的问题，可以通过网格搜索（GridSearchCV 类）或者随机搜索（RandomizedSearchCV 类）进行参数

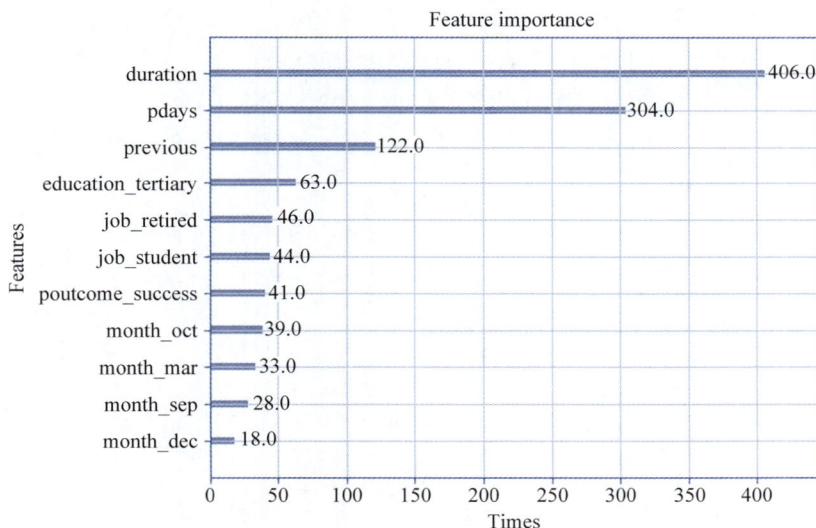

图 9-8　特征的重要性

选择。

XGBoost 参数调优的过程通常遵循以下步骤：

（1）初始设置。首先选择一个较大的学习率（如 0.1），并确定决策树的数量（n_estimators）。

（2）调整决策树深度。调整 max_depth 参数，以确定决策树的最大深度，从而控制模型的复杂度。通常选择范围为 3～10，逐步调整。

（3）优化最小子节点权重。从较小的值（如 1）开始调节 min_child_weight，逐步增加，以找到合适的值。

（4）调整 gamma 参数。通过调节 gamma 控制模型的复杂度，通常从 0 开始。

（5）调整 subsample 和 colsample_bytree。从 0.5 开始调整 subsample 参数，观察其对过拟合的影响；同时，调整 colsample_bytree 参数，以控制每棵决策树使用的特征比例，也从 0.5 开始。

（6）正则化参数调整。优化正则化参数 reg_alpha 和 reg_lambda，以控制模型的复杂度，防止过拟合。

完成上述步骤后，可以降低学习率，并重复以上过程，以进一步优化模型性能，这样能够确保模型在复杂度与准确性之间达到良好的平衡。

以使用 GridSearchCV 类对参数 n_estimators 调优为例，代码如下：

```
In [11]   from sklearn.model_selection import GridSearchCV
          param_test = { 'n_estimator': range(50, 200) }
          gsearch = GridSearchCV(estimator = XGBClassifier(learning_rate = 0.1),
                  param_grid = param_test, scoring ='roc_auc', n_jobs = -1, cv = 5)
          gsearch.fit(X_train, y_train)
          print(gsearch.best_params_, gsearch.best_score_)
```

对应的输出结果为

```
{'n_estimator': 50}, 0.8893397770563206
```

在确定一些参数后,可以继续其他参数的调优过程。

如果算力允许,也可以将参数的所有可选值一次性交给 RandomizedSearchCV 类或者 GridSearchCV 类,由它们对参数组合进行搜索并给出最优结果,但这种搜索往往需要很高的算力支持。

```
In [12]  from sklearn.model_selection import RandomizedSearchCV
         model_dictionary = {
             'XGBoost':{
                 'model':XGBClassifier(),
                 'params':{ #模型要调参的全部信息
                     "learning_rate": [0.05, 0.10, 0.15, 0.20, 0.25],
                     "max_depth": [3, 4, 5, 6, 8, 10, 12, 15],
                     "min_child_weight" : [1, 3, 5, 7],
                     "gamma": [0.0, 0.1, 0.2, 0.3, 0.4],
                     "subsample":[i/10.0 for i in range(6,10)],
                     "colsample_bytree" : [0.3, 0.4, 0.5, 0.7],
                     "reg_alpha":[1e-5, 1e-2, 0.1, 1, 100]
                 }
             }
         }
         for model_name, params in model_dictionary.items():
             model = RandomizedSearchCV(params['model'], params['params'],
                             n_iter = 15, cv = 5)
         model.fit(X_train, y_train)
         print("model: {}".format(model_name))
         print("best_score: {}".format(rs.best_score_))
         print("best_params: {}".format(rs.best_params_))
```

对应的输出结果为

```
model: XGBoost
best_score: 0.9050372241101963
best_params: {'subsample': 0.7, 'reg_alpha': 1, 'min_child_weight': 3, 'max_depth': 5, 'learning_rate': 0.15, 'gamma': 0.2, 'colsample_bytree': 0.3}
```

总体而言,XGBoost 是一种灵活、高效且可扩展的机器学习算法,广泛应用于各种数据科学问题。它基于梯度提升决策树的原理,能够有效处理分类和回归任务。XGBoost 的优势在于其高性能和可调性,支持多种参数配置,可以优化模型以适应不同的数据集和业务需求。此外,它具备优秀的处理缺失值的能力,并且能够通过正则化参数有效防止过拟合。由于其快速的训练速度和强大的预测能力,XGBoost 在数据科学竞赛和工业界得到了广泛的认可和应用,是数据分析师和机器学习工程师的重要工具之一。

◆ 9.3 本章小结

集成学习是一种将多个弱学习器(个体学习器)组合起来形成一个强学习器的机器学习技术。通过集成学习,可以提高模型的泛化能力和性能,同时减少过拟合的风险。

　　集成学习的基本思想是：构建多个基学习器，并将它们的预测结果进行整合，从而得到更加准确和稳定的预测结果。本章介绍了 Bagging 和 Boosting 两种集成学习方法。

　　Bagging 通过随机有放回抽样从原始训练集中抽取样本，训练出多个基学习器，再通过投票方式对结果进行整合，随机森林是 Bagging 方法的一个典型代表。Boosting 通过迭代的方式构建一个序列基学习器，每个基学习器都在前一个基学习器的误差基础上进行训练，重点关注被前面的基学习器预测错误的样本，最终通过求和的方式整合各基学习器的预测结果。常见的 Boosting 方法包括 AdaBoost、GBDT、XGBoost 等，其中 XGBoost 是 Boosting 算法中的佼佼者。

　　在集成学习中，需要解决两个核心问题：基学习器的选择和集成策略。基学习器通常采用决策树，需要在 Bagging 或 Boosting 方法中找到决策树准确性与差异性的平衡点。集成策略包括投票法和加权平均等方法，从而有效整合各基学习器的输出。通过合理选择基学习器和集成策略，集成学习能够显著提升模型的性能和稳定性。

◆ 9.4　习　　题

1. 下面关于 Bagging 集成方法的叙述中正确的是(　　)。(多选)

　　A. Bagging 既适用于分类也适用于回归问题

　　B. 对于分类问题，Bagging 通过多数投票得出最终的预测结果

　　C. 对于回归问题，Bagging 可以通过计算多个基学习器的平均预测值得出最终的预测结果

　　D. 在 Bagging 中，每个基学习器彼此独立地训练，且数据集中的每个样本都有可能被多次采样到，从而增加各基学习器之间的差异性

2. 下面关于 Boosting 集成方法的叙述中错误的是(　　)。

　　A. Boosting 通过串行方式训练多个基学习器

　　B. Boosting 中的每个基学习器都可以并行训练

　　C. AdaBoost 算法会对训练样本进行加权，使得前一个基学习器分类错误的样本在后续的学习中得到更多关注

　　D. Boosting 在处理复杂问题和噪声较大的数据集时表现良好，但对异常值敏感，因为异常值在训练过程中可能会被错误地分类，导致累积误差的增加

3. 在集成学习中，考虑到每个分类器的概率信息的投票策略是(　　)。

　　A. 硬投票　　　　　　B. 软投票　　　　　　C. 两者都是　　　　　　D. 两者都不是

4. 随机森林集成的基学习器是(　　)。

　　A. 决策树　　　　　　B. K 近邻　　　　　　C. 支持向量机　　　　　　D. 神经网络

5. 在 XGBoost 算法中，可以指定每棵决策树使用训练数据集比例的参数是(　　)。

　　A. gamma　　　　　　B. max_depth　　　　　　C. subsample　　　　　　D. min_child_weight

6. 下面关于集成学习的叙述中正确的是(　　)。(多选)

　　A. 集成学习可以通过减少偏差和方差提高模型的泛化能力

　　B. 集成学习的基本假设是基学习器之间相互独立并且具有相似的性能

　　C. Bagging 是一种基于随机子样本选择和投票机制的集成学习方法

D. Boosting 中的多个基学习器是按照顺序逐步训练和加权组合的

7. "Wholesale customers data.csv"数据集是一些客户的消费数据，包含不同客户对各类产品的年度采购额，其字段如表 9-13 所示，这些特征可以用来分析客户的消费习惯和行为模式。使用集成学习方法将 Channel 作为目标变量，完成预测。

表 9-13　消费数据集的字段

字　　段	类　型	说　　明
Channel	整数	客户渠道（1 为酒店类，2 为零售类）
Region	整数	客户所在地区（1 为里斯本，2 为波尔图，3 为其他地区）
Fresh	数值	生鲜年度采购额
Milk	数值	牛奶年度采购额
Grocery	数值	杂货年度采购额
Frozen	数值	冷冻食品年度采购额
Detergents_Paper	数值	清洁剂和纸制品年度采购额
Delicassen	数值	熟食年度采购额

参 考 文 献

［1］　刘瑜. 从数据分析到机器学习实践［M］. 北京：中国水利水电出版社，2020.

［2］　朝乐门. 数据分析原理与实践［M］. 北京：机械工业出版社，2022.

［3］　宋晖，刘晓强. 数据科学技术与应用［M］. 2 版. 北京：电子工业出版社，2021.

［4］　周志华. 机器学习［M］. 北京：清华大学出版社，2016.